普通高等教育"十三五"规划教材

线性代数与几何学习指导和训练

张保才　张素娟　徐　明　郭志芳　郭秀英　编

中国铁道出版社有限公司
CHINA RAILWAY PUBLISHING HOUSE CO., LTD.

内 容 简 介

《线性代数与几何学习指导和训练》根据本科教学大纲及最新研究生考试基本内容与要求，由教学经验丰富的教师结合教学体会编写完成。全书共分6章，主要讲解了行列式、矩阵、向量空间、线性方程组、相似矩阵与二次型和空间解析几何。

本书旨在帮助学生强化基本概念、扩大课程信息量，延伸运算与证明问题的处理技巧，增强数学科学能力的培养，为深入学习并参加考研的同学提供一本系统精练的复习指导资料。每章内容包括基本要求、知识要点、典型例题和自测题。附录包括5套模拟试卷。

本书适合作为普通高等学校工科各专业的课程结业指导书，同时也可作为本科学生考研复习的指导书。

图书在版编目(CIP)数据

线性代数与几何学习指导和训练/张保才等编.—北京:中国铁道出版社，2017.9（2020.10重印）
普通高等教育“十三五”规划教材
ISBN 978-7-113-23787-5

Ⅰ.①线… Ⅱ.①张… Ⅲ.①线性代数-高等学校-教学参考资料②几何-高等学校-教学参考资料 Ⅳ.①O151.2②O18

中国版本图书馆CIP数据核字(2017)第221923号

书　　名：线性代数与几何学习指导和训练
作　　者：张保才　张素娟　徐　明　郭志芳　郭秀英

策　　划：李小军　　　　**编辑部电话：**(010)63549508
责任编辑：张文静　徐盼欣
封面设计：付　巍
封面制作：刘　颖
责任校对：张玉华
责任印制：樊启鹏

出版发行：中国铁道出版社有限公司(100054，北京市西城区右安门西街8号)
网　　址：http://www.tdpress.com/51eds/
印　　刷：国铁印务有限公司
版　　次：2017年9月第1版　2020年10月第5次印刷
开　　本：787 mm×1092 mm　1/16　**印张：**9.5　**字数：**211千
书　　号：ISBN 978-7-113-23787-5
定　　价：22.00元

前　言

《线性代数与几何学习指导和训练》是针对“线性代数与几何”课程编写的，书中内容按普通高等学校本科教学大纲以及研究生考试基本内容与要求，由教学经验丰富的教师结合教学体会编写完成。其宗旨是使在校理工科大学生能用有效的时间较快、较好地掌握“线性代数与几何”这门课程的内容并通过考试。另外，通过使用本书能够强化基本概念，扩大课程信息量，延伸运算与证明问题的处理技巧，增强数学思维能力，为深入学习并参加考研的同学提供一本系统精练的复习指导资料。

本书的内容主要分为四大部分：第一部分是基本要求，给出本科及考研内容的最新要求；第二部分是知识要点，它是对课程的重点、难点、要点的小结和补充，起着画龙点睛的作用；第三部分是典型例题，这部分是根据不同的知识点选出有较强概念、较典型运算或证明的例题，通过对这些例题的学习能够使学生较快地掌握知识点，完成课程学习；第四部分是自测题，旨在考察读者对知识的掌握情况。

另外，附录部分给出了近几年“线性代数与几何”模拟试卷，这部分内容是对本科学生所应掌握的知识的综合考察，只有达到了题目中所体现的知识点及运算、证明要求，才算基本完成该课程的学习任务。

本书给出了自测题和模拟试卷的参考答案，建议平时对题目多进行思考、演算，但不要急于核对答案。要等到课程结束后再核对，这样才能对题目充分利用。

考虑到这是一本为本科和考研两用的指导书，因此在内容上比本科教科书有所加深和拓展，书中带“*”号的内容对本科不作要求，但对准备考研的同学来说是简捷、必要的参考材料。

本书由张保才、张素娟、徐明、郭志芳、郭秀英编写。

由于受作者经验和水平所限，书中难免存在疏漏及不足，恳请读者批评指正。

编　者

2017 年 7 月

前言

目　　录

第1章 行列式

1.1 基本要求

(1)了解行列式的概念、掌握行列式的性质.

(2)会应用行列式的性质和行列式按行(列)展开定理计算行列式.

(3)会应用克莱姆(Cramer)法则.

1.2 知识要点

1.2.1 排列及逆序数

(1)(全)排列:n 个不同的元素依次排成一列,称为这 n 个元素的(全)排列.

(2)标准排列:按标准次序构成的排列(如自然数按由小到大为标准次序).

(3)逆序数:排列中某两个元素的先后次序与标准次序不同时,称有 1 个逆序;排列 $p_1p_2\cdots p_n$ 中所有逆序的总数称为这个排列的逆序数,记作 $t(p_1p_2\cdots p_n)$.

逆序数的算法:$t(p_1p_2\cdots p_n)=\sum_{i=1}^{n-1}(p_i$ 后面比其小的数的个数$)$.

(4)排列的奇偶性:一个排列的逆序数为奇(偶)数时,称其为奇(偶)排列.

(5)对换:将排列中某两个数对调,称为对换.

(6)结论:①排列经过 1 次对换,其奇偶性改变.

②将奇(偶)排列对换为标准排列时,对换次数为奇(偶)数.

1.2.2 n 阶行列式的定义及性质

1. n 阶行列式的定义

定义 设 $a_{ij}(i,j=1,2,\cdots,n)$ 是 n^2 个数,称

$$\begin{vmatrix} a_{11} & a_{12} & \cdots & a_{1n} \\ a_{21} & a_{22} & \cdots & a_{2n} \\ \vdots & \vdots & & \vdots \\ a_{n1} & a_{n2} & \cdots & a_{nn} \end{vmatrix}$$

为 n 阶行列式,它表示表达式 $\sum\limits_{p_1p_2\cdots p_n}(-1)^{t(p_1p_2\cdots p_n)}a_{1p_1}a_{2p_2}\cdots a_{np_n}$,其中,$p_1p_2\cdots p_n$ 是 $1,2,\cdots,n$ 的一个全排列,表达式是对所有全排列 $p_1p_2\cdots p_n$ 对应的项 $(-1)^{t(p_1p_2\cdots p_n)}a_{1p_1}a_{2p_2}\cdots a_{np_n}$ 求和.

注 (1)由 $p_1p_2\cdots p_n$ 是 $1,2,\cdots,n$ 的一个全排列可知,行列式

$$\begin{vmatrix} a_{11} & a_{12} & \cdots & a_{1n} \\ a_{21} & a_{22} & \cdots & a_{2n} \\ \vdots & \vdots & & \vdots \\ a_{n1} & a_{n2} & \cdots & a_{nn} \end{vmatrix} = \sum_{p_1p_2\cdots p_n}(-1)^{t(p_1p_2\cdots p_n)}a_{1p_1}a_{2p_2}\cdots a_{np_n}$$

有两个特点:① 每一项都是取自其不同行与不同列的元素之积;

② 共有 $n!$ 项,且系数符号正负各占一半.

(2)与行列式定义等价的另一定义形式为(各项的下标中列标为标准排列,行标变化)

$$\begin{vmatrix} a_{11} & a_{12} & \cdots & a_{1n} \\ a_{21} & a_{22} & \cdots & a_{2n} \\ \vdots & \vdots & & \vdots \\ a_{n1} & a_{n2} & \cdots & a_{nn} \end{vmatrix} = \sum_{q_1q_2\cdots q_n}(-1)^{t(q_1q_2\cdots q_n)}a_{q_11}a_{q_22}\cdots a_{q_nn}.$$

另外,行列式定义还有一种行标与列标均不为标准排列的等价形式.

2. n 阶行列式的性质

性质 1 $D^{\mathrm{T}}=D$.

由行列式与其转置行列式相等知,凡对行成立的结果,对列也成立,下面着重讨论行.

性质 2 设 $i\neq j$,$D=\begin{vmatrix} \cdots & \cdots & \cdots \\ a_{i1} & \cdots & a_{in} \\ \cdots & \cdots & \cdots \\ a_{j1} & \cdots & a_{jn} \\ \cdots & \cdots & \cdots \end{vmatrix}$,$D_1=\begin{vmatrix} \cdots & \cdots & \cdots \\ a_{j1} & \cdots & a_{jn} \\ \cdots & \cdots & \cdots \\ a_{i1} & \cdots & a_{in} \\ \cdots & \cdots & \cdots \end{vmatrix}$,则 $D_1=-D$.

推论 若行列式 D 中某两行(列)元素对应相等,则 $D=0$.

性质 3 $\begin{vmatrix} a_{11} & \cdots & a_{1n} \\ \cdots & \cdots & \cdots \\ ka_{i1} & \cdots & ka_{in} \\ \cdots & \cdots & \cdots \\ a_{n1} & \cdots & a_{nn} \end{vmatrix}=kD$,$\begin{vmatrix} a_{11} & \cdots & ka_{1j} & \cdots & a_{1n} \\ \vdots & & \vdots & & \vdots \\ a_{n1} & \cdots & ka_{nj} & \cdots & a_{nn} \end{vmatrix}=kD$.

推论 1 若行列式 D 中某行(列)元素全为 0,则 $D=0$.

推论 2 若行列式 D 中某两行(列)元素对应成比例,则 $D=0$.

性质 4

$$\begin{vmatrix} a_{11} & \cdots & a_{1n} \\ \cdots & \cdots & \cdots \\ a_{i1}+b_{i1} & \cdots & a_{in}+b_{in} \\ \cdots & \cdots & \cdots \\ a_{n1} & \cdots & a_{nn} \end{vmatrix} = \begin{vmatrix} a_{11} & \cdots & a_{1n} \\ \cdots & \cdots & \cdots \\ a_{i1} & \cdots & a_{in} \\ \cdots & \cdots & \cdots \\ a_{n1} & \cdots & a_{nn} \end{vmatrix} + \begin{vmatrix} a_{11} & \cdots & a_{1n} \\ \cdots & \cdots & \cdots \\ b_{i1} & \cdots & b_{in} \\ \cdots & \cdots & \cdots \\ a_{n1} & \cdots & a_{nn} \end{vmatrix}.$$

注意 使用性质 4 时,只能按某一行(列)的两项分解出两个行列式,而其余行(列)不变. 例如,如下写法是错误的:

$$\begin{vmatrix} a_{11}+b_{11} & a_{12}+b_{12} \\ a_{21}+b_{21} & a_{22}+b_{22} \end{vmatrix} = \begin{vmatrix} a_{11} & a_{12} \\ a_{21} & a_{22} \end{vmatrix} + \begin{vmatrix} b_{11} & b_{12} \\ b_{21} & b_{22} \end{vmatrix}.$$

性质 5

$$\begin{vmatrix} \cdots & \cdots & \cdots \\ a_{i1} & \cdots & a_{in} \\ \cdots & \cdots & \cdots \\ a_{j1} & \cdots & a_{jn} \\ \cdots & \cdots & \cdots \end{vmatrix} \xlongequal{r_j+kr_i} \begin{vmatrix} \cdots & \cdots & \cdots \\ a_{i1} & \cdots & a_{in} \\ \cdots & \cdots & \cdots \\ a_{j1}+ka_{i1} & \cdots & a_{jn}+ka_{in} \\ \cdots & \cdots & \cdots \end{vmatrix} \quad (i\neq j).$$

性质 6 (行列式按行或列的展开)

$$D=\begin{vmatrix} a_{11} & a_{12} & \cdots & a_{1n} \\ a_{21} & a_{22} & \cdots & a_{2n} \\ \vdots & \vdots & & \vdots \\ a_{n1} & a_{n2} & \cdots & a_{nn} \end{vmatrix} = a_{i1}A_{i1}+a_{i2}A_{i2}+\cdots+a_{in}A_{in}=\sum_{k=1}^{n}a_{ik}A_{ik} \quad (i=1,2,\cdots,n).$$

或

$$D=\begin{vmatrix} a_{11} & a_{12} & \cdots & a_{1n} \\ a_{21} & a_{22} & \cdots & a_{2n} \\ \vdots & \vdots & & \vdots \\ a_{n1} & a_{n2} & \cdots & a_{nn} \end{vmatrix} = a_{1j}A_{1j}+a_{2j}A_{2j}+\cdots+a_{nj}A_{nj}=\sum_{k=1}^{n}a_{kj}A_{kj} \quad (j=1,2,\cdots,n).$$

推论

$$\begin{cases} \sum_{k=1}^{n}a_{ik}A_{jk}=a_{i1}A_{j1}+a_{i2}A_{j2}+\cdots+a_{in}A_{jn}=0 \\ \sum_{k=1}^{n}a_{ki}A_{kj}=a_{1i}A_{1j}+a_{2i}A_{2j}+\cdots+a_{ni}A_{nj}=0 \end{cases} \quad (i\neq j).$$

1.2.3 克莱姆(Cramer)法则

考虑 n 元线性方程组

$$\begin{cases} a_{11}x_1+a_{12}x_2+\cdots+a_{1n}x_n=b_1 \\ a_{21}x_1+a_{22}x_2+\cdots+a_{2n}x_n=b_2 \\ \cdots\cdots \\ a_{n1}x_1+a_{n2}x_2+\cdots+a_{nn}x_n=b_n \end{cases}. \tag{1}$$

定理(克莱姆法则) 对于线性方程组(1),记

$$D=\begin{vmatrix} a_{11} & a_{12} & \cdots & a_{1n} \\ a_{21} & a_{22} & \cdots & a_{2n} \\ \vdots & \vdots & & \vdots \\ a_{n1} & a_{n2} & \cdots & a_{nn} \end{vmatrix},\quad D_j=\begin{vmatrix} a_{11} & \cdots & a_{1,j-1} & b_1 & a_{1,j+1} & \cdots & a_{1n} \\ a_{21} & \cdots & a_{2,j-1} & b_2 & a_{2,j+1} & \cdots & a_{2n} \\ \vdots & & \vdots & \vdots & \vdots & & \vdots \\ a_{n1} & \cdots & a_{n,j-1} & b_n & a_{n,j+1} & \cdots & a_{nn} \end{vmatrix}\quad (j=1,2,\cdots,n)$$

$$(j)$$

若 $D\neq 0$,则方程组(1)存在唯一解

$$x_j=\frac{D_j}{D}\quad (j=1,2,\cdots,n).$$

推论 若齐次线性方程组的系数行列式 $D\neq 0$,则方程组只有零解.

1.2.4 计算 n 阶行列式的主要方法

(1)**用行列式定义**:对于一些具有特殊规律的行列式,用定义直接给出结果是非常简便的.例如,对角形、上(下)三角形行列式的计算等.

(2)**化为三角形行列式**:一般来说,元素为数的行列式总可以用性质等将其化为三角形行列式完成计算.

(3)**归边法**:一些含字母的特殊行列式(如行列式的每一行(列)的和相等)常可利用“归边”等手段将行列式化为三角形完成计算.

(4)**降阶法**:主要是利用行列式按行(列)展开,将高阶行列式转化为低阶行列式.

(5)**递推法**:对于 n 阶行列式 D_n,若能找出 D_n 与 D_{n-1} 或 D_{n-2} 等的关系,可利用这一关系来计算 D_n.

(6)**升阶法**:是在原有行列式的基础之上增加一行一列,且保持原行列式的值不变的情况下计算行列式的一种方法. 特别地,当所加行列在边上时称为“加边法”.

另外,还有析因子法、倒着做、利用范德蒙德行列式的结果等算法.

数学归纳法多用于行列式的证明题,但有时也用于行列式的计算,这时需要对同结构的低阶行列式进行计算,从递推规律出发得出一般性的结论,然后用归纳法证明其正确性.

*例 1.6 计算 $D_n=\begin{vmatrix} 1 & 1 & & & & \\ 1 & 2 & 2 & & & \\ 1 & & 3 & 3 & & \\ \vdots & & & \ddots & \ddots & \\ 1 & & & & n-1 & n-1 \\ 1 & & & & & n \quad n \end{vmatrix}$.

解 利用递推法求解(总按后一行展开进行递推),得

$$D_n=\begin{vmatrix} 1 & 1 & & & & \\ 1 & 2 & 2 & & & \\ 1 & 0 & 3 & 3 & & \\ \vdots & \vdots & \vdots & \ddots & \ddots & \\ 1 & 0 & 0 & \cdots & n-1 & n-1 \\ 1 & 0 & 0 & \cdots & 0 & n \end{vmatrix}=1\cdot(-1)^{n+1}(n-1)!+nD_{n-1} \quad \text{(即为递推公式)}$$

$$=(-1)^{n+1}(n-1)!+n[(-1)^{(n-1)+1}(n-1-1)!+(n-1)D_{n-2}]$$

$$=(-1)^{n+1}\frac{n!}{n}+(-1)^n\frac{n!}{n-1}+n(n-1)D_{n-2}$$

$$=\cdots$$

$$=(-1)^{n+1}\frac{n!}{n}+(-1)^n\frac{n!}{n-1}+\cdots+(-1)^4\frac{n!}{3}+n(n-1)\cdots\cdot 3\cdot D_2.$$

将 $D_2=\begin{vmatrix} 1 & 1 \\ 1 & 2 \end{vmatrix}=2-1=(-1)^3\cdot 1+(-1)^2\cdot 2$ 代入上式,得到

$$D_n=(-1)^{n+1}\frac{n!}{n}+(-1)^n\frac{n!}{n-1}+\cdots+(-1)^4\frac{n!}{3}+(-1)^3\frac{n!}{2}+(-1)^2\frac{n!}{1}$$

$$=n!\cdot\left[\frac{(-1)^{n+1}}{n}+\frac{(-1)^n}{n-1}+\cdots+\frac{(-1)^4}{3}+\frac{(-1)^3}{2}+\frac{(-1)^2}{1}\right]$$

$$=n!\sum_{i=1}^{n}\frac{(-1)^{i+1}}{i}.$$

*例 1.7 计算 $D_n=\begin{vmatrix} a_1+b_1 & a_2 & \cdots & a_n \\ a_1 & a_2+b_2 & \cdots & a_n \\ \vdots & \vdots & & \vdots \\ a_1 & a_2 & \cdots & a_n+b_n \end{vmatrix}$ $(b_i\neq 0, i=1,2,\cdots,n)$.

解 采用加边法.

$$D_n=\begin{vmatrix} 1 & a_1 & a_2 & \cdots & a_n \\ 0 & a_1+b_1 & a_2 & \cdots & a_n \\ 0 & a_1 & a_2+b_2 & \cdots & a_n \\ \vdots & \vdots & \vdots & & \vdots \\ 0 & a_1 & a_2 & \cdots & a_n+b_n \end{vmatrix}=\begin{vmatrix} 1 & a_1 & a_2 & \cdots & a_n \\ -1 & b_1 & 0 & \cdots & 0 \\ -1 & 0 & b_2 & \cdots & 0 \\ \vdots & \vdots & \vdots & & \vdots \\ -1 & 0 & 0 & \cdots & b_n \end{vmatrix} \quad \text{(箭形行列式)}$$

$$=\begin{vmatrix} 1+\frac{a_1}{b_1}+\frac{a_2}{b_2}+\cdots+\frac{a_n}{b_n} & a_1 & a_2 & \cdots & a_n \\ 0 & b_1 & 0 & \cdots & 0 \\ 0 & 0 & b_2 & \cdots & 0 \\ \vdots & \vdots & \vdots & & \vdots \\ 0 & 0 & 0 & \cdots & b_n \end{vmatrix}$$

$$=b_1b_2\cdots b_n\left(1+\frac{a_1}{b_1}+\frac{a_2}{b_2}+\cdots+\frac{a_n}{b_n}\right).$$

评注 由本题计算过程可以看出，加边的元素一般是 1 和 0，但仍要根据具体情况适当地选择与已知行列式有关的某些元素. 另外，本题还可以采用下面方法计算：利用行列式的性质 4 将其写成两个行列式的和，然后递推法便可.

例 1.8 已知$\begin{cases}\lambda x_1+x_2+x_3=0\\ x_1+\lambda x_2+x_3=0\\ x_1+x_2+\lambda x_3=0\end{cases}$只有非零解，求 λ.

解 $D=\begin{vmatrix}\lambda & 1 & 1\\ 1 & \lambda & 1\\ 1 & 1 & \lambda\end{vmatrix}=(\lambda+2)(\lambda-1)^2$，由克莱姆法则的推论可知，若系数行列式 $D\neq 0$，则齐次线性方程组只有零解，所以 $\lambda\neq -2,1$.

1.4 自 测 题

自测题 1

1. 排列 24315 的逆序数为(　　)，排列 $13\cdots(2n-1)24\cdots(2n)$ 的逆序数为(　　).

2. 如果排列 $a_1a_2\cdots a_n$ 有 s 个逆序，则排列 $a_na_{n-1}\cdots a_1$ 的逆序数为(　　).

3. $f(x)=\begin{vmatrix}2x & x & 1 & 2\\ 1 & x & 1 & -1\\ 3 & 2 & x & 1\\ 1 & 1 & 1 & x\end{vmatrix}$ 中 x^4 的系数为(　　)，x^3 的系数为(　　).

4. $\begin{vmatrix}a_1 & a_2 & a_3 & a_4 & a_5\\ b_1 & b_2 & b_3 & b_4 & b_5\\ c_1 & c_2 & 0 & 0 & 0\\ d_1 & d_2 & 0 & 0 & 0\\ e_1 & e_2 & 0 & 0 & 0\end{vmatrix}=$(　　).

5. 下列 n 阶行列式中，取值必为 -1 的是(　　).

A. $\begin{vmatrix} & & 1\\ & \iddots & \\ 1 & & \end{vmatrix}$　　B. $\begin{vmatrix}1 & 1 & & \\ & \ddots & \ddots & \\ & & \ddots & 1\\ 1 & & & 1\end{vmatrix}$

C. $\begin{vmatrix} 0 & \cdots & \cdots & 1 \\ 1 & \ddots & & \vdots \\ & \ddots & \ddots & \vdots \\ & & 1 & 0 \end{vmatrix}$　　D. $\begin{vmatrix} 0 & 0 & \cdots & 0 & 1 \\ 0 & 1 & \cdots & 0 & 0 \\ \vdots & \vdots & & \vdots & \vdots \\ 0 & 0 & \cdots & 1 & 0 \\ 1 & 0 & \cdots & 0 & 0 \end{vmatrix}$.

6. 四阶行列式中含有因子 $a_{11}a_{24}$ 的项是(　　　　).

自 测 题 2

一、计算下列行列式

1. $\begin{vmatrix} 2 & 1 & -5 & 1 \\ 1 & -3 & 0 & -6 \\ 0 & 2 & -1 & 2 \\ 1 & 4 & -7 & 6 \end{vmatrix}$;　　2. $\begin{vmatrix} -ab & ac & ae \\ bd & -cd & de \\ bf & cf & -ef \end{vmatrix}$;

3. $\begin{vmatrix} 1 & -0.3 & 0.3 & -1 \\ 0.5 & 0 & 0 & -1 \\ 0 & -1.1 & 0.3 & 0 \\ 1 & 1 & 0.5 & 0.5 \end{vmatrix}$;　　4. $\begin{vmatrix} 5 & 3 & -1 & 2 & 0 \\ 1 & 7 & 2 & 5 & 2 \\ 0 & -2 & 3 & 1 & 0 \\ 0 & -4 & -1 & 4 & 0 \\ 0 & 2 & 3 & 5 & 0 \end{vmatrix}$.

二、计算下列行列式

1. $\begin{vmatrix} a & b & b & b \\ b & a & b & b \\ b & b & a & b \\ b & b & b & a \end{vmatrix}$;　2. $\begin{vmatrix} 1 & 2 & 3 & 4 \\ 2 & 3 & 4 & 1 \\ 3 & 4 & 1 & 2 \\ 4 & 1 & 2 & 3 \end{vmatrix}$;　3. $\begin{vmatrix} x^2 & (x+1)^2 & (x+2)^2 & (x+3)^2 \\ y^2 & (y+1)^2 & (y+2)^2 & (y+3)^2 \\ z^2 & (z+1)^2 & (z+2)^2 & (z+3)^2 \\ w^2 & (w+1)^2 & (w+2)^2 & (w+3)^2 \end{vmatrix}$;

4. $D_n=\begin{vmatrix} 1 & 1 & \cdots & 1 & -n \\ 1 & 1 & \cdots & -n & 1 \\ \vdots & \vdots & & \vdots & \vdots \\ 1 & -n & \cdots & 1 & 1 \\ -n & 1 & \cdots & 1 & 1 \end{vmatrix}$;　　5. $\begin{vmatrix} 2-\lambda & 2 & -2 \\ 2 & 5-\lambda & -4 \\ -2 & -4 & 5-\lambda \end{vmatrix}$.

三、证明下列等式

1. $\begin{vmatrix} a^2 & ab & b^2 \\ 2a & a+b & 2b \\ 1 & 1 & 1 \end{vmatrix}=(a-b)^3$;

2. $\begin{vmatrix} x_1+y_1 & y_1+z_1 & z_1+x_1 \\ x_2+y_2 & y_2+z_2 & z_2+x_2 \\ x_3+y_3 & y_3+z_3 & z_3+x_3 \end{vmatrix}=2\begin{vmatrix} x_1 & y_1 & z_1 \\ x_2 & y_2 & z_2 \\ x_3 & y_3 & z_3 \end{vmatrix}$;

3. $\begin{vmatrix} x & -1 & 0 & \cdots & 0 & 0 \\ 0 & x & -1 & \cdots & 0 & 0 \\ 0 & 0 & x & \cdots & 0 & 0 \\ \vdots & \vdots & \vdots & & \vdots & \vdots \\ 0 & 0 & 0 & \cdots & x & -1 \\ a_n & a_{n-1} & a_{n-2} & \cdots & a_2 & x+a_1 \end{vmatrix} = x^n + a_1 x^{n-1} + \cdots + a_{n-1}x + a_n$；

4. $\begin{vmatrix} a & 0 & \cdots & 0 & 1 \\ 0 & a & \cdots & 0 & 0 \\ \vdots & \vdots & & \vdots & \vdots \\ 0 & 0 & \cdots & a & 0 \\ 1 & 0 & \cdots & 0 & a \end{vmatrix}_{(n)} = (a^2-1)a^{n-2}$.

自 测 题 3

1. 用克莱姆法则解方程组$\begin{cases} 2x_1 + 2x_2 - 5x_3 + x_4 = 4 \\ x_1 + 4x_2 - 7x_3 + 6x_4 = 0 \\ x_1 - 3x_2 \qquad - 6x_4 = 9 \\ \qquad 2x_2 - x_3 + 2x_4 = -5 \end{cases}$.

2. 问 λ 取何值时，下列齐次线性方程组有非零解？

(1) $\begin{cases} \lambda x_1 + x_2 + x_3 = 0 \\ x_1 + \lambda x_2 - x_3 = 0; \\ 2x_1 - x_2 + x_3 = 0 \end{cases}$　　(2) $\begin{cases} (1-\lambda)x_1 - 2x_2 + 4x_3 = 0 \\ 2x_1 + (3-\lambda)x_2 + x_3 = 0. \\ x_1 + x_2 + (1-\lambda)x_3 = 0 \end{cases}$

自 测 题 4

一、完成下列各题

1. 设 $D = \begin{vmatrix} 1 & 0 & 3 \\ -1 & 2 & 4 \\ 1 & 5 & 9 \end{vmatrix}$，则 $A_{12} - A_{22} + A_{32} =$ (　　　)，$A_{11} - A_{21} + A_{31} =$ (　　　).

2. $\begin{vmatrix} a_1 & 0 & 0 & b_1 \\ 0 & a_2 & b_2 & 0 \\ 0 & b_3 & a_3 & 0 \\ b_4 & 0 & 0 & a_4 \end{vmatrix} =$ (　　　)；$\begin{vmatrix} 103 & 100 & 204 \\ 199 & 200 & 395 \\ 301 & 300 & 600 \end{vmatrix} =$ (　　　).

3. 多项式 $f(x) = \begin{vmatrix} a_1+x & a_2+x & a_3+x & a_4+x \\ b_1+x & b_2+x & b_3+x & b_4+x \\ c_1+x & c_2+x & c_3+x & c_4+x \\ d_1+x & d_2+x & d_3+x & d_4+x \end{vmatrix}$ 的次数是(　　　).

A. 1　　B. 2　　C. 3　　D. 4

4. 对于非齐次线性方程组

$$\begin{cases} a_{11}x_1+a_{12}x_2+\cdots+a_{1n}x_n=b_1 \\ a_{21}x_1+a_{22}x_2+\cdots+a_{2n}x_n=b_2 \\ \cdots\cdots \\ a_{n1}x_1+a_{n2}x_2+\cdots+a_{nn}x_n=b_n \end{cases},$$

下列说法不正确的是(　　　　).

A. 若方程组无解,则系数行列式 $D=0$

B. 若方程组有解,则系数行列式 $D\neq 0$

C. 若方程组有解,则或者有唯一解,或者有无穷多解

D. 系数行列式 $D\neq 0$ 是方程组有唯一解的充分必要条件

二、计算下列各行列式

1. $D_n=\begin{vmatrix} a & b & \cdots & b \\ b & a & \cdots & b \\ \vdots & \vdots & & \vdots \\ b & b & \cdots & a \end{vmatrix}$;

2. $D_n=\begin{vmatrix} x-a & a & \cdots & a \\ a & x-a & \cdots & a \\ \vdots & \vdots & & \vdots \\ a & a & \cdots & x-a \end{vmatrix}$;

3. $D=\begin{vmatrix} 1 & -1 & 1 & x-1 \\ 1 & -1 & x+1 & -1 \\ 1 & x-1 & 1 & -1 \\ x+1 & -1 & 1 & -1 \end{vmatrix}$;

4. $D_n=\begin{vmatrix} a_1 & -1 & & & \\ a_2 & x & \ddots & & \\ \vdots & & \ddots & \ddots & \\ \vdots & & & \ddots & -1 \\ a_n & & & & x \end{vmatrix}$;

5. $\begin{vmatrix} 1+a_1 & 1 & \cdots & 1 \\ 1 & 1+a_2 & \cdots & 1 \\ \vdots & \vdots & & \vdots \\ 1 & 1 & \cdots & 1+a_n \end{vmatrix}$.

第2章 矩　阵

2.1 基本要求

(1)理解矩阵的概念,了解单位矩阵、数量矩阵、对角矩阵、三角矩阵、对称矩阵和反对称矩阵,以及它们的性质.

(2)掌握矩阵的线性运算、乘法、转置,以及它们的运算规律,了解方阵的幂与方阵乘积的行列式的性质.

(3)理解逆矩阵的概念,掌握逆矩阵的性质,以及矩阵可逆的充分必要条件,理解伴随矩阵的概念,会用伴随矩阵求逆矩阵.

(4)理解矩阵初等变换的概念,了解初等矩阵的性质和矩阵等价的概念,理解矩阵的秩的概念,掌握用初等变换求矩阵的秩和逆矩阵的方法.

(5)了解分块矩阵及其运算.

2.2 知识要点

2.2.1 矩阵的运算

1. 矩阵的乘法

设 $\boldsymbol{A}=(a_{ij})$ 是一个 $m\times s$ 矩阵,$\boldsymbol{B}=(b_{ij})$ 是一个 $s\times n$ 矩阵,则 $\boldsymbol{A}$ 与 $\boldsymbol{B}$ 的乘积是一个 $m\times n$ 矩阵,$\boldsymbol{C}=(c_{ij})$,其中

$$c_{ij}=\sum_{k=1}^{s}a_{ik}b_{kj}=a_{i1}b_{1j}+a_{i2}b_{2j}+\cdots+a_{is}b_{sj},$$

$i=1,2,\cdots,m;j=1,2,\cdots,n$,记作 $\boldsymbol{C}=\boldsymbol{AB}$.

注 (1)矩阵 $\boldsymbol{A}=(a_{ij})$ 与 $\boldsymbol{B}=(b_{ij})$ 可乘的条件是 $\boldsymbol{A}$ 的列数等于 $\boldsymbol{B}$ 的行数;

(2)若矩阵 $\boldsymbol{A}=(a_{ij})$ 与 $\boldsymbol{B}=(b_{ij})$ 可乘,则矩阵 $\boldsymbol{AB}$ 的行数等于 $\boldsymbol{A}$ 的行数,矩阵 $\boldsymbol{AB}$ 的列数等于 $\boldsymbol{B}$ 的列数;

(3)矩阵的乘法不满足交换律和消去律.

2. 方阵的幂运算

设 $\boldsymbol{A}$ 为 n 阶方阵,k 为正整数,称 $\boldsymbol{A}^k=\underbrace{\boldsymbol{AA}\cdots\boldsymbol{A}}_{k}$ 为 $\boldsymbol{A}$ 的 k 次幂.

3. 方阵 $\boldsymbol{A}$ 的 n 次多项式

若 $f(x)=a_0+a_1x+a_2x^2+\cdots+a_nx^n$,则方阵 $\boldsymbol{A}$ 的 n 次多项式

$$f(\boldsymbol{A})=a_0\boldsymbol{E}+a_1\boldsymbol{A}+a_2\boldsymbol{A}^2+\cdots+a_n\boldsymbol{A}^n.$$

4. 转置矩阵满足以下运算律

(1) $(\boldsymbol{A}^{\mathrm{T}})^{\mathrm{T}}=\boldsymbol{A}$;

(2) $(k\boldsymbol{A})^{\mathrm{T}}=k\boldsymbol{A}^{\mathrm{T}}$;

(3) $(\boldsymbol{A}+\boldsymbol{B})^{\mathrm{T}}=\boldsymbol{A}^{\mathrm{T}}+\boldsymbol{B}^{\mathrm{T}}$;

(4) $(\boldsymbol{AB})^{\mathrm{T}}=\boldsymbol{B}^{\mathrm{T}}\boldsymbol{A}^{\mathrm{T}}$.

5. 方阵的行列式

性质 设 $\boldsymbol{A},\boldsymbol{B}$ 是 n 阶方阵,λ 是数,则:

(1) $|\boldsymbol{A}^{\mathrm{T}}|=|\boldsymbol{A}|$;

(2) $|\lambda\boldsymbol{A}|=\lambda^n|\boldsymbol{A}|$;

(3) $|\boldsymbol{AB}|=|\boldsymbol{A}||\boldsymbol{B}|$

6. 特殊的矩阵

(1)单位矩阵.主对角元素均为1,其余元素全为0的 n 阶方阵,称为 n 阶单位矩阵,记为 $\boldsymbol{E}_n$,也可记为 $\boldsymbol{I}_n$.

(2)数量矩阵.主对角元素均为 a,其余元素全为0的 n 阶方阵,称为 n 阶数量矩阵.

注 数量矩阵与同阶的方阵可交换.

(3)对角矩阵.除了主对角元素外,其余元素全为0的 n 阶方阵,称为 n 阶对角矩阵.

(4)上(下)三角矩阵.当 $i>j$ 时(当 $i<j$ 时)$a_{ij}=0$ 的矩阵 $\boldsymbol{A}=(a_{ij})$ 称为上(下)三角矩阵.

(5)对称矩阵.设 $\boldsymbol{A}$ 为 n 阶方阵,如果满足 $\boldsymbol{A}^{\mathrm{T}}=\boldsymbol{A}$,即

$$a_{ij}=a_{ji}\quad(i,j=1,2,\cdots,n),$$

那么 $\boldsymbol{A}$ 称为对称矩阵.

(6)反对称矩阵.设 $\boldsymbol{A}$ 为 n 阶方阵,如果满足 $\boldsymbol{A}^{\mathrm{T}}=-\boldsymbol{A}$,即

$$a_{ij}=-a_{ji}\quad(i,j=1,2,\cdots,n),$$

那么称 $\boldsymbol{A}$ 为反对称矩阵.

2.2.2 逆矩阵

1. 可逆的充要条件

n 阶矩阵 $\boldsymbol{A}$ 可逆 $\Leftrightarrow$ 存在 n 阶矩阵 $\boldsymbol{B}$ 满足 $\boldsymbol{AB}=\boldsymbol{BA}=\boldsymbol{E}$

$$\Leftrightarrow|\boldsymbol{A}|\neq0,\text{且 }\boldsymbol{A}^{-1}=\frac{1}{|\boldsymbol{A}|}\boldsymbol{A}^*.$$

2. 逆矩阵的运算性质

(1)设方阵 $\boldsymbol{A}$ 可逆,则 $\boldsymbol{A}^{-1}$ 可逆,且 $(\boldsymbol{A}^{-1})^{-1}=\boldsymbol{A}$;

(2)设方阵 $\boldsymbol{A}$ 可逆,$\lambda\neq0$,则 $\lambda\boldsymbol{A}$ 可逆,且 $(\lambda\boldsymbol{A})^{-1}=\frac{1}{\lambda}\boldsymbol{A}^{-1}$;

(3)设方阵 $\boldsymbol{A}$ 可逆,则 $|\boldsymbol{A}|\neq 0$,且 $|\boldsymbol{A}^{-1}|=\frac{1}{|\boldsymbol{A}|}$;

(4)设方阵 $\boldsymbol{A},\boldsymbol{B}$ 可逆,则 $\boldsymbol{AB}$ 可逆,且 $(\boldsymbol{AB})^{-1}=\boldsymbol{B}^{-1}\boldsymbol{A}^{-1}$;

(5)设方阵 $\boldsymbol{A}$ 可逆,则 $\boldsymbol{A}^{\mathrm{T}}$ 可逆,且 $(\boldsymbol{A}^{\mathrm{T}})^{-1}=(\boldsymbol{A}^{-1})^{\mathrm{T}}$.

3. 伴随矩阵的性质

设 $\boldsymbol{A}$ 为 n 阶方阵,$\boldsymbol{A}^*$ 为 $\boldsymbol{A}$ 的伴随矩阵,则:

(1)$\boldsymbol{AA}^*=\boldsymbol{A}^*\boldsymbol{A}=|\boldsymbol{A}|\boldsymbol{E}$;

(2)若 $|\boldsymbol{A}|=0$,则 $|\boldsymbol{A}^*|=0$;

(3)$|\boldsymbol{A}^*|=|\boldsymbol{A}|^{n-1}$;

(4)若 $\boldsymbol{A}$ 可逆,则 $\boldsymbol{A}^*=|\boldsymbol{A}|\boldsymbol{A}^{-1}$,$\boldsymbol{A}^*$ 可逆,且 $(\boldsymbol{A}^*)^{-1}=(\boldsymbol{A}^{-1})^*=\frac{1}{|\boldsymbol{A}|}\boldsymbol{A}$.

2.2.3 分块矩阵

1. 分块矩阵的运算

(1)加法. 设 $\boldsymbol{A},\boldsymbol{B}$ 均为 $m\times n$ 矩阵,且 $\boldsymbol{A},\boldsymbol{B}$ 有相同的分块,即 $\boldsymbol{A}=(\boldsymbol{A}_{ij})_{r\times s}$,$\boldsymbol{B}=(\boldsymbol{B}_{ij})_{r\times s}$ $(i=1,2,\cdots,r;j=1,2,\cdots,s)$,其中 $\boldsymbol{A}_{ij}$ 与 $\boldsymbol{B}_{ij}$ 为同型子矩阵,则分块矩阵的加法定义为

$$\boldsymbol{A}+\boldsymbol{B}=(\boldsymbol{A}_{ij}+\boldsymbol{B}_{ij})_{r\times s}.$$

(2)数与分块矩阵的乘法. 设 $\boldsymbol{A}$ 为 $m\times n$ 矩阵,$\boldsymbol{A}$ 分块后变为 $\boldsymbol{A}=(\boldsymbol{A}_{ij})_{r\times s}$,则数 λ 与分块矩阵的乘法定义为 $\lambda\boldsymbol{A}=(\lambda\boldsymbol{A}_{ij})_{r\times s}$.

(3)分块矩阵相乘. 设矩阵 $\boldsymbol{A}=(a_{ij})_{m\times l}$,$\boldsymbol{B}=(b_{ij})_{l\times n}$,现对 $\boldsymbol{A},\boldsymbol{B}$ 进行分块,要求满足 $\boldsymbol{A}$ 的列的分法与 $\boldsymbol{B}$ 的行的分法必须相同,即 $\boldsymbol{A}=(\boldsymbol{A}_{ij})_{r\times s}$,$\boldsymbol{B}=(\boldsymbol{B}_{ij})_{s\times t}$,而且 $\boldsymbol{A}$ 的各子块 $\boldsymbol{A}_{i1}$,$\boldsymbol{A}_{i2},\cdots,\boldsymbol{A}_{is}(i=1,2,\cdots,r)$ 的列数依次与 $\boldsymbol{B}$ 的各相应子块 $\boldsymbol{B}_{1j},\boldsymbol{B}_{2j},\cdots,\boldsymbol{B}_{sj}(j=1,2,\cdots,t)$ 的行数相同,则分块矩阵 $\boldsymbol{A}=(\boldsymbol{A}_{ij})_{r\times s}$,$\boldsymbol{B}=(\boldsymbol{B}_{ij})_{s\times t}$ 的乘积为

$$\boldsymbol{AB}=(\boldsymbol{C}_{ij})_{r\times t},$$

其中,$\boldsymbol{C}_{ij}=\sum_{k=1}^{s}\boldsymbol{A}_{ik}\boldsymbol{B}_{kj}(i=1,2,\cdots,r;j=1,2,\cdots,t)$.

(4)分块矩阵的转置. 设 $\boldsymbol{A}=(a_{ij})_{m\times n}$ 的分块矩阵为 $\boldsymbol{A}=(\boldsymbol{A}_{ij})_{s\times r}$,则有 $\boldsymbol{A}^{\mathrm{T}}=(\boldsymbol{A}_{ji}^{\mathrm{T}})_{r\times s}$.

注意 分块矩阵转置时,其子块也需要转置.

2. 特殊形式的分块矩阵相乘

(1)若 $\boldsymbol{AB}=\boldsymbol{O}$,对矩阵 $\boldsymbol{B}$ 和 $\boldsymbol{O}$ 按列分块有

$$\boldsymbol{AB}=\boldsymbol{A}(\boldsymbol{B}_1\quad\boldsymbol{B}_2\quad\cdots\quad\boldsymbol{B}_n)=(\boldsymbol{AB}_1\quad\boldsymbol{AB}_2\quad\cdots\quad\boldsymbol{AB}_n)=(\boldsymbol{O}\quad\boldsymbol{O}\cdots\quad\boldsymbol{O}),$$

则 $\boldsymbol{AB}_i=\boldsymbol{O}(i=1,2,\cdots,n)$(构成 n 个齐次线性方程组).

(2)若 $\boldsymbol{AB}=\boldsymbol{C}$,其中 $\boldsymbol{A}$ 是 $m\times n$ 矩阵,$\boldsymbol{B}$ 是 $n\times s$ 矩阵,则:

① 对 $\boldsymbol{B}$ 和 $\boldsymbol{C}$ 矩阵按行分块,有

$$\begin{pmatrix} a_{11} & a_{12} & \cdots & a_{1n} \\ a_{21} & a_{22} & \cdots & a_{2n} \\ \vdots & \vdots & & \vdots \\ a_{m1} & a_{m2} & \cdots & a_{mn} \end{pmatrix}\begin{pmatrix} \boldsymbol{B}_1 \\ \boldsymbol{B}_2 \\ \vdots \\ \boldsymbol{B}_n \end{pmatrix}=\begin{pmatrix} \boldsymbol{C}_1 \\ \boldsymbol{C}_2 \\ \vdots \\ \boldsymbol{C}_m \end{pmatrix},$$

即
$$\begin{cases}a_{11}\boldsymbol{B}_1+a_{12}\boldsymbol{B}_2+\cdots+a_{1n}\boldsymbol{B}_n=\boldsymbol{C}_1\\a_{21}\boldsymbol{B}_1+a_{22}\boldsymbol{B}_2+\cdots+a_{2n}\boldsymbol{B}_n=\boldsymbol{C}_2\\\cdots\cdots\\a_{m1}\boldsymbol{B}_1+a_{m2}\boldsymbol{B}_2+\cdots+a_{mn}\boldsymbol{B}_n=\boldsymbol{C}_m\end{cases}.$$

注 按第3章，行向量组 $\boldsymbol{C}_1,\boldsymbol{C}_2,\cdots,\boldsymbol{C}_m$ 可由行向量组 $\boldsymbol{B}_1,\boldsymbol{B}_2,\cdots,\boldsymbol{B}_n$ 线性表示.

② 对 $\boldsymbol{A}$ 和 $\boldsymbol{C}$ 按列分块有

$$(\boldsymbol{A}_1\boldsymbol{A}_2\cdots\boldsymbol{A}_n)\begin{pmatrix}b_{11}&b_{12}&\cdots&b_{1s}\\b_{21}&b_{22}&\cdots&b_{2s}\\\vdots&\vdots&&\vdots\\b_{n1}&b_{n2}&\cdots&b_{ns}\end{pmatrix}=(\boldsymbol{C}_1\boldsymbol{C}_2\cdots\boldsymbol{C}_n),$$

即
$$\begin{cases}b_{11}\boldsymbol{A}_1+b_{21}\boldsymbol{A}_2+\cdots+b_{n1}\boldsymbol{A}_n=\boldsymbol{C}_1\\b_{12}\boldsymbol{A}_1+b_{22}\boldsymbol{A}_2+\cdots+b_{n2}\boldsymbol{A}_n=\boldsymbol{C}_2\\\cdots\cdots\\b_{1s}\boldsymbol{A}_1+b_{2s}\boldsymbol{A}_2+\cdots+b_{ns}\boldsymbol{A}_n=\boldsymbol{C}_s\end{cases}.$$

注 按第3章，列向量组 $\boldsymbol{C}_1,\boldsymbol{C}_2,\cdots,\boldsymbol{C}_m$ 可由列向量组 $\boldsymbol{A}_1,\boldsymbol{A}_2,\cdots,\boldsymbol{A}_n$ 线性表示.

3. 分块对角方阵

(1)**分块对角矩阵 $\boldsymbol{A}$ 与 $\boldsymbol{B}$ 的乘积.** 若 n 阶方阵 $\boldsymbol{B}$ 分块后的形式与 $\boldsymbol{A}$ 相同，且 $\boldsymbol{A}$ 与 $\boldsymbol{B}$ 中同序号的子块阶数相同，则

$$\boldsymbol{AB}=\begin{pmatrix}\boldsymbol{A}_1&&&\\&\boldsymbol{A}_2&&\\&&\ddots&\\&&&\boldsymbol{A}_r\end{pmatrix}\begin{pmatrix}\boldsymbol{B}_1&&&\\&\boldsymbol{B}_2&&\\&&\ddots&\\&&&\boldsymbol{B}_r\end{pmatrix}=\begin{pmatrix}\boldsymbol{A}_1\boldsymbol{B}_1&&&\\&\boldsymbol{A}_2\boldsymbol{B}_2&&\\&&\ddots&\\&&&\boldsymbol{A}_r\boldsymbol{B}_r\end{pmatrix}.$$

(2)**分块对角矩阵 $\boldsymbol{A}$ 的行列式.** $|\boldsymbol{A}|=|\boldsymbol{A}_1||\boldsymbol{A}_2|\cdots|\boldsymbol{A}_r|$. 特别地，$\begin{vmatrix}\boldsymbol{A}_1&\\&\boldsymbol{A}_2\end{vmatrix}=|\boldsymbol{A}_1|\cdot|\boldsymbol{A}_2|$.

(3)**分块对角矩阵 $\boldsymbol{A}$ 的逆矩阵.** 若 $|\boldsymbol{A}_i|\neq0(i=1,2,\cdots,r)$，则 $\boldsymbol{A}$ 可逆，且

$$\boldsymbol{A}^{-1}=\begin{pmatrix}\boldsymbol{A}_1^{-1}&&&\\&\boldsymbol{A}_2^{-1}&&\\&&\ddots&\\&&&\boldsymbol{A}_r^{-1}\end{pmatrix}.$$

4. 三角形分块矩阵

设 $\boldsymbol{A}=\begin{pmatrix}\boldsymbol{B}_{m\times m}&\boldsymbol{D}\\\boldsymbol{O}&\boldsymbol{C}_{n\times n}\end{pmatrix}$，若 $|\boldsymbol{B}|\neq0,|\boldsymbol{C}|\neq0$，则 $\boldsymbol{A}^{-1}=\begin{pmatrix}\boldsymbol{B}^{-1}&-\boldsymbol{B}^{-1}\boldsymbol{DC}^{-1}\\\boldsymbol{O}&\boldsymbol{C}^{-1}\end{pmatrix}$；

设 $\boldsymbol{A}=\begin{pmatrix}\boldsymbol{B}_{m\times m}&\boldsymbol{O}\\\boldsymbol{D}&\boldsymbol{C}_{n\times n}\end{pmatrix}$，若 $|\boldsymbol{B}|\neq0,|\boldsymbol{C}|\neq0$，则 $\boldsymbol{A}^{-1}=\begin{pmatrix}\boldsymbol{B}^{-1}&\boldsymbol{O}\\-\boldsymbol{C}^{-1}\boldsymbol{DB}^{-1}&\boldsymbol{C}^{-1}\end{pmatrix}$.

2.2.4 初等变换与初等矩阵

1. 初等矩阵的性质

(1)初等矩阵的转置仍是初等矩阵;

(2)初等矩阵均可逆,且其逆矩阵仍为初等矩阵:

$$\boldsymbol{E}^{-1}(i,j)=\boldsymbol{E}(i,j),\quad \boldsymbol{E}^{-1}(i(k))=\boldsymbol{E}\left(i\left(\frac{1}{k}\right)\right),\quad \boldsymbol{E}^{-1}(i,j(k))=\boldsymbol{E}(i,j(-k)).$$

2. 初等矩阵与初等变换之间的关系

对矩阵 $\boldsymbol{A}$ 进行一次初等行(列)变换之后得到的矩阵,等于在 $\boldsymbol{A}$ 的左(右)边乘以一个作相同初等变换的初等阵之后得到的矩阵.

3. 矩阵等价

设 $\boldsymbol{A},\boldsymbol{B}$ 均是 $m\times n$ 矩阵,若 $\boldsymbol{A}$ 经过初等变换变为 $\boldsymbol{B}$,则称 $\boldsymbol{A}$ 与 $\boldsymbol{B}$ 等价,记为 $\boldsymbol{A}\sim\boldsymbol{B}$.

结论 矩阵 $\boldsymbol{A}_{m\times n}$ 等价于 $\boldsymbol{B}_{m\times n}$ 的充要条件是存在可逆阵 $\boldsymbol{P}_{m\times m},\boldsymbol{Q}_{n\times n}$ 使得 $\boldsymbol{PAQ}=\boldsymbol{B}$.

4. 用初等变换求逆矩阵方法

$$(\boldsymbol{A}\ \ \boldsymbol{E})\xrightarrow{\text{初等行变换}}(\boldsymbol{E}\ \ \boldsymbol{A}^{-1})\quad \text{或}\quad \begin{pmatrix}\boldsymbol{A}\\ \boldsymbol{E}\end{pmatrix}\xrightarrow{\text{初等列变换}}\begin{pmatrix}\boldsymbol{E}\\ \boldsymbol{A}^{-1}\end{pmatrix}.$$

2.2.5 矩阵的秩

1. 矩阵的秩的两个等价定义

(1)矩阵 $\boldsymbol{A}=(a_{ij})_{m\times n}$ 中非零子式的最高阶数称为 $\boldsymbol{A}$ 的秩. 约定零矩阵的秩为 0.

(2)矩阵 $\boldsymbol{A}$ 中有一个 r 阶子式不等于零,而所有的 $r+1$ 阶子式(若有)都等于零,称 r 为 $\boldsymbol{A}$ 的秩.

2. 性质

(1)若 $\boldsymbol{A}=(a_{ij})_{m\times n}$,则 $0\leqslant R(\boldsymbol{A})\leqslant\min\{m,n\}$.

(2)$R(\boldsymbol{A}^{\mathrm{T}})=R(\boldsymbol{A})$.

(3)初等变换不改变矩阵的秩. 设 $\boldsymbol{A}=(a_{ij})_{m\times n}$,当 $\boldsymbol{P}_{m\times m},\boldsymbol{Q}_{n\times n}$ 可逆时,有

$$R(\boldsymbol{PA})=R(\boldsymbol{AQ})=R(\boldsymbol{PAQ})=R(\boldsymbol{A}).$$

(4)$R(\boldsymbol{A})=r\neq 0\Leftrightarrow$ 存在可逆矩阵 $\boldsymbol{P},\boldsymbol{Q}$ 使 $\boldsymbol{PAQ}=\begin{pmatrix}\boldsymbol{E}_r & \boldsymbol{O}\\ \boldsymbol{O} & \boldsymbol{O}\end{pmatrix}$,其中 $\boldsymbol{E}_r$ 为 r 阶单位矩阵.

2.2.6 重要方法

1. 求逆矩阵

常用的方法有以下四种:

(1)定义法;

(2)伴随矩阵法;

(3)初等变换法;

(4)分块矩阵法.

2. 求矩阵的秩

常用的方法有以下两种：

(1)利用定义；

(2)利用初等变换化矩阵成阶梯形.

3. n 阶方阵的幂

常用的方法有以下两种：

(1)如果 $R(\boldsymbol{A})=1$,将 $\boldsymbol{A}$ 分解为 $\boldsymbol{\xi}$($n\times1$ 矩阵)与 $\boldsymbol{\eta}$($1\times n$ 矩阵)的乘积,用矩阵乘法结合律求 $\boldsymbol{A}^n$.(见典型例题例 2.3)

(2)如果 $\boldsymbol{A}=\boldsymbol{E}+\boldsymbol{B}$,且 $\boldsymbol{B}^k=\boldsymbol{O}$,用二项式定理展开式求 $\boldsymbol{A}^n$.(见典型例题例 2.4)

4. 求解矩阵方程的步骤

(1)将矩阵方程化简为 $\boldsymbol{AX}=\boldsymbol{B}$,$\boldsymbol{XA}=\boldsymbol{B}$ 或 $\boldsymbol{AXB}=\boldsymbol{C}$；

(2)当 $\boldsymbol{A}$ 或 $\boldsymbol{B}$ 可逆时,再通过左乘或右乘 $\boldsymbol{A}^{-1}$ 或 $\boldsymbol{B}^{-1}$,求出 $\boldsymbol{X}=\boldsymbol{A}^{-1}\boldsymbol{B}$,$\boldsymbol{X}=\boldsymbol{BA}^{-1}$ 或 $\boldsymbol{X}=\boldsymbol{A}^{-1}\boldsymbol{CB}^{-1}$.

5. 证明 n 阶矩阵 $\boldsymbol{A}$ 可逆的常用思路

(1)证明 $|\boldsymbol{A}|\neq0$；

(2)证明 $R(\boldsymbol{A})=n$；

(3)用定义；

(4)反证法.

2.3　典型例题

例 2.1　设 $\boldsymbol{\alpha}=\begin{pmatrix}\frac{1}{2} & 0 & \cdots & 0 & \frac{1}{2}\end{pmatrix}$是 $1\times n$ 矩阵,$\boldsymbol{A}=\boldsymbol{E}-\boldsymbol{\alpha}^{\mathrm{T}}\boldsymbol{\alpha}$,$\boldsymbol{B}=\boldsymbol{E}+2\boldsymbol{\alpha}^{\mathrm{T}}\boldsymbol{\alpha}$,其中 $\boldsymbol{E}$ 是 n 阶单位矩阵,则 $\boldsymbol{AB}=$(　　　　　).

解　$\boldsymbol{E}$.

分析　矩阵的乘法不满足交换律,但满足结合律与分配律,$\boldsymbol{\alpha}^{\mathrm{T}}\boldsymbol{\alpha}$ 为 n 阶矩阵,而 $\boldsymbol{\alpha\alpha}^{\mathrm{T}}=\frac{1}{2}$是一个数,于是

$$\begin{aligned}\boldsymbol{AB}&=(\boldsymbol{E}-\boldsymbol{\alpha}^{\mathrm{T}}\boldsymbol{\alpha})(\boldsymbol{E}+2\boldsymbol{\alpha}^{\mathrm{T}}\boldsymbol{\alpha})=\boldsymbol{E}+\boldsymbol{\alpha}^{\mathrm{T}}\boldsymbol{\alpha}-2\boldsymbol{\alpha}^{\mathrm{T}}\boldsymbol{\alpha\alpha}^{\mathrm{T}}\boldsymbol{\alpha}\\&=\boldsymbol{E}+\boldsymbol{\alpha}^{\mathrm{T}}\boldsymbol{\alpha}-2\boldsymbol{\alpha}^{\mathrm{T}}(\boldsymbol{\alpha\alpha}^{\mathrm{T}})\boldsymbol{\alpha}=\boldsymbol{E}.\end{aligned}$$

例 2.2　设 $\boldsymbol{A}=\begin{pmatrix}1 & 2\\0 & 1\end{pmatrix}$,$n$ 为正整数,求 $\boldsymbol{A}^n$.

解　法 1　(递推法)

$$\boldsymbol{A}^2=\begin{pmatrix}1 & 2\\0 & 1\end{pmatrix}\begin{pmatrix}1 & 2\\0 & 1\end{pmatrix}=\begin{pmatrix}1 & 2+2\\0 & 1\end{pmatrix}=\begin{pmatrix}1 & 2\cdot2\\0 & 1\end{pmatrix},$$

$$\boldsymbol{A}^3=\begin{pmatrix}1 & 2\\0 & 1\end{pmatrix}^2\begin{pmatrix}1 & 2\\0 & 1\end{pmatrix}=\begin{pmatrix}1 & 2\cdot2\\0 & 1\end{pmatrix}\begin{pmatrix}1 & 2\\0 & 1\end{pmatrix}=\begin{pmatrix}1 & 2+2\cdot2\\0 & 1\end{pmatrix}=\begin{pmatrix}1 & 2\cdot3\\0 & 1\end{pmatrix},$$

$$\boldsymbol{A}^4=\boldsymbol{A}^3\boldsymbol{A}=\begin{pmatrix}1&2\cdot 3\\0&1\end{pmatrix}\begin{pmatrix}1&2\\0&1\end{pmatrix}=\begin{pmatrix}1&2+2\cdot 3\\0&1\end{pmatrix}=\begin{pmatrix}1&2\cdot 4\\0&1\end{pmatrix},$$

……

$$\boldsymbol{A}^n=\boldsymbol{A}^{n-1}\boldsymbol{A}=\begin{pmatrix}1&2(n-1)\\0&1\end{pmatrix}\begin{pmatrix}1&2\\0&1\end{pmatrix}=\begin{pmatrix}1&2+2(n-1)\\0&1\end{pmatrix}=\begin{pmatrix}1&2n\\0&1\end{pmatrix}.$$

法 2　因为 $\boldsymbol{A}=\begin{pmatrix}1&0\\0&1\end{pmatrix}+\begin{pmatrix}0&2\\0&0\end{pmatrix}=\boldsymbol{E}+\boldsymbol{B}$，且 $\boldsymbol{B}^k=\boldsymbol{O}(k\geqslant 2)$，所以当 $n\geqslant 2$ 时，由 $\boldsymbol{B}$ 与 $\boldsymbol{E}$ 可交换及二项式定理得

$$\begin{aligned}\boldsymbol{A}^n&=(\boldsymbol{E}+\boldsymbol{B})^n=\boldsymbol{E}^n+C_n^1\boldsymbol{E}^{n-1}\boldsymbol{B}+C_n^2\boldsymbol{E}^{n-2}\boldsymbol{B}^2+\cdots+\boldsymbol{B}^n=\boldsymbol{E}^n+n\boldsymbol{B}+C_n^2\boldsymbol{O}+\cdots+\boldsymbol{O}\\&=\boldsymbol{E}+n\boldsymbol{B}=\begin{pmatrix}1&0\\0&1\end{pmatrix}+\begin{pmatrix}0&2n\\0&0\end{pmatrix}=\begin{pmatrix}1&2n\\0&1\end{pmatrix}.\end{aligned}$$

评注　这类题型常用递推法进行计算. 当然用数学归纳法理论性更强. 利用二项式定理 $(\boldsymbol{A}+\boldsymbol{B})^n=\boldsymbol{A}^n+C_n^1\boldsymbol{A}^{n-1}\boldsymbol{B}+\cdots+C_n^k\boldsymbol{A}^{n-k}\boldsymbol{B}^k+\cdots+\boldsymbol{B}^n$ 时，矩阵 $\boldsymbol{A}$ 与 $\boldsymbol{B}$ 可交换必不可少，即需要 $\boldsymbol{A},\boldsymbol{B}$ 满足关系式 $\boldsymbol{AB}=\boldsymbol{BA}$.

例 2.3　设 $\boldsymbol{A}=\begin{pmatrix}1&1\\2&2\end{pmatrix}$，求 $\boldsymbol{A}^n$.

解　因 $\boldsymbol{A}=\begin{pmatrix}1\\2\end{pmatrix}(1\quad 1)$，所以

$$\begin{aligned}\boldsymbol{A}^2&=\left[\begin{pmatrix}1\\2\end{pmatrix}(1\quad 1)\right]\left[\begin{pmatrix}1\\2\end{pmatrix}(1\quad 1)\right]=\begin{pmatrix}1\\2\end{pmatrix}\left[(1\quad 1)\begin{pmatrix}1\\2\end{pmatrix}\right](1\quad 1)=\begin{pmatrix}1\\2\end{pmatrix}(3)(1\quad 1)\\&=3\begin{pmatrix}1\\2\end{pmatrix}(1\quad 1)=3\boldsymbol{A},\end{aligned}$$

从而
$$\boldsymbol{A}^3=\boldsymbol{A}^2\cdot\boldsymbol{A}=3\boldsymbol{A}^2=3^2\boldsymbol{A},$$

……

所以
$$\boldsymbol{A}^n=3^{n-1}\boldsymbol{A}=3^{n-1}\begin{pmatrix}1&1\\2&2\end{pmatrix}=\begin{pmatrix}3^{n-1}&3^{n-1}\\2\cdot 3^{n-1}&2\cdot 3^{n-1}\end{pmatrix}.$$

例 2.4　设 $\boldsymbol{A}=\begin{pmatrix}1&0&0\\2&1&0\\0&-3&1\end{pmatrix}$，求 $\boldsymbol{A}^n$.

解　$\boldsymbol{A}=\begin{pmatrix}1&0&0\\2&1&0\\0&-3&1\end{pmatrix}=\begin{pmatrix}1&0&0\\0&1&0\\0&0&1\end{pmatrix}+\begin{pmatrix}0&0&0\\2&0&0\\0&-3&0\end{pmatrix}=\boldsymbol{E}+\boldsymbol{B}.$

由于 $\boldsymbol{B}^2=\begin{pmatrix}0&0&0\\2&0&0\\0&-3&0\end{pmatrix}\begin{pmatrix}0&0&0\\2&0&0\\0&-3&0\end{pmatrix}=\begin{pmatrix}0&0&0\\0&0&0\\-6&0&0\end{pmatrix}$，$\boldsymbol{B}^3=\boldsymbol{B}^4=\boldsymbol{B}^5=\cdots=\boldsymbol{O}$，所以

$$A^n=(E+B)^n=E^n+nE^{n-1}B+\frac{n(n-1)}{2}E^{n-2}B^2=E+nB+\frac{n(n-1)}{2}B^2$$

$$=\begin{pmatrix}1&0&0\\2n&1&0\\-3n(n-1)&-3n&1\end{pmatrix}.$$

*例 2.5　设 $A=\begin{pmatrix}-1&1&1&-1\\1&-1&-1&1\\1&-1&-1&1\\-1&1&1&-1\end{pmatrix}$，求 A^6.

解　法 1　因为

$$A^2=\begin{pmatrix}-1&1&1&-1\\1&-1&-1&1\\1&-1&-1&1\\-1&1&1&-1\end{pmatrix}\begin{pmatrix}-1&1&1&-1\\1&-1&-1&1\\1&-1&-1&1\\-1&1&1&-1\end{pmatrix}=\begin{pmatrix}4&-4&-4&4\\-4&4&4&-4\\-4&4&4&-4\\4&-4&-4&4\end{pmatrix}=-4A,$$

所以

$$A^3=A^2A=-4A^2=(-4)^2A,$$

$$A^6=(A^3)^2=((-4)^2A)^2=(-4)^5A=-4^5A.$$

法 2　对 A 分块为 $A=\begin{pmatrix}B&-B\\-B&B\end{pmatrix}$，其中 $B=\begin{pmatrix}-1&1\\1&-1\end{pmatrix}$，由于

$$B^2=\begin{pmatrix}-1&1\\1&-1\end{pmatrix}\begin{pmatrix}-1&1\\1&-1\end{pmatrix}=\begin{pmatrix}2&-2\\-2&2\end{pmatrix},$$

所以

$$A^2=\begin{pmatrix}B&-B\\-B&B\end{pmatrix}\begin{pmatrix}B&-B\\-B&B\end{pmatrix}=\begin{pmatrix}2B^2&-2B^2\\-2B^2&2B^2\end{pmatrix}=\begin{pmatrix}4&-4&-4&4\\-4&4&4&-4\\-4&4&4&-4\\4&-4&-4&4\end{pmatrix}=-4A.$$

以下略.

例 2.6　设 $A=\frac{1}{2}\begin{pmatrix}0&0&2\\1&3&0\\2&5&0\end{pmatrix}$，则 $A^{-1}=($　　　　　$)$.

解　$\begin{pmatrix}0&-10&6\\0&4&-2\\1&0&0\end{pmatrix}$.

评注　本题可利用分块矩阵，当 B,C 均可逆时，分块矩阵 $\begin{pmatrix}O&B\\C&O\end{pmatrix}^{-1}=\begin{pmatrix}O&C^{-1}\\B^{-1}&O\end{pmatrix}$，对于系数 $\frac{1}{2}$ 的处理，利用公式 $(kA)^{-1}=\frac{1}{k}A^{-1}$ 很方便.

例 2.7　已知 n 阶方阵 A 满足 $A^k=O$，证明：$E-A$ 可逆，并求其逆.

证　因 $A^k=O$，所以，$E-A^k=E$，即 $(E-A)(E+A+A^2+\cdots+A^{k-1})=E$，从而，$E-A$

可逆，且$(\boldsymbol{E}-\boldsymbol{A})^{-1}=\boldsymbol{E}+\boldsymbol{A}+\boldsymbol{A}^2+\cdots+\boldsymbol{A}^{k-1}$.

例 2.8 设三阶矩阵$\boldsymbol{A},\boldsymbol{B}$满足关系式$\boldsymbol{A}^{-1}\boldsymbol{B}\boldsymbol{A}=2\boldsymbol{A}+\boldsymbol{B}\boldsymbol{A}$，其中$\boldsymbol{A}=\begin{pmatrix}0&1&2\\2&0&-5\\3&-1&-8\end{pmatrix}$，求$\boldsymbol{B}$.

解 化简原式

$$\boldsymbol{A}^{-1}\boldsymbol{B}\boldsymbol{A}=2\boldsymbol{A}+\boldsymbol{B}\boldsymbol{A}\Rightarrow\boldsymbol{A}^{-1}\boldsymbol{B}\boldsymbol{A}-\boldsymbol{B}\boldsymbol{A}=2\boldsymbol{A}\Rightarrow(\boldsymbol{A}^{-1}-\boldsymbol{E})\boldsymbol{B}\boldsymbol{A}=2\boldsymbol{A}.$$

将最后一式两端左乘$\boldsymbol{A}$，右乘$\boldsymbol{A}^{-1}$，得$(\boldsymbol{E}-\boldsymbol{A})\boldsymbol{B}=2\boldsymbol{A}$. 因为

$$(\boldsymbol{E}-\boldsymbol{A}\boldsymbol{E})\to\begin{pmatrix}1&-1&-2&1&0&0\\-2&1&5&0&1&0\\-3&1&9&0&0&1\end{pmatrix}\to\begin{pmatrix}1&-1&-2&1&0&0\\0&-1&1&2&1&0\\0&-2&3&3&0&1\end{pmatrix}$$

$$\to\begin{pmatrix}1&-1&-2&1&0&0\\0&-1&1&2&1&0\\0&0&1&-1&-2&1\end{pmatrix}\to\begin{pmatrix}1&-1&0&-1&-4&2\\0&-1&0&3&3&-1\\0&0&1&-1&-2&1\end{pmatrix}$$

$$\to\begin{pmatrix}1&0&0&-4&-7&3\\0&-1&0&3&3&-1\\0&0&1&-1&-2&1\end{pmatrix}\to\begin{pmatrix}1&0&0&-4&-7&3\\0&1&0&-3&-3&1\\0&0&1&-1&-2&1\end{pmatrix}$$

所以$(\boldsymbol{E}-\boldsymbol{A})^{-1}=\begin{pmatrix}-4&-7&3\\-3&-3&1\\-1&-2&1\end{pmatrix}$. 从而

$$\boldsymbol{B}=(\boldsymbol{E}-\boldsymbol{A})^{-1}(2\boldsymbol{A})=2\,(\boldsymbol{E}-\boldsymbol{A})^{-1}\boldsymbol{A}=\begin{pmatrix}-10&-14&6\\-6&-8&2\\-2&-4&0\end{pmatrix}.$$

评注 对于矩阵方程应先化简，不要急于代入已知数据，使原方程化简为$(\boldsymbol{E}-\boldsymbol{A})\boldsymbol{B}=2\boldsymbol{A}$，当$(\boldsymbol{E}-\boldsymbol{A})$可逆时，就可以确定未知矩阵$\boldsymbol{B}$了.

例 2.9 设$\boldsymbol{A}=\begin{pmatrix}1&&\\&-2&\\&&1\end{pmatrix}$，且$\boldsymbol{A}^*\boldsymbol{B}\boldsymbol{A}=2\boldsymbol{B}\boldsymbol{A}-8\boldsymbol{E}$，其中$\boldsymbol{A}^*$为$\boldsymbol{A}$的伴随矩阵，求$\boldsymbol{B}$.

解 原方程化为$(\boldsymbol{A}^*-2\boldsymbol{E})\boldsymbol{B}\boldsymbol{A}=-8\boldsymbol{E}$，两端左乘$\boldsymbol{A}$，右乘$\boldsymbol{A}^{-1}$，并由$\boldsymbol{A}\boldsymbol{A}^*=|\boldsymbol{A}|\boldsymbol{E}$得$(|\boldsymbol{A}|\boldsymbol{E}-2\boldsymbol{A})\boldsymbol{B}=-8\boldsymbol{E}$，或$(-2\boldsymbol{E}-2\boldsymbol{A})\boldsymbol{B}=-8\boldsymbol{E}$，亦即$(\boldsymbol{E}+\boldsymbol{A})\boldsymbol{B}=4\boldsymbol{E}$. 于是

$$\boldsymbol{B}=4\,(\boldsymbol{E}+\boldsymbol{A})^{-1}=4\begin{pmatrix}2&&\\&-1&\\&&2\end{pmatrix}^{-1}=4\begin{pmatrix}1/2&&\\&-1&\\&&1/2\end{pmatrix}=\begin{pmatrix}2&&\\&-4&\\&&2\end{pmatrix}.$$

***例 2.10** 设n阶矩阵$\boldsymbol{A}=\begin{pmatrix}1&0&\cdots&0&0\\1&1&\cdots&0&0\\\vdots&\vdots&&\vdots&\vdots\\1&1&\cdots&1&0\\1&1&\cdots&1&1\end{pmatrix}$，求$|\boldsymbol{A}|$中所有元素的代数余子

式的和.

解 矩阵 A^* 的所有元素为 $|A|$ 中所有元素的代数余子式,而 $|A|=1$, $A^*=|A|A^{-1}=A^{-1}$,因此,只需求 A^{-1}. 因为

$$(AE)=\begin{pmatrix}1&0&\cdots&0&0&1&0&\cdots&0&0\\1&1&\cdots&0&0&0&1&\cdots&0&0\\\vdots&\vdots&&\vdots&\vdots&\vdots&\vdots&&\vdots&\vdots\\1&1&\cdots&1&0&0&0&\cdots&1&0\\1&1&\cdots&1&1&0&0&\cdots&0&1\end{pmatrix}$$

$$\xrightarrow[r_2+(-1)r_1]{\substack{r_n+(-1)r_{n-1}\\ r_{n-1}+(-1)r_{n-2}\\ \vdots}}\begin{pmatrix}1&&&&1&&&&\\&1&&&-1&1&&&\\&&\ddots&&&\ddots&\ddots&&\\&&&1&&&-1&1&\\&&&&1&&&-1&1\end{pmatrix}$$

所以
$$A^*=A^{-1}=\begin{pmatrix}1&&&&\\-1&1&&&\\&-1&1&&\\&&\ddots&\ddots&\\&&&-1&1\end{pmatrix}.$$

于是
$$\sum_{i,j=1}^{n}A_{ij}=n+(n-1)(-1)=1.$$

问题 若本题改为求 $A_{11}+A_{22}+\cdots+A_{nn}$ 或 $A_{k1}+A_{k2}+\cdots+A_{kn}$ 或所有元素的余子式 M_{ij} 的和,你会计算吗?

例 2.11 设 $A,B,A+B$ 均为可逆矩阵,证明 $A^{-1}+B^{-1}$ 也可逆,并求 $(A^{-1}+B^{-1})^{-1}$.

证 法1 (化简法)

$$A^{-1}+B^{-1}=A^{-1}+A^{-1}AB^{-1}=A^{-1}(E+AB^{-1})=A^{-1}(BB^{-1}+AB^{-1})=A^{-1}(A+B)B^{-1}.$$

由于 $A,B,A+B$ 均为可逆矩阵,故 A^{-1},B^{-1} 可逆,从而 $A^{-1}+B^{-1}$ 也可逆,且

$$(A^{-1}+B^{-1})^{-1}=(A^{-1}(A+B)B^{-1})^{-1}=B(A+B)^{-1}A.$$

法2 (定义法)由于

$$(A^{-1}+B^{-1})[B(A+B)^{-1}A]=(A^{-1}B+E)(A+B)^{-1}A=A^{-1}(B+A)(A+B)^{-1}A=E$$

(或 $(A^{-1}B+E)(A+B)^{-1}A=(A^{-1}B+E)(A+B)^{-1}(A^{-1})^{-1}=(A^{-1}B+E)(E+A^{-1}B)^{-1}=E$),

所以,$A^{-1}+B^{-1}$ 可逆,且 $(A^{-1}+B^{-1})^{-1}=B(B+A)^{-1}A$.

例 2.12 设 A 是 n 阶实矩阵,$A^*=A^{T}\neq O$,证明 A 可逆.

证 法1 (反证法) 设 $|A|=0$,则

$$AA^{T}=AA^*=|A|E=O,$$

从而 $A=O, A^{T}=O$,与题设矛盾,所以 $|A|\neq 0$,因此 A 可逆.

法2 由

$$A^*=\begin{pmatrix}A_{11}&A_{21}&\cdots&A_{n1}\\A_{12}&A_{22}&\cdots&A_{n2}\\\vdots&\vdots&&\vdots\\A_{1n}&A_{2n}&\cdots&A_{nn}\end{pmatrix}=\begin{pmatrix}a_{11}&a_{21}&\cdots&a_{n1}\\a_{12}&a_{22}&\cdots&a_{n2}\\\vdots&\vdots&&\vdots\\a_{1n}&a_{2n}&\cdots&a_{nn}\end{pmatrix}=A^{\mathrm{T}}$$

得 $A_{ij}=a_{ij},i,j=1,2,\cdots,n$. 因 $A^{\mathrm{T}}\neq O$,从而 $A\neq O$,不妨设 $a_{11}\neq 0$,则

$$|A|=a_{11}A_{11}+a_{12}A_{12}+\cdots+a_{1n}A_{1n}=a_{11}^2+a_{12}^2+\cdots+a_{1n}^2\geqslant a_{11}^2>0,$$

所以 A 可逆.

评注 法 1 中利用了关系式 $AA^*=|A|E$ 及结论:若 $AA^{\mathrm{T}}=O$,则 $A=O$. 证明较简单.

例 2.13 已知 A,B 均为 n 阶反对称矩阵,且 $E+AB$ 可逆,证明:$E+BA$ 也可逆.

证 因为 $|A^{\mathrm{T}}|=|A|,A^{\mathrm{T}}=-A,B^{\mathrm{T}}=-B$,所以,

$$|E+BA|=|(E+BA)^{\mathrm{T}}|=|E+A^{\mathrm{T}}B^{\mathrm{T}}|=|E+(-A)(-B)|=|E+AB|\neq 0,$$

因此,$E+BA$ 也可逆.

例 2.14 设 A,B 均为 n 阶可逆矩阵,且满足 $(AB)^2=E$,下列各式中不正确是(　　).

A. $A=B^{-1}$　　B. $ABA=B^{-1}$　　C. $BAB=A^{-1}$　　D. $(BA)^2=E$

解 A.

分析 选项 B,C 正确,由 $(AB)^2=E$ 得 $ABAB=E$,A,B 均为可逆矩阵,所以

$$ABA=B^{-1},BAB=A^{-1};$$

选项 D 正确,$ABA=B^{-1}$ 两边左乘 B 得 $BABA=E$;

因此选 A. 如 $C=\begin{pmatrix}1&0\\-1&-1\end{pmatrix}$,$C^2=E$. 可见,$(AB)^2=E$,不需要 AB 非得是单位矩阵.

例 2.15 设 A,B 均为 n 阶矩阵,且 A 与 B 等价,则不正确的命题是(　　).

A. 若 $|A|>0$,则 $|B|>0$

B. 若 $|A|\neq 0$,则有可逆矩阵 P 使得 $PB=E$

C. 若 A 与 E 等价,则 B 为可逆矩阵

D. 存在可逆矩阵 P 与 Q 使得 $PAQ=B$

解 A.

分析 A 错误. 由 A 与 B 等价必有 $R(A)=R(B)$. 如果 $|A|\neq 0$,只能得到 $|B|\neq 0$;
B 正确. 由 $|A|\neq 0$,A 与 B 等价可得 $|B|\neq 0$,B 可逆,故存在可逆阵 P 使 $PB=E$;
C 正确. 由 A 与 E 等价,A 与 B 等价知,B 与 E 等价,从而 B 可逆;
D 正确. 这是定理结果.

例 2.16 $\begin{pmatrix}0&0&1\\0&1&0\\1&0&0\end{pmatrix}^{2008}\begin{pmatrix}1&2&3\\4&5&6\\7&8&9\end{pmatrix}\begin{pmatrix}1&0&0\\0&0&1\\0&1&0\end{pmatrix}^{2009}=$(　　).

解 $\begin{pmatrix}1&3&2\\4&6&5\\7&9&8\end{pmatrix}$.

分析 记 $A=\begin{pmatrix}1&2&3\\4&5&6\\7&8&9\end{pmatrix}$,题中 $E(1,3)=\begin{pmatrix}0&0&1\\0&1&0\\1&0&0\end{pmatrix}$,$E(2,3)=\begin{pmatrix}1&0&0\\0&0&1\\0&1&0\end{pmatrix}$ 均为初等

矩阵,由这两个初等矩阵的逆矩阵就是它们自己,即$(\boldsymbol{E}(1,3))^{2008}\boldsymbol{A}(\boldsymbol{E}(2,3))^{2009}=\boldsymbol{AE}(2,3)$,即对换$\boldsymbol{A}$的二、三列所得矩阵即为所求.

例 2.17 求矩阵$\boldsymbol{A}=\begin{pmatrix}1&1&1&1\\0&1&-1&b\\2&3&a&4\\3&5&1&7\end{pmatrix}$的秩,其中$a,b$为参数.

解 对$\boldsymbol{A}$作初等行变换化成行阶梯形

$$\boldsymbol{A}\to\begin{pmatrix}1&1&1&1\\0&1&-1&b\\0&0&a-1&2-b\\0&0&0&4-2b\end{pmatrix}.$$

(1)当$a\neq1$且$b\neq2$时,$R(\boldsymbol{A})=4$;

(2)当$a\neq1$且$b=2$时,$R(\boldsymbol{A})=3$;

(3)当$a=1$且$b\neq2$时,$R(\boldsymbol{A})=3$;

(4)当$a=1$且$b=2$时,$R(\boldsymbol{A})=2$.

评注 对于含有参数的矩阵$\boldsymbol{A}$求秩时,先对$\boldsymbol{A}$作初等行变换化成行阶梯形,然后对行阶梯形中的参数进行讨论.

例 2.18 已知$\boldsymbol{A}=\begin{pmatrix}1&2&3&4\\2&3&4&5\\3&4&5&6\\4&5&6&7\end{pmatrix}$,$\boldsymbol{B}=\begin{pmatrix}1&-1&2&4\\0&2&0&1\\0&0&3&-1\\0&0&0&4\end{pmatrix}$,则$R(\boldsymbol{BA}+2\boldsymbol{A})=$(   ).

解 2.

分析 因$\boldsymbol{BA}+2\boldsymbol{A}=(\boldsymbol{B}+2\boldsymbol{E})\boldsymbol{A}$,易见矩阵$\boldsymbol{B}+2\boldsymbol{E}$可逆,故$R(\boldsymbol{BA}+2\boldsymbol{A})=R(\boldsymbol{A})$,又

$$\boldsymbol{A}\to\begin{pmatrix}1&2&3&4\\0&-1&-2&-3\\0&0&0&0\\0&0&0&0\end{pmatrix},$$

因此,$R(\boldsymbol{BA}+2\boldsymbol{A})=R(\boldsymbol{A})=2$.

评注 本题利用了秩的性质:$R(\boldsymbol{CA})=R(\boldsymbol{A})$($\boldsymbol{C}$为可逆矩阵),使计算简化.

2.4 自 测 题

自测题 1

一、完成下列各题

1. 若$\boldsymbol{A},\boldsymbol{B}$均为$n$阶方阵,且满足$\boldsymbol{AB}=\boldsymbol{O}$,则必有(   ).

A. $\boldsymbol{A}=\boldsymbol{O}$或$\boldsymbol{B}=\boldsymbol{O}$　　B. $\boldsymbol{A}+\boldsymbol{B}=\boldsymbol{O}$

C. $|\boldsymbol{A}|=0$或$|\boldsymbol{B}|=0$　　D. $|\boldsymbol{A}|+|\boldsymbol{B}|=0$.

2. 下述命题中正确的是(　　).

A. 设 $\boldsymbol{A}$ 是方阵,若$|\boldsymbol{A}|=0$,则 $\boldsymbol{A}=\boldsymbol{O}$

B. 若 $\boldsymbol{A}^2=\boldsymbol{O}$,则 $\boldsymbol{A}=\boldsymbol{O}$

C. 若 $\boldsymbol{A}$ 是对称矩阵,则 $\boldsymbol{A}^2$ 也是对称矩阵

D. 对任意的 n 阶方阵 $\boldsymbol{A},\boldsymbol{B}$,有$(\boldsymbol{A}-\boldsymbol{B})(\boldsymbol{A}+\boldsymbol{B})=\boldsymbol{A}^2-\boldsymbol{B}^2$

3. 设$|\boldsymbol{\alpha}_1,\boldsymbol{\alpha}_2,\boldsymbol{\alpha}_3,\boldsymbol{\beta}_1|=m$,$|\boldsymbol{\alpha}_1,\boldsymbol{\alpha}_2,\boldsymbol{\beta}_2,\boldsymbol{\alpha}_3|=n$,则$|\boldsymbol{\alpha}_3,\boldsymbol{\alpha}_2,\boldsymbol{\alpha}_1,\boldsymbol{\beta}_1+\boldsymbol{\beta}_2|=$(　　　).

二、完成下列各题

1. 试证:若 $\boldsymbol{A}\boldsymbol{A}^{\mathrm{T}}=\boldsymbol{O}$,则 $\boldsymbol{A}=\boldsymbol{O}$.

2. 计算下列各题:

(1) $\begin{pmatrix}2 & 1 & 4 & 0\\ 1 & -1 & 3 & 4\end{pmatrix}\begin{pmatrix}1 & 3 & 1\\ 0 & -1 & 2\\ 1 & -3 & 1\\ 4 & 0 & -2\end{pmatrix}$;

(2) $(x_1\quad x_2\quad x_3)\begin{pmatrix}a_{11} & a_{12} & a_{13}\\ a_{12} & a_{22} & a_{23}\\ a_{13} & a_{23} & a_{33}\end{pmatrix}\begin{pmatrix}x_1\\ x_2\\ x_3\end{pmatrix}$.

3. 设 $\boldsymbol{A}=\begin{pmatrix}1 & 0\\ -1 & 1\end{pmatrix}$,验证 $\boldsymbol{A}^2=2\boldsymbol{A}-\boldsymbol{E}$,并求 $\boldsymbol{A}^{100}$.

4. 已知 $f(x)=1+x+\cdots+x^{n-1}$,$g(x)=1-x$,$\boldsymbol{A}=\begin{pmatrix}a & b\\ 0 & a\end{pmatrix}$,求 $f(\boldsymbol{A})g(\boldsymbol{A})$.

5. 已知 $f(x)$是多项式.

(1)设 $\boldsymbol{\Lambda}=\begin{pmatrix}\lambda_1 & 0\\ 0 & \lambda_2\end{pmatrix}$,证明:$\boldsymbol{\Lambda}^k=\begin{pmatrix}\lambda_1^k & 0\\ 0 & \lambda_2^k\end{pmatrix}$,$f(\boldsymbol{\Lambda})=\begin{pmatrix}f(\lambda_1) & 0\\ 0 & f(\lambda_2)\end{pmatrix}$;

(2)设 $\boldsymbol{A}=\boldsymbol{P}\boldsymbol{\Lambda}\boldsymbol{P}^{-1}$,证明:$\boldsymbol{A}^k=\boldsymbol{P}\boldsymbol{\Lambda}^k\boldsymbol{P}^{-1}$,$f(\boldsymbol{A})=\boldsymbol{P}f(\boldsymbol{\Lambda})\boldsymbol{P}^{-1}$.

自 测 题 2

一、完成下列各题

1. 若 $\boldsymbol{A}$ 是可逆方阵,下列各式中正确的有(　　　).

A. $(2\boldsymbol{A})^{-1}=2\boldsymbol{A}^{-1}$　　B. $\boldsymbol{A}\boldsymbol{A}^*\neq\boldsymbol{O}$

C. $(\boldsymbol{A}^*)^{-1}=\dfrac{1}{|\boldsymbol{A}|}\boldsymbol{A}^{-1}$　　D. $[(\boldsymbol{A}^{-1})^{\mathrm{T}}]^{-1}=[(\boldsymbol{A}^{\mathrm{T}})^{-1}]^{\mathrm{T}}$

2. 设 n 阶方阵 $\boldsymbol{A}$、$\boldsymbol{B}$、$\boldsymbol{C}$ 满足 $\boldsymbol{ABC}=\boldsymbol{E}$,则必有(　　　).

A. $\boldsymbol{ACB}=\boldsymbol{E}$　　B. $\boldsymbol{CBA}=\boldsymbol{E}$　　C. $\boldsymbol{BAC}=\boldsymbol{E}$　　D. $\boldsymbol{BCA}=\boldsymbol{E}$

3. 设 $\boldsymbol{A},\boldsymbol{B}$ 均为 n 阶方阵,$|\boldsymbol{A}|=2$,$|\boldsymbol{B}|=-3$,则$|2\boldsymbol{A}^*\boldsymbol{B}^{-1}|=$(　　　).

4. 设 $\boldsymbol{A}$ 是 n 阶方阵,$\boldsymbol{A}^2=\boldsymbol{A}$,则$(\boldsymbol{A}+\boldsymbol{E})^{-1}=$(　　　).

5. 已知 $\boldsymbol{AP}=\boldsymbol{PB}$,其中 $\boldsymbol{B}=\begin{pmatrix}1 & & \\ & 0 & \\ & & -1\end{pmatrix}$,$\boldsymbol{P}=\begin{pmatrix}1 & 0 & 0\\ 2 & -1 & 0\\ 2 & 1 & 1\end{pmatrix}$,则

$\boldsymbol{A}=($　　　　$),\boldsymbol{A}^5=($　　　　$)$.

二、完成下列各题

1. 已知$\boldsymbol{A}$为三阶方阵,$\boldsymbol{A}^*$为$\boldsymbol{A}$的伴随矩阵,且$|\boldsymbol{A}|=\dfrac{1}{2}$,求$|(3\boldsymbol{A})^{-1}-2\boldsymbol{A}^*|$.

2. 已知矩阵$\boldsymbol{A}=\begin{pmatrix}1&2\\2&1\end{pmatrix},\boldsymbol{C}=\begin{pmatrix}1&-1\\1&1\end{pmatrix}$满足$\boldsymbol{A}=\boldsymbol{C}^{-1}\boldsymbol{BC}$,求$\boldsymbol{A}^{100}$.

3. 已知n阶方阵$\boldsymbol{A}$满足$\boldsymbol{A}^2-\boldsymbol{A}-2\boldsymbol{E}=\boldsymbol{O}$,试证:

(1)$\boldsymbol{A}$与$(\boldsymbol{E}-\boldsymbol{A})$均可逆,并求其逆;

(2)$\boldsymbol{A}+\boldsymbol{E}$与$\boldsymbol{A}-2\boldsymbol{E}$不可能同时可逆.

4. 设$\boldsymbol{A}^*$为n阶方阵$\boldsymbol{A}$的伴随矩阵,试证:

(1)若$|\boldsymbol{A}|=0$,则$|\boldsymbol{A}^*|=0$;　　(2)$|\boldsymbol{A}^*|=|\boldsymbol{A}|^{n-1}$.

5. 求下列矩阵的逆矩阵

(1)$\begin{pmatrix}a&b\\c&d\end{pmatrix}$　$(ad\neq bc)$;　　(2)$\begin{pmatrix}\cos\theta&-\sin\theta\\\sin\theta&\cos\theta\end{pmatrix}$;

(3)$\begin{pmatrix}-1&1&0\\0&-1&1\\3&0&-2\end{pmatrix}$;　　(4)$\begin{pmatrix}\lambda_1&&&\\&\lambda_2&&\\&&\ddots&\\&&&\lambda_n\end{pmatrix},\lambda_i\neq0\ (i=1,2,\cdots,n)$.

6. 解下列矩阵方程:

(1)$\begin{pmatrix}0&1&0\\1&0&0\\0&0&1\end{pmatrix}\boldsymbol{X}\begin{pmatrix}1&0&0\\0&0&1\\0&1&0\end{pmatrix}=\begin{pmatrix}1&-4&3\\2&0&-1\\1&-2&0\end{pmatrix}$;

(2)$\begin{pmatrix}4&2&3\\1&1&0\\-1&2&3\end{pmatrix}\boldsymbol{X}=\begin{pmatrix}4&2&3\\1&1&0\\-1&2&3\end{pmatrix}+2\boldsymbol{X}$.

自 测 题 3

一、完成下列各题

1. 设$\boldsymbol{A}$和$\boldsymbol{B}$为可逆矩阵,$\boldsymbol{X}=\begin{pmatrix}\boldsymbol{O}&\boldsymbol{A}\\\boldsymbol{B}&\boldsymbol{O}\end{pmatrix}$为分块矩阵,则$\boldsymbol{X}^{-1}=($　　　　$)$.

2. 设$\boldsymbol{A},\boldsymbol{B}$均为4阶方阵,若按列分块为$\boldsymbol{A}=(\boldsymbol{\alpha},\boldsymbol{\gamma}_2,\boldsymbol{\gamma}_3,\boldsymbol{\gamma}_4),\boldsymbol{B}=(\boldsymbol{\beta},\boldsymbol{\gamma}_2,\boldsymbol{\gamma}_3,\boldsymbol{\gamma}_4)$,又若$|\boldsymbol{A}|=4,|\boldsymbol{B}|=1$,则$|\boldsymbol{A}+\boldsymbol{B}|=($　　　　$)$.

3. 设有矩阵$\boldsymbol{A}_{m\times m},\boldsymbol{B}_{n\times n}$且$|\boldsymbol{A}|=a,|\boldsymbol{B}|=b,\boldsymbol{C}=\begin{pmatrix}\boldsymbol{O}&\boldsymbol{A}\\\boldsymbol{B}&\boldsymbol{O}\end{pmatrix}$,则$|\boldsymbol{C}|=($　　　　$)$,又若$ab\neq0$,则$\boldsymbol{C}^{-1}=($　　　　$)$.

4. 设$\boldsymbol{A}$为可逆矩阵,则(　　　　).

A. 若$\boldsymbol{AB}=\boldsymbol{CB}$,则$\boldsymbol{A}=\boldsymbol{C}$

B. $\boldsymbol{A}$ 总可经过初等变换化为 $\boldsymbol{E}$

C. 对矩阵 $(\boldsymbol{A}\ \boldsymbol{E})$ 施行若干次行初等变换，当 $\boldsymbol{A}$ 变为 $\boldsymbol{E}$ 时，$\boldsymbol{E}$ 相应地变为 $\boldsymbol{A}^{-1}$

D. 对矩阵 $\begin{pmatrix}\boldsymbol{A}\\ \boldsymbol{E}\end{pmatrix}$ 施行若干次列初等变换，当 $\boldsymbol{A}$ 变为 $\boldsymbol{E}$ 时，$\boldsymbol{E}$ 相应地变为 $\boldsymbol{A}^{-1}$

5. 若 n 阶方阵 $\boldsymbol{A}$ 与 $\boldsymbol{B}$ 等价，则(　　).

A. $|\boldsymbol{A}|=|\boldsymbol{B}|$　　B. $|\boldsymbol{A}|\neq|\boldsymbol{B}|$

C. 若 $|\boldsymbol{A}|\neq 0$，则 $|\boldsymbol{B}|\neq 0$　　D. $|\boldsymbol{A}|=-|\boldsymbol{B}|$

二、完成下列各题

1. 已知 $\boldsymbol{A}=\begin{pmatrix}3&2&0&0\\5&5&0&0\\0&0&4&1\\0&0&6&2\end{pmatrix}$，求 $\boldsymbol{A}^{-1}$ 和 $|\boldsymbol{A}^8|$.

2. 设 $\boldsymbol{A},\boldsymbol{B}$ 均为 4 阶方阵，若按列分块为 $\boldsymbol{A}=(\boldsymbol{\alpha},\boldsymbol{\gamma}_2,\boldsymbol{\gamma}_3,\boldsymbol{\gamma}_4)$，$\boldsymbol{B}=(\boldsymbol{\beta},\boldsymbol{\gamma}_2,\boldsymbol{\gamma}_3,\boldsymbol{\gamma}_4)$，又知 $|\boldsymbol{A}|=4$，$|\boldsymbol{B}|=1$，试求矩阵 $2\boldsymbol{A}-\boldsymbol{B}$ 的行列式.

3. 用分块矩阵计算如下乘积：

(1) $\begin{pmatrix}1&-1&0&0\\2&0&0&0\\0&1&0&0\\0&0&1&4\end{pmatrix}\begin{pmatrix}1&0&0&0\\-2&0&0&0\\0&3&2&3\\0&4&3&4\end{pmatrix}$；(2) $\begin{pmatrix}2&-1&0&4\\1&3&2&5\\0&0&3&-1\\0&0&3&6\end{pmatrix}\begin{pmatrix}0&0&-2\\0&0&-1\\-2&-5&4\\-1&3&-1\end{pmatrix}$.

4. 用初等行变换将如下矩阵化为行阶梯形和行最简形：

(1) $\begin{pmatrix}1&-1&2\\3&-3&1\\-2&2&4\end{pmatrix}$；　　(2) $\begin{pmatrix}3&1&0&2\\1&-1&2&-1\\1&3&-4&4\end{pmatrix}$.

自 测 题 4

一、完成下列各题

1. 若

$$\boldsymbol{A}=\begin{pmatrix}a_{11}&a_{12}&a_{13}\\a_{21}&a_{22}&a_{23}\\a_{31}&a_{32}&a_{33}\end{pmatrix},\quad \boldsymbol{B}=\begin{pmatrix}a_{21}&a_{22}&a_{23}\\a_{11}&a_{12}&a_{13}\\a_{31}+a_{11}&a_{32}+a_{12}&a_{33}+a_{13}\end{pmatrix},$$

$\boldsymbol{P}_1=\begin{pmatrix}0&1&0\\1&0&0\\0&0&1\end{pmatrix}$，$\boldsymbol{P}_2=\begin{pmatrix}1&0&0\\0&1&0\\1&0&1\end{pmatrix}$，则有(　　).

A. $\boldsymbol{AP}_1\boldsymbol{P}_2=\boldsymbol{B}$　　B. $\boldsymbol{AP}_2\boldsymbol{P}_2=\boldsymbol{B}$　　C. $\boldsymbol{P}_1\boldsymbol{P}_2\boldsymbol{A}=\boldsymbol{B}$　　D. $\boldsymbol{P}_2\boldsymbol{P}_1\boldsymbol{A}=\boldsymbol{B}$

2. 若 $n(n\geqslant 3)$ 阶矩阵 $\boldsymbol{A}=\begin{pmatrix}1&a&\cdots&a\\a&1&\cdots&a\\\vdots&\vdots&&\vdots\\a&a&\cdots&1\end{pmatrix}$ 的秩为 $n-1$，则 a 为(　　).

A. 1　　B. $\frac{1}{1-n}$　　C. -1　　D. $\frac{1}{n-1}$

二、完成下列各题

1. 用初等变换将矩阵 $\boldsymbol{A}=\begin{pmatrix}1 & -1 & 2 & 1\\ 1 & -2 & -1 & 2\\ 3 & -1 & 5 & 3\\ -2 & 2 & 3 & -4\end{pmatrix}$化为标准形．

2. 若 $a_i(i=1,2,\cdots,m)$不全为零,且 $b_j(j=1,2,\cdots,n)$不全为零,求如下矩阵 $\boldsymbol{C}$ 的秩:

$$\boldsymbol{C}=\begin{pmatrix}a_1\\ a_2\\ \vdots\\ a_m\end{pmatrix}(b_1 \quad b_2 \quad \cdots \quad b_n).$$

3. 求下列矩阵的秩:

(1) $\begin{pmatrix}1 & 2 & 3 & 4\\ 1 & -2 & 4 & 5\\ 1 & 10 & 1 & 2\end{pmatrix}$;　　(2) $\begin{pmatrix}1 & 3 & 5 & -1\\ 2 & -1 & -3 & 4\\ 5 & 1 & -1 & 7\\ -3 & -3 & 1 & 1\end{pmatrix}$.

4. 求 λ 的值,使矩阵 $\boldsymbol{A}=\begin{pmatrix}3 & 1 & 1 & 4\\ \lambda & 4 & 10 & 1\\ 1 & 7 & 17 & 3\\ 2 & 2 & 4 & 3\end{pmatrix}$有最小的秩．对所求的 λ 值,矩阵 $\boldsymbol{A}$ 的秩等于多少?对 λ 的其他值,矩阵 $\boldsymbol{A}$ 的秩等于多少?

自 测 题 5

一、完成下列各题

1. 若 $\boldsymbol{A}$、$\boldsymbol{B}$ 均为可逆矩阵,则$\begin{pmatrix}\boldsymbol{A} & \boldsymbol{O}\\ \boldsymbol{C} & \boldsymbol{B}\end{pmatrix}^{-1}=$(　　　　).

$\begin{pmatrix}\boldsymbol{A} & \boldsymbol{C}\\ \boldsymbol{O} & \boldsymbol{B}\end{pmatrix}^{-1}=$(　　　　),$\begin{pmatrix}\boldsymbol{O} & \boldsymbol{A}\\ \boldsymbol{B} & \boldsymbol{C}\end{pmatrix}^{-1}=$(　　　　).

2. 设矩阵 $\boldsymbol{A}=\begin{pmatrix}1 & -1\\ 2 & 3\end{pmatrix}$,$\boldsymbol{B}=\boldsymbol{A}^2-3\boldsymbol{A}+2\boldsymbol{E}$,则 $\boldsymbol{B}^{-1}=$(　　　　).

3. 设三阶矩阵 $\boldsymbol{A}=\begin{vmatrix}\boldsymbol{a} & \boldsymbol{b} & \boldsymbol{b}\\ \boldsymbol{b} & \boldsymbol{a} & \boldsymbol{b}\\ \boldsymbol{b} & \boldsymbol{b} & \boldsymbol{a}\end{vmatrix}$,若 $\boldsymbol{A}$ 的伴随矩阵 $\boldsymbol{A}^*$ 的秩为 1,则必有(　　　　).

A. $\boldsymbol{a}=\boldsymbol{b}$ 或 $\boldsymbol{a}+2\boldsymbol{b}=0$　　B. $\boldsymbol{a}=\boldsymbol{b}$ 或 $\boldsymbol{a}+2\boldsymbol{b}\neq 0$

C. $\boldsymbol{a}\neq\boldsymbol{b}$ 且 $\boldsymbol{a}+2\boldsymbol{b}=0$　　D. $\boldsymbol{a}\neq\boldsymbol{b}$ 或 $\boldsymbol{a}+2\boldsymbol{b}\neq 0$

4. 设 $\boldsymbol{A}$,$\boldsymbol{B}$ 为 n 阶矩阵,$\boldsymbol{A}^*$,$\boldsymbol{B}^*$ 分别为 $\boldsymbol{A}$,$\boldsymbol{B}$ 对应的伴随矩阵,分块矩阵 $\boldsymbol{C}=\begin{pmatrix}\boldsymbol{A} & \boldsymbol{O}\\ \boldsymbol{O} & \boldsymbol{B}\end{pmatrix}$,

则$\boldsymbol{C}$的伴随矩阵$\boldsymbol{C}^*=($　　　　$)$.

A. $\begin{pmatrix} |\boldsymbol{A}|\boldsymbol{A}^* & \boldsymbol{O} \\ \boldsymbol{O} & |\boldsymbol{B}|\boldsymbol{B}^* \end{pmatrix}$　　B. $\begin{pmatrix} |\boldsymbol{B}|\boldsymbol{B}^* & \boldsymbol{O} \\ \boldsymbol{O} & |\boldsymbol{A}|\boldsymbol{A}^* \end{pmatrix}$

C. $\begin{pmatrix} |\boldsymbol{A}|\boldsymbol{B}^* & \boldsymbol{O} \\ \boldsymbol{O} & |\boldsymbol{B}|\boldsymbol{A}^* \end{pmatrix}$　　D. $\begin{pmatrix} |\boldsymbol{B}|\boldsymbol{A}^* & \boldsymbol{O} \\ \boldsymbol{O} & |\boldsymbol{A}|\boldsymbol{B}^* \end{pmatrix}$

二、完成下列各题

1. 设$\boldsymbol{A},\boldsymbol{B}$均为三阶矩阵，$\boldsymbol{E}$是三阶单位矩阵，已知$\boldsymbol{AB}=2\boldsymbol{A}+\boldsymbol{B}$,$\boldsymbol{B}=\begin{pmatrix} 2 & 0 & 2 \\ 0 & 4 & 0 \\ 2 & 0 & 2 \end{pmatrix}$,计算$(\boldsymbol{A}-\boldsymbol{E})^{-1}$.

2. 设$\boldsymbol{A}$是n阶矩阵,满足$\boldsymbol{AA}^{\mathrm{T}}=\boldsymbol{E}$($\boldsymbol{E}$是$n$阶单位矩阵,$\boldsymbol{A}^{\mathrm{T}}$是$\boldsymbol{A}$的转置), $|\boldsymbol{A}|<0$,求$|\boldsymbol{A}+\boldsymbol{E}|$.

3. 设$\boldsymbol{A}$是n阶可逆矩阵，将$\boldsymbol{A}$的第i行和第j行对换后得到的矩阵记为$\boldsymbol{B}$.

(1)证明$\boldsymbol{B}$可逆；　　(2)求$\boldsymbol{AB}^{-1}$.

4. 已知$\boldsymbol{\alpha}=(1,2,3)$,$\boldsymbol{\beta}=\left(1,\frac{1}{2},\frac{1}{3}\right)$,设$\boldsymbol{A}=\boldsymbol{\alpha}^{\mathrm{T}}\boldsymbol{\beta}$,求$\boldsymbol{A}^n$.

*5. 设$\boldsymbol{A},\boldsymbol{B}$为$n$阶方阵，证明$R(\boldsymbol{AB})\geqslant R(\boldsymbol{A})+R(\boldsymbol{B})-n$.

第3章 向量空间

3.1 基本要求

(1)理解空间直角坐标系,理解向量的概念及其表示.

(2)掌握向量的运算(线性运算、数量积、向量积、混合积*),了解两个向量垂直、平行的条件.

(3)理解单位向量、方向数与方向余弦、向量的坐标表达式,掌握用坐标表达式进行向量运算的方法.

(4)理解 n 维向量,向量的线性组合和线性表示的概念.

(5)理解向量组的线性相关与线性无关的概念,掌握向量组的线性相关与线性无关的有关性质及判别法.

(6)理解向量组的极大无关组和向量组的秩的概念,会求向量组的极大无关组和向量组的秩.

(7)了解向量组等价的概念,了解矩阵的秩与其行(列)向量组的关系.

(8)了解 n 维向量空间、子空间、基底、维数、坐标等概念.

3.2 知识要点

3.2.1 向量的概念与表示 向量的运算

1. 空间向量的概念

向量按基本向量的分解式:$\boldsymbol{a}=a_x\boldsymbol{i}+a_y\boldsymbol{j}+a_z\boldsymbol{k}$,坐标表示:$\boldsymbol{a}=(a_x,a_y,a_z)$.

2. 空间向量运算

(1)加(减)法与数乘:

$$\boldsymbol{a}\pm\boldsymbol{b}=(a_x+b_x,a_y+b_y,a_z+b_z),\lambda\boldsymbol{a}=(\lambda a_x,\lambda a_y,\lambda a_z).$$

(2)向量 $\boldsymbol{a}$ 与 $\boldsymbol{b}$ 的数量积(又称点积或内积):$\boldsymbol{a}\cdot\boldsymbol{b}=|\boldsymbol{a}||\boldsymbol{b}|\cos(\boldsymbol{a},\boldsymbol{b})$.

$$坐标表达式:\boldsymbol{a}\cdot\boldsymbol{b}=a_xb_x+a_yb_y+a_zb_z.$$

结论 设 $\boldsymbol{a},\boldsymbol{b}$ 为两非零向量,则 $\boldsymbol{a}\perp\boldsymbol{b}\Leftrightarrow\boldsymbol{a}\cdot\boldsymbol{b}=0$.

(3)向量 $\boldsymbol{a}$ 与 $\boldsymbol{b}$ 的向量积(矢量积):$\boldsymbol{c}=\boldsymbol{a}\times\boldsymbol{b}$,它是一个向量.

大小:$|\boldsymbol{a}\times\boldsymbol{b}|=|\boldsymbol{a}||\boldsymbol{b}|\sin(\boldsymbol{a},\boldsymbol{b})$;

方向:与 $\boldsymbol{a},\boldsymbol{b}$ 都垂直,$\boldsymbol{a},\boldsymbol{b},\boldsymbol{c}$ 符合右手规则.

坐标表达式：$\boldsymbol{a}\times\boldsymbol{b}=\begin{vmatrix}\boldsymbol{i} & \boldsymbol{j} & \boldsymbol{k}\\ a_x & a_y & a_z\\ b_x & b_y & b_z\end{vmatrix}$.

结论 设 $\boldsymbol{a},\boldsymbol{b}$ 为两非零向量，则 $\boldsymbol{a}/\!/\boldsymbol{b}\Leftrightarrow\boldsymbol{a}\times\boldsymbol{b}=0\Leftrightarrow\boldsymbol{a}$ 与 $\boldsymbol{b}$ 共线 $\Leftrightarrow\boldsymbol{a}$ 与 $\boldsymbol{b}$ 对应的分量成比例.

3. n 维向量

设 $\boldsymbol{\alpha}=(a_1,a_2,\cdots,a_n)$ 为 n 维实向量，称 a_i 为向量的第 i 个分量. 所有 n 维实向量的集合，连同向量的加法及数乘运算称为实 n 维向量空间，记为 $\mathbf{R}^n$.

4. n 维向量的线性运算

设 $\boldsymbol{\alpha}=(a_1,a_2,\cdots,a_n)$ 与 $\boldsymbol{\beta}=(b_1,b_2,\cdots,b_n)$ 为两个 n 维向量. 则：

(1)**向量 $\boldsymbol{\alpha}$ 与 $\boldsymbol{\beta}$ 的和**：$\boldsymbol{\alpha}+\boldsymbol{\beta}=(a_1+b_1,a_2+b_2,\cdots,a_n+b_n)$；

(2)数 λ 与向量 $\boldsymbol{\alpha}$ 的乘积：$\lambda\boldsymbol{\alpha}=(\lambda a_1,\lambda a_2,\cdots,\lambda a_n)$，$\lambda\in\mathbf{R}$ 是实数.

向量的加法及数乘运算统称为向量的**线性运算**.

3.2.2 向量组的线性相关性

1. 线性组合

对于向量 $\boldsymbol{\beta},\boldsymbol{\alpha}_1,\boldsymbol{\alpha}_2,\cdots,\boldsymbol{\alpha}_m$，如果有一组数 $k_1,k_2,\cdots,k_m$，使得

$$\boldsymbol{\beta}=k_1\boldsymbol{\alpha}_1+k_2\boldsymbol{\alpha}_2+\cdots+k_m\boldsymbol{\alpha}_m,$$

则称向量 $\boldsymbol{\beta}$ 是向量组 $\boldsymbol{\alpha}_1,\boldsymbol{\alpha}_2,\cdots,\boldsymbol{\alpha}_m$ 的线性组合，或称 $\boldsymbol{\beta}$ 可由 $\boldsymbol{\alpha}_1,\boldsymbol{\alpha}_2,\cdots,\boldsymbol{\alpha}_m$ 线性表示.

2. 线性相关与线性无关

设有 n 维向量组 $\boldsymbol{\alpha}_1,\boldsymbol{\alpha}_2,\cdots,\boldsymbol{\alpha}_m$，如果存在一组不全为零的数 $k_1,k_2,\cdots,k_m$，使 $k_1\boldsymbol{\alpha}_1+k_2\boldsymbol{\alpha}_2+\cdots+k_m\boldsymbol{\alpha}_m=\mathbf{0}$，则称向量组 $\boldsymbol{\alpha}_1,\boldsymbol{\alpha}_2,\cdots,\boldsymbol{\alpha}_m$ 线性相关；否则，称它线性无关.

换句话说：若等式 $k_1\boldsymbol{\alpha}_1+k_2\boldsymbol{\alpha}_2+\cdots+k_m\boldsymbol{\alpha}_m=\mathbf{0}$ 只对 $k_1=k_2=\cdots=k_m=0$ 才成立，则称 $\boldsymbol{\alpha}_1,\boldsymbol{\alpha}_2,\cdots,\boldsymbol{\alpha}_m$ 线性无关；若另有不全为零的数 $k_1,k_2,\cdots,k_m$ 使其成立，则称 $\boldsymbol{\alpha}_1,\boldsymbol{\alpha}_2,\cdots,\boldsymbol{\alpha}_m$ 线性相关.

3. 向量组等价

设有两个向量组 A：$\boldsymbol{\alpha}_1,\boldsymbol{\alpha}_2,\cdots,\boldsymbol{\alpha}_m$ 和 B：$\boldsymbol{\beta}_1,\boldsymbol{\beta}_2,\cdots,\boldsymbol{\beta}_s$，若向量组 B 中的每个向量均可由向量组 A 线性表示，则称**向量组 B 可由向量组 A 线性表示**. 如果向量组 A 与 B 能互相线性表示，则称这两个向量组**等价**，表示为 $A\sim B$.

注 等价的向量组满足三个基本性质：反身性、对称性、传递性.

4. 线性相关性的常用定理

(1)向量组 $\boldsymbol{\alpha}_1,\boldsymbol{\alpha}_2,\cdots,\boldsymbol{\alpha}_m$ 线性相关的充分必要条件是向量组中至少有一个向量可由其余 $m-1$ 个向量线性表示.

(2)设向量组 $\boldsymbol{\alpha}_1,\boldsymbol{\alpha}_2,\cdots,\boldsymbol{\alpha}_m$ 线性无关，而向量组 $\boldsymbol{\alpha}_1,\boldsymbol{\alpha}_2\cdots\boldsymbol{\alpha}_m,\boldsymbol{\beta}$ 线性相关，则 $\boldsymbol{\beta}$ 可由 $\boldsymbol{\alpha}_1,\boldsymbol{\alpha}_2,\cdots,\boldsymbol{\alpha}_m$ 线性表示，且表示式是唯一的.

(3)一个向量组若有线性相关的部分组，则该向量组线性相关；一个向量组若线性无

关，则它的任何部分组也线性无关.

(4)设向量组 B：$\boldsymbol{\beta}_1,\boldsymbol{\beta}_2,\cdots,\boldsymbol{\beta}_s$ 可由向量组 A：$\boldsymbol{\alpha}_1,\boldsymbol{\alpha}_2,\cdots,\boldsymbol{\alpha}_r$ 线性表示，且 B 组线性无关，则 $s\leqslant r$.

(5)设向量组 $\boldsymbol{\alpha}_1,\boldsymbol{\alpha}_2,\cdots,\boldsymbol{\alpha}_s$ 与向量组 $\boldsymbol{\beta}_1,\boldsymbol{\beta}_2,\cdots,\boldsymbol{\beta}_t$ 等价，且向量组 $\boldsymbol{\alpha}_1,\boldsymbol{\alpha}_2,\cdots,\boldsymbol{\alpha}_s$ 与 $\boldsymbol{\beta}_1,\boldsymbol{\beta}_2,\cdots,\boldsymbol{\beta}_t$ 都是线性无关的，则 $s=t$.

3.2.3　向量组的极大(最大)无关组和它的秩

1. 极大无关组

如果向量组 $\boldsymbol{\alpha}_1,\boldsymbol{\alpha}_2,\cdots,\boldsymbol{\alpha}_s$ 的一个部分组 $\boldsymbol{\alpha}_{j_1},\boldsymbol{\alpha}_{j_2},\cdots,\boldsymbol{\alpha}_{j_r}$ 满足下列条件：

(1)部分组 $\boldsymbol{\alpha}_{j_1},\boldsymbol{\alpha}_{j_2},\cdots,\boldsymbol{\alpha}_{j_r}$ 线性无关；

(2)$\boldsymbol{\alpha}_1,\boldsymbol{\alpha}_2,\cdots,\boldsymbol{\alpha}_s$ 中任意一个向量都可由部分组 $\boldsymbol{\alpha}_{j_1},\boldsymbol{\alpha}_{j_2},\cdots,\boldsymbol{\alpha}_{j_r}$ 线性表示.

则称部分组 $\boldsymbol{\alpha}_{j_1},\boldsymbol{\alpha}_{j_2},\cdots,\boldsymbol{\alpha}_{j_r}$ 为向量组 $\boldsymbol{\alpha}_1,\boldsymbol{\alpha}_2,\cdots,\boldsymbol{\alpha}_s$ 的一个**极大(最大)线性无关组**(简称**极大(最大)无关组**).

注　(1)若向量组 $\boldsymbol{\alpha}_1,\boldsymbol{\alpha}_2,\cdots,\boldsymbol{\alpha}_s$ 线性无关，其极大线性无关组就是本身.

(2)任一向量组和它的极大线性无关组等价.

(3)向量组 $\boldsymbol{\alpha}_1,\boldsymbol{\alpha}_2,\cdots,\boldsymbol{\alpha}_s$ 中的任意两个极大线性无关组等价.

(4)向量组 $\boldsymbol{\alpha}_1,\boldsymbol{\alpha}_2,\cdots,\boldsymbol{\alpha}_s$ 中的任意两个极大线性无关组所含向量的个数相同.

2. 向量组的秩

向量组 $\boldsymbol{\alpha}_1,\boldsymbol{\alpha}_2,\cdots,\boldsymbol{\alpha}_s$ 的极大线性无关组所含向量的个数 r 称为向量组 $\boldsymbol{\alpha}_1,\boldsymbol{\alpha}_2,\cdots,\boldsymbol{\alpha}_s$ 的秩，记为 $R(\boldsymbol{\alpha}_1,\boldsymbol{\alpha}_2,\cdots,\boldsymbol{\alpha}_s)$. 只含零向量的向量组没有极大线性无关组，规定其秩为 0.

显然，如果向量组 $\boldsymbol{\alpha}_1,\boldsymbol{\alpha}_2,\cdots,\boldsymbol{\alpha}_s$ 与向量组 $\boldsymbol{\beta}_1,\boldsymbol{\beta}_2,\cdots,\boldsymbol{\beta}_t$ 等价，则它们的秩相等. 但反之不成立.

3. 向量组的秩与矩阵的秩的关系

对于矩阵 $\mathbf{A}=(a_{ij})_{m\times n}$，按行分块得到 m 个 n 维行向量，构成行向量组；按列分块得到 n 个 m 维的列向量，构成列向量组. 称行向量组的秩为矩阵 $\mathbf{A}$ 的行秩；列向量组的秩为矩阵 $\mathbf{A}$ 的列秩.

结论　$R(\mathbf{A})=\mathbf{A}$ 的列秩 $=\mathbf{A}$ 的行秩.

4. 求解或证明向量组问题的方法小结

(1)判别向量组的线性相关常用方法.

① 利用线性相关性定义及有关定理；

② 利用矩阵：写出向量构成的矩阵. 若是方阵，当其行列式值不为零时，说明矩阵满秩，从而其行及列向量组均线性无关，否则，线性相关；若不是方阵，则可用初等变换求出其秩，若秩等于向量个数，则向量组线性无关，否则，若秩小于向量个数，则线性相关.

(2)求极大无关组及向量组的秩.

利用矩阵的初等行变换：先将 n 维向量组 $\boldsymbol{\alpha}_1,\boldsymbol{\alpha}_2,\cdots,\boldsymbol{\alpha}_m$ 作为 $n\times m$ 的矩阵 $\boldsymbol{A}$ 的列，再经初等行变换将 $\boldsymbol{A}$ 化为行阶梯形的矩阵 $\boldsymbol{B}$，则 $\boldsymbol{B}$ 中非零行的个数即为 $\boldsymbol{A}$ 的秩；$\boldsymbol{B}$ 的列极

大无关组所在列对应的$\boldsymbol{A}$中的列向量组，即是向量组$\boldsymbol{\alpha}_1,\boldsymbol{\alpha}_2,\cdots,\boldsymbol{\alpha}_m$的一个极大无关组.

3.2.4 向量空间的基和维数

1. 向量空间

设V是n维向量的非空集合，称集合V为向量空间，如果

(1)对任意的$\boldsymbol{\alpha},\boldsymbol{\beta}\in V$，有$\boldsymbol{\alpha}+\boldsymbol{\beta}\in V$；(加法封闭)

(2)对任意的$\boldsymbol{\alpha}\in V,k\in\mathbf{R}$，有$k\boldsymbol{\alpha}\in V$.(数乘封闭).

2. 向量空间的基和维数

设V为向量空间，若r个向量$\boldsymbol{\alpha}_1,\boldsymbol{\alpha}_2,\cdots,\boldsymbol{\alpha}_r\in V$，满足：

(1)$\boldsymbol{\alpha}_1,\boldsymbol{\alpha}_2,\cdots,\boldsymbol{\alpha}_r$线性无关；

(2)V中任何向量均可由$\boldsymbol{\alpha}_1,\boldsymbol{\alpha}_2,\cdots,\boldsymbol{\alpha}_r$线性表示.

则称向量组$\boldsymbol{\alpha}_1,\boldsymbol{\alpha}_2,\cdots,\boldsymbol{\alpha}_r$为向量空间$V$的一个基，称$r$为$V$的维数(记作$\dim V$)，并称$V$为$r$维向量空间.零空间$\{0\}$没有基，规定其维为0.

注 (1)向量空间的维数与向量的维数不是一回事儿.如集合

$$V=\{x(1,0,0)+y(0,1,0)\mid x,y\in\mathbf{R}\}$$

由三维向量构成的，但它是二维向量空间(相当于xOy坐标面内的所有平面向量的集合)，

(2)若把向量空间V看作向量组，则V的基就是它的极大线性无关组，V的维数就是向量组的秩.

3. 几个结论

(1)若$\dim V=r\neq 0$，则V中任意r个线性无关的向量都可作为V的基.一般来说，向量空间的基不唯一，但是维数是唯一的.

(2)向量组中向量的个数大于向量的维数，则向量组必线性相关.

(3)r维向量空间V中任意$r+1$个向量线性相关.

4. 向量在给定基下的坐标

设向量组$\boldsymbol{\alpha}_1,\boldsymbol{\alpha}_2,\cdots,\boldsymbol{\alpha}_r$为向量空间$V$的一个基，则对$\forall\boldsymbol{\alpha}\in V$，存在唯一的一组数$k_1,k_2,\cdots,k_r$，使得$\boldsymbol{\alpha}=k_1\boldsymbol{\alpha}_1+k_2\boldsymbol{\alpha}_2+\cdots+k_r\boldsymbol{\alpha}_r$，称该组数$k_1,k_2,\cdots,k_r$为$\boldsymbol{\alpha}$在基$\boldsymbol{\alpha}_1,\boldsymbol{\alpha}_2,\cdots,\boldsymbol{\alpha}_r$下的坐标，记为$\boldsymbol{\alpha}=(k_1,k_2,\cdots,k_r)$，或写成列表示$\boldsymbol{\alpha}=(k_1,k_2,\cdots,k_r)^{\mathrm{T}}$.

3.3 典型例题

例 3.1 判断向量组$\boldsymbol{\alpha}_1=(1,2,-1,5),\boldsymbol{\alpha}_2=(2,-1,1,1),\boldsymbol{\alpha}_3=(4,3,-1,11)$是否线性相关.

解 $$\boldsymbol{A}=(\boldsymbol{\alpha}_1^{\mathrm{T}}\boldsymbol{\alpha}_2^{\mathrm{T}}\boldsymbol{\alpha}_3^{\mathrm{T}})=\begin{pmatrix}1&2&4\\2&-1&3\\-1&1&-1\\5&1&11\end{pmatrix}\to\begin{pmatrix}1&2&4\\0&-5&-5\\0&3&3\\0&-9&-9\end{pmatrix}\to\begin{pmatrix}1&2&4\\0&1&1\\0&0&0\\0&0&0\end{pmatrix}=\boldsymbol{B}.$$

因为 $R(\boldsymbol{\alpha}_1,\boldsymbol{\alpha}_2,\boldsymbol{\alpha}_3)=R(\boldsymbol{A})=R(\boldsymbol{B})=2<3$(向量个数)，所以，向量组 $\boldsymbol{\alpha}_1,\boldsymbol{\alpha}_2,\boldsymbol{\alpha}_3$ 线性相关.

例 3.2　判断向量组 $\boldsymbol{\alpha}_1=(1,2,0,1),\boldsymbol{\alpha}_2=(1,3,0,-1),\boldsymbol{\alpha}_3=(-1,-1,1,0)$ 是否线性相关.

解

$$\boldsymbol{A}=\begin{pmatrix}1&1&-1\\2&3&-1\\0&0&1\\1&-1&0\end{pmatrix}\to\begin{pmatrix}1&1&-1\\0&1&1\\0&0&1\\0&-2&1\end{pmatrix}\to\begin{pmatrix}1&1&-1\\0&1&1\\0&0&1\\0&0&3\end{pmatrix}\to\begin{pmatrix}1&1&-1\\0&1&1\\0&0&1\\0&0&0\end{pmatrix}.$$

因为 $R(\boldsymbol{\alpha}_1,\boldsymbol{\alpha}_2,\boldsymbol{\alpha}_3)=R(\boldsymbol{A})=3$，所以，向量组 $\boldsymbol{\alpha}_1,\boldsymbol{\alpha}_2,\boldsymbol{\alpha}_3$ 线性无关.

评注　例 3.1 和例 3.2 也可以用线性相关性定义判断：设有一组数 x_1,x_2,x_3 使得

$$x_1\boldsymbol{\alpha}_1+x_2\boldsymbol{\alpha}_2+x_3\boldsymbol{\alpha}_3=\boldsymbol{0},$$

转化为齐次线性方程组是否有非零解的问题. 请读者一试.

例 3.3　判断向量 $\boldsymbol{\alpha}_1=(4,3,-1,11)$ 与 $\boldsymbol{\alpha}_2=(4,3,0,11)$ 是否各为向量组 $\boldsymbol{\beta}_1=(1,2,-1,5)$ $\boldsymbol{\beta}_2=(2,-1,1,1)$ 的线性组合. 若是，写出表示式.

解　法 1　设 $k_1\boldsymbol{\beta}_1+k_2\boldsymbol{\beta}_2=\boldsymbol{\alpha}_1$，代入向量得 $k_1(1,2,-1,5)+k_2(2,-1,1,1)=(4,3,-1,11)$. 对应的方程组为 $\begin{cases}k_1+2k_2=4\\2k_1-k_2=3\\-k_1+k_2=-1\\5k_1+k_2=11\end{cases}$. 由中间两个方程解得 $k_1=2,k_2=1$，满足上、下两个方程，即 $\boldsymbol{\alpha}_1=2\boldsymbol{\beta}_1+\boldsymbol{\beta}_2$，故 $\boldsymbol{\alpha}_1$ 是 $\boldsymbol{\beta}_1,\boldsymbol{\beta}_2$ 的线性组合.

法 2　(按照秩的理论)因为

$$(\boldsymbol{\beta}_1^{\mathrm{T}},\boldsymbol{\beta}_2^{\mathrm{T}},\boldsymbol{\alpha}_1^{\mathrm{T}})=\begin{pmatrix}1&2&4\\2&-1&3\\-1&1&-1\\5&1&11\end{pmatrix}\to\begin{pmatrix}1&2&4\\0&-5&-5\\0&3&3\\0&-9&-9\end{pmatrix}\to\begin{pmatrix}1&2&4\\0&1&1\\0&0&0\\0&0&0\end{pmatrix}\to\begin{pmatrix}1&0&2\\0&1&1\\0&0&0\\0&0&0\end{pmatrix},$$

所以秩 $(\boldsymbol{\beta}_1^{\mathrm{T}},\boldsymbol{\beta}_2^{\mathrm{T}},\boldsymbol{\alpha}_1^{\mathrm{T}})=2$，即得 $\boldsymbol{\alpha}_1,\boldsymbol{\beta}_1,\boldsymbol{\beta}_2$ 线性相关，再由 $\boldsymbol{\beta}_1,\boldsymbol{\beta}_2$ 线性无关可知，$\boldsymbol{\alpha}_1$ 可由 $\boldsymbol{\beta}_1,\boldsymbol{\beta}_2$ 唯一线性表示，且(观察或解得)$\boldsymbol{\alpha}_1=2\boldsymbol{\beta}_1+\boldsymbol{\beta}_2$.

类似地，有

$$(\boldsymbol{\beta}_1^{\mathrm{T}},\boldsymbol{\beta}_2^{\mathrm{T}},\boldsymbol{\alpha}_2^{\mathrm{T}})=\begin{pmatrix}1&2&4\\2&-1&3\\-1&1&0\\5&1&11\end{pmatrix}\to\begin{pmatrix}1&2&4\\0&-5&-5\\0&3&4\\0&-9&-9\end{pmatrix}\to\begin{pmatrix}1&2&4\\0&1&1\\0&0&1\\0&0&0\end{pmatrix}.$$

因为秩 $(\boldsymbol{\beta}_1^{\mathrm{T}},\boldsymbol{\beta}_2^{\mathrm{T}},\boldsymbol{\alpha}_2^{\mathrm{T}})\neq$ 秩 $(\boldsymbol{\beta}_1^{\mathrm{T}},\boldsymbol{\beta}_2^{\mathrm{T}})$，所以 $\boldsymbol{\alpha}_2$ 不能由 $\boldsymbol{\beta}_1,\boldsymbol{\beta}_2$ 线性表示.

评注　判断向量 $\boldsymbol{\beta}$ 可由向量组 $\boldsymbol{\alpha}_1,\boldsymbol{\alpha}_2,\cdots,\boldsymbol{\alpha}_m$ 线性表示的常用方法：

法 1　$k_1\boldsymbol{\alpha}_1+k_2\boldsymbol{\alpha}_2+\cdots k_m\boldsymbol{\alpha}_m+k_{m+1}\beta=\boldsymbol{0}$ 只要证明 $k_{m+1}\neq0$，即可证明

$$\boldsymbol{\beta}=\frac{-1}{k_{m+1}}(k_1\boldsymbol{\alpha}_1+k_2\boldsymbol{\alpha}_2+\cdots+k_m\boldsymbol{\alpha}_m).$$

法 2　证明线性方程组 $x_1\boldsymbol{\alpha}_1+x_2\boldsymbol{\alpha}_2+\cdots+x_m\boldsymbol{\alpha}_m=\boldsymbol{\beta}$ 有解.

例 3.4 已知 $\boldsymbol{\alpha}_1=\begin{pmatrix}1\\0\\-2\end{pmatrix},\boldsymbol{\alpha}_2=\begin{pmatrix}3\\2\\0\end{pmatrix},\boldsymbol{\alpha}_3=\begin{pmatrix}-2\\-1\\1\end{pmatrix},\boldsymbol{\alpha}_4=\begin{pmatrix}2\\3\\5\end{pmatrix}$,求它的秩及一个极大无关组.

解 (将向量写成矩阵的列向量,只作行初等变换将此矩阵化为行阶梯形)

$$\boldsymbol{A}=\begin{pmatrix}1&3&-2&2\\0&2&-1&3\\-2&0&1&5\end{pmatrix}\xrightarrow{r_3+2r_1}\begin{pmatrix}1&3&-2&2\\0&2&-1&3\\0&6&-3&9\end{pmatrix}\xrightarrow{r_3-3r_2}\begin{pmatrix}\lfloor 1&3&-2&2\\0&\lfloor 2&-1&3\\0&0&0&0\end{pmatrix}\triangleq\boldsymbol{B}.$$

易知 $R(\boldsymbol{A})=R(\boldsymbol{B})=2$,故 $R(\boldsymbol{\alpha}_1,\boldsymbol{\alpha}_2,\boldsymbol{\alpha}_3,\boldsymbol{\alpha}_4)=2$. 从而向量组的极大无关组含 2 个向量. 由于矩阵 $\boldsymbol{B}$ 的前两列线性无关,故相应的 $\boldsymbol{\alpha}_1,\boldsymbol{\alpha}_2$ 为向量组 $\boldsymbol{\alpha}_1,\boldsymbol{\alpha}_2,\boldsymbol{\alpha}_3,\boldsymbol{\alpha}_4$ 的一个极大线性无关组.

注 选 $\boldsymbol{B}$ 的每个"拐角"$\lfloor 1$,$\lfloor 2$处对应的列作为其极大无关组. 当然,也可选择 1、3,1、4 或 2、3,…,来作为极大无关组.

例 3.5 设 $\boldsymbol{A},\boldsymbol{B}$ 为满足 $\boldsymbol{AB}=\boldsymbol{O}$ 的任意两个非零矩阵,则必有(　　).

A. $\boldsymbol{A}$ 的列向量组线性相关,$\boldsymbol{B}$ 的行向量组线性相关

B. $\boldsymbol{A}$ 的列向量组线性相关,$\boldsymbol{B}$ 的列向量组线性相关

C. $\boldsymbol{A}$ 的行向量组线性相关,$\boldsymbol{B}$ 的行向量组线性相关

D. $\boldsymbol{A}$ 的行向量组线性相关,$\boldsymbol{B}$ 的列向量组线性相关

解 A.

评注 设 $\boldsymbol{A}=(a_{ij})_{l\times m},\boldsymbol{B}=(b_{ij})_{m\times n}$,将 $\boldsymbol{A}$ 作列分块 $\boldsymbol{A}=(\boldsymbol{A}_1\boldsymbol{A}_2\cdots\boldsymbol{A}_m)$,则由 $\boldsymbol{AB}=\boldsymbol{O}$ 得

$$(\boldsymbol{A}_1\boldsymbol{A}_2\cdots\boldsymbol{A}_m)\begin{pmatrix}b_{11}&b_{12}&\cdots&b_{1n}\\b_{21}&b_{22}&\cdots&b_{2n}\\\vdots&\vdots&&\vdots\\b_{m1}&b_{m2}&\cdots&b_{mn}\end{pmatrix}=(b_{11}\boldsymbol{A}_1+\cdots+b_{m1}\boldsymbol{A}_m\cdots b_{1n}\boldsymbol{A}_1+\cdots+b_{mn}\boldsymbol{A}_m)=\boldsymbol{O},$$

即

$$b_{1j}\boldsymbol{A}_1+b_{2j}\boldsymbol{A}_2+\cdots+b_{ij}\boldsymbol{A}_i+\cdots+b_{mj}\boldsymbol{A}_m=\boldsymbol{0}\quad(j=1,2,\cdots,n).\tag{1}$$

由于 $\boldsymbol{B}\neq\boldsymbol{O}$,所以,至少存在一个 $b_{ij}\neq 0(1\leqslant i\leqslant m,1\leqslant j\leqslant n)$,于是式(1)中系数不全为零,从而 $\boldsymbol{A}_1,\boldsymbol{A}_2,\cdots,\boldsymbol{A}_m$ 线性相关,即 $\boldsymbol{A}$ 的列线性相关.

又记 $\boldsymbol{B}=\begin{pmatrix}\boldsymbol{B}_1\\\boldsymbol{B}_2\\\vdots\\\boldsymbol{B}_m\end{pmatrix}$,则

$$\boldsymbol{AB}=\boldsymbol{O}\Rightarrow\begin{pmatrix}a_{11}&a_{12}&\cdots&a_{1m}\\a_{21}&a_{22}&\cdots&a_{2m}\\\vdots&\vdots&&\vdots\\a_{l1}&a_{l2}&\cdots&a_{lm}\end{pmatrix}\begin{pmatrix}\boldsymbol{B}_1\\\boldsymbol{B}_2\\\vdots\\\boldsymbol{B}_m\end{pmatrix}=\begin{pmatrix}a_{11}\boldsymbol{B}_1+a_{12}\boldsymbol{B}_2+\cdots+a_{1m}\boldsymbol{B}_m\\a_{21}\boldsymbol{B}_1+a_{22}\boldsymbol{B}_2+\cdots+a_{2m}\boldsymbol{B}_m\\\cdots\cdots\\a_{l1}\boldsymbol{B}_1+a_{l2}\boldsymbol{B}_2+\cdots+a_{lm}\boldsymbol{B}_m\end{pmatrix}=\boldsymbol{O}$$

由于 $\boldsymbol{A}\neq\boldsymbol{O}$,则至少存在一个元素 $a_{ij}\neq 0(1\leqslant i\leqslant l,1\leqslant j\leqslant m)$,使

$$a_{i1}\boldsymbol{B}_1+a_{i2}\boldsymbol{B}_2+\cdots+a_{ij}\boldsymbol{B}_j+\cdots+a_{im}\boldsymbol{B}_m=0,$$

从而 $\boldsymbol{B}_1,\boldsymbol{B}_2,\cdots,\boldsymbol{B}_m$ 线性相关，故应选 A.

评注　此题稍难，是综合运用分块矩阵和向量组的线性相关性的知识. 此题也可以利用齐次线性方程组的理论求解.

例 3.6　（适合学过第 5 章线性方程组解的理论后读）

设 $\boldsymbol{\alpha}_1=(1,2,0)^{\mathrm{T}},\boldsymbol{\alpha}_2=(1,a+2,-3a)^{\mathrm{T}},\boldsymbol{\alpha}_3=(-1,-b-2,a+2b)^{\mathrm{T}},\boldsymbol{\beta}=(1,3,-3)^{\mathrm{T}}$，试讨论当 a,b 为何值时：

(1) $\boldsymbol{\beta}$ 不能由 $\boldsymbol{\alpha}_1,\boldsymbol{\alpha}_2,\boldsymbol{\alpha}_3$ 线性表示；

(2) $\boldsymbol{\beta}$ 可由 $\boldsymbol{\alpha}_1,\boldsymbol{\alpha}_2,\boldsymbol{\alpha}_3$ 唯一地线性表示，并求出表示式；

(3) $\boldsymbol{\beta}$ 可由 $\boldsymbol{\alpha}_1,\boldsymbol{\alpha}_2,\boldsymbol{\alpha}_3$ 线性表示，但表示式不唯一，并求出表示式.

解　设有数 k_1,k_2,k_3，使得

$$k_1\boldsymbol{\alpha}_1+k_2\boldsymbol{\alpha}_2+k_3\boldsymbol{\alpha}_3=\boldsymbol{\beta}. \tag{1}$$

记 $\boldsymbol{A}=(\boldsymbol{\alpha}_1,\boldsymbol{\alpha}_2,\boldsymbol{\alpha}_3)$. 对矩阵 $(\boldsymbol{A},\boldsymbol{\beta})$ 施以初等行变换，有

$$(\boldsymbol{A},\boldsymbol{\beta})=\begin{pmatrix}1 & 1 & -1 & 1\\ 2 & a+2 & -b-2 & 3\\ 0 & -3a & a+2b & -3\end{pmatrix}\to\begin{pmatrix}1 & 1 & -1 & 1\\ 0 & a & -b & 1\\ 0 & 0 & a-b & 0\end{pmatrix}.$$

(1) 当 $a=0$，b 取任意值时，有

$$(\boldsymbol{A},\boldsymbol{\beta})\to\begin{pmatrix}1 & 1 & -1 & 1\\ 0 & 0 & -b & 1\\ 0 & 0 & 0 & -1\end{pmatrix}\to\begin{pmatrix}1 & 1 & -1 & 0\\ 0 & 0 & -b & 0\\ 0 & 0 & 0 & -1\end{pmatrix}\triangleq\boldsymbol{B}.$$

显然，$\boldsymbol{B}$ 的第 3 列不能由前 3 列线性表示，即 $\boldsymbol{\beta}$ 不能由 $\boldsymbol{\alpha}_1,\boldsymbol{\alpha}_2,\boldsymbol{\alpha}_3$ 线性表示.

（即 $R(\boldsymbol{A})<R(\boldsymbol{A},\boldsymbol{\beta})$，此时方程组(1)无解）

(2) 当 $a\neq 0$，且 $a\neq b$ 时，有

$$(\boldsymbol{A},\boldsymbol{\beta})\to\begin{pmatrix}1 & 1 & -1 & 1\\ 0 & a & -b & 1\\ 0 & 0 & a-b & 0\end{pmatrix}\to\begin{pmatrix}1 & 0 & 0 & 1-1/a\\ 0 & 1 & 0 & 1/a\\ 0 & 0 & 1 & 0\end{pmatrix}\triangleq\boldsymbol{C}.$$

由 $\boldsymbol{C}$ 的前 3 列的秩等于 $\boldsymbol{A}$ 的秩可知，$\boldsymbol{\alpha}_1,\boldsymbol{\alpha}_2,\boldsymbol{\alpha}_3$ 线性无关；又由 $R(\boldsymbol{A},\boldsymbol{\beta})=R(\boldsymbol{C})=3<4$ 可知，$\boldsymbol{\alpha}_1,\boldsymbol{\alpha}_2,\boldsymbol{\alpha}_3,\boldsymbol{\beta}$ 线性相关，从而 $\boldsymbol{\beta}$ 可由 $\boldsymbol{\alpha}_1,\boldsymbol{\alpha}_2,\boldsymbol{\alpha}_3$ 线性表示. 由方程组(1)解得

（即 $R(\boldsymbol{A})=R(\boldsymbol{A},\boldsymbol{\beta})=3=n$，方程组(1)有唯一解）

$$k_1=1-\frac{1}{a},\quad k_2=\frac{1}{a},\quad k_3=0.$$

此时 $\boldsymbol{\beta}$ 可由 $\boldsymbol{\alpha}_1,\boldsymbol{\alpha}_2,\boldsymbol{\alpha}_3$ 唯一地线性表示，其表示式为 $\boldsymbol{\beta}=\left(1-\dfrac{1}{a}\right)\boldsymbol{\alpha}_1+\dfrac{1}{a}\boldsymbol{\alpha}_2$.

(3) 当 $a\neq 0$，且 $a=b$ 时，对矩阵 $(\boldsymbol{A},\boldsymbol{\beta})$ 施以初等行变换，有

$$(\boldsymbol{A},\boldsymbol{\beta})\to\begin{pmatrix}1 & 1 & -1 & 1\\ 0 & a & -b & 1\\ 0 & 0 & a-b & 0\end{pmatrix}\to\begin{pmatrix}1 & 0 & 0 & 1-1/a\\ 0 & 1 & -1 & 1/a\\ 0 & 0 & 0 & 0\end{pmatrix}\triangleq\boldsymbol{F},$$

此时，$\boldsymbol{F}$ 的列向量组的秩为 2，前两列线性无关，由此对应得 $(\boldsymbol{A},\boldsymbol{\beta})$ 的前两列是列其向量组的一个极大无关组，从而 $\boldsymbol{\beta}$ 可由 $\boldsymbol{\alpha}_1,\boldsymbol{\alpha}_2$，从而由 $\boldsymbol{\alpha}_1,\boldsymbol{\alpha}_2,\boldsymbol{\alpha}_3$ 线性表示. 由方程组(1)解得

(即 $R(\boldsymbol{A})=R(\boldsymbol{A},\boldsymbol{\beta})=2<3=n$,故方程组(1)有无穷多解,其全部解为)

$$k_1=1-\frac{1}{a},\quad k_2=\frac{1}{a}+c,\quad k_3=c\quad (c\ \text{为任意常数})$$

$\boldsymbol{\beta}$ 可由 $\boldsymbol{\alpha}_1,\boldsymbol{\alpha}_2,\boldsymbol{\alpha}_3$ 线性表示,但表示式不唯一, 其表示式为

$$\boldsymbol{\beta}=\left(1-\frac{1}{a}\right)\boldsymbol{\alpha}_1+\left(\frac{1}{a}+c\right)\boldsymbol{\alpha}_2+c\boldsymbol{\alpha}_3.$$

评注 将 $\boldsymbol{\beta}$ 可否由 $\boldsymbol{\alpha}_1,\boldsymbol{\alpha}_2,\boldsymbol{\alpha}_3$ 线性表示的问题转化为线性方程组

$$k_1\boldsymbol{\alpha}_1+k_2\boldsymbol{\alpha}_2+k_3\boldsymbol{\alpha}_3=\boldsymbol{\beta}$$

是否有解的问题. 另外,注意此方程组系数矩阵为低阶方阵,还可以利用克莱姆法则,计算$(\boldsymbol{\alpha}_1,\boldsymbol{\alpha}_2,\boldsymbol{\alpha}_3)$行列式,由行列式值是否为 0 得到 a,b 的关系,分别考虑要求的三种情况.

例 3.7 设 $\boldsymbol{\alpha},\boldsymbol{\beta}$ 为两个已知的 n 维向量,判断集合 $V=\{\boldsymbol{\gamma}=\lambda\boldsymbol{\alpha}+\mu\boldsymbol{\beta}\,|\,\lambda,\mu\in\mathbf{R}\}$是否为向量空间.

解 对 V 中任意两个向量 $\boldsymbol{\gamma}_1,\boldsymbol{\gamma}_2\in V$,存在 λ_1,μ_1 及 λ_2,μ_2 使

$$\boldsymbol{\gamma}_1=\lambda_1\boldsymbol{\alpha}+\mu_1\boldsymbol{\beta},\quad \boldsymbol{\gamma}_2=\lambda_2\boldsymbol{\alpha}+\mu_2\boldsymbol{\beta},$$

于是,有

$$\boldsymbol{\gamma}_1+\boldsymbol{\gamma}_2=(\lambda_1+\lambda_2)\boldsymbol{\alpha}+(\mu_1+\mu_2)\boldsymbol{\beta}\in V,$$

又对 $\forall k\in\mathbf{R}$ 有

$$k\boldsymbol{\gamma}_1=(k\lambda_1)\boldsymbol{\alpha}+(k\mu_1)\boldsymbol{\beta}\in V.$$

所以,V 是一个向量空间.

评注 说明 V 是一个向量空间即验证:V 中任意两个向量的和是 V 中向量,V 中任一向量乘任意实数还是 V 中向量. 满足这两种情况时称 V 是对线性运算封闭的. 称如上构造的向量空间 $V=\{\boldsymbol{\gamma}=\lambda\boldsymbol{\alpha}+\mu\boldsymbol{\beta}\,|\,\lambda,\mu\in\mathbf{R}\}$是由 $\boldsymbol{\alpha},\boldsymbol{\beta}$ 生成的向量空间,通常它是 $\boldsymbol{\alpha},\boldsymbol{\beta}$ 所属的向量空间的一个子集合,因此也称它为由 $\boldsymbol{\alpha},\boldsymbol{\beta}$ 生成的子空间.

3.4 自 测 题

自 测 题 1

1. 已知点 $A(-1,2,0)$,$B(-3,4,5)$,求:
(1)$\overrightarrow{AB}$及$\overrightarrow{BA}$;(2)点 A,B 间的距离;(3)A,B 连线的中点坐标;(4)$\overrightarrow{BA}$的方向余弦.

2. 设 $\boldsymbol{a}^0$ 为一单位向量,它在 x,y 轴上的投影分别为 $-\frac{1}{2},\frac{1}{2}$,求 $\boldsymbol{a}^0$ 与 z 轴正向的夹角 γ.

自 测 题 2

一、完成下列各题

1. 设 $\boldsymbol{a}=-\boldsymbol{i}+\boldsymbol{j}+2\boldsymbol{k}$,$\boldsymbol{b}=3\boldsymbol{i}+4\boldsymbol{k}$,则 $\boldsymbol{a}$ 在 $\boldsymbol{b}$ 上的投影为(　　　　).

A. $\frac{5}{\sqrt{6}}$　　　　B. 1　　　　C. $-\frac{5}{\sqrt{6}}$　　　　D. -1

2. 设有单位向量 $\boldsymbol{a}^0$，它同时与 $\boldsymbol{b}=3\boldsymbol{i}+\boldsymbol{j}+4\boldsymbol{k}$ 及 $\boldsymbol{c}=\boldsymbol{i}+\boldsymbol{k}$ 垂直，则 $\boldsymbol{a}^0=$(　　).

A. $\frac{1}{\sqrt{3}}(\boldsymbol{i}+\boldsymbol{j}-\boldsymbol{k})$　　B. $\boldsymbol{i}+\boldsymbol{j}-\boldsymbol{k}$

C. $\frac{1}{\sqrt{3}}(\boldsymbol{i}-\boldsymbol{j}+\boldsymbol{k})$　　D. $\boldsymbol{i}-\boldsymbol{j}+\boldsymbol{k}$

3. 设 $\boldsymbol{a},\boldsymbol{b}$ 为两非零向量，λ 为非零常数，若 $\boldsymbol{a}+\lambda\boldsymbol{b}$ 垂直于 $\boldsymbol{b}$，则 $\lambda=$(　　).

A. $\frac{\boldsymbol{a}\cdot\boldsymbol{b}}{|\boldsymbol{b}|^2}$　　B. $-\frac{\boldsymbol{a}\cdot\boldsymbol{b}}{|\boldsymbol{b}|^2}$　　C. 1　　D. $\boldsymbol{a}\cdot\boldsymbol{b}$

二、完成下列各题

1. 求与向量 $\boldsymbol{a}=(1,-2,3)$ 共线且 $\boldsymbol{a}\cdot\boldsymbol{b}=28$ 的向量 $\boldsymbol{b}$.

2. 证明：向量 $(\boldsymbol{b}\cdot\boldsymbol{c})\boldsymbol{a}-(\boldsymbol{a}\cdot\boldsymbol{c})\boldsymbol{b}$ 与 $\boldsymbol{c}$ 垂直.

3. 设 $\boldsymbol{a},\boldsymbol{b},\boldsymbol{c}$ 是三个向量，且 $\boldsymbol{a}+\boldsymbol{b}+\boldsymbol{c}=\boldsymbol{0}$，又 $|\boldsymbol{a}|=1,|\boldsymbol{b}|=2,|\boldsymbol{c}|=3$，求 $\boldsymbol{b}\cdot\boldsymbol{c}+\boldsymbol{c}\cdot\boldsymbol{a}+\boldsymbol{a}\cdot\boldsymbol{b}$ 的值.

4. 已知 $|\boldsymbol{a}|=3,|\boldsymbol{b}|=4$，且 $\boldsymbol{a}\perp\boldsymbol{b}$，求

(1) $|(\boldsymbol{a}+\boldsymbol{b})\times(\boldsymbol{a}-\boldsymbol{b})|$；　　(2) $|(3\boldsymbol{a}-\boldsymbol{b})\times(\boldsymbol{a}-2\boldsymbol{b})|$.

5. 已知向量 $\boldsymbol{a}=(1,0,-2),\boldsymbol{b}=(1,1,0)$，求使 $\boldsymbol{c}\perp\boldsymbol{a},\boldsymbol{c}\perp\boldsymbol{b},|\boldsymbol{c}|=6$ 的向量 $\boldsymbol{c}$.

6. 求以 $A(1,1,1),B(3,0,2),C(-2,2,1)$ 为顶点的三角形的面积.

7. 已知 $\boldsymbol{a}=\boldsymbol{i};\boldsymbol{b}=\boldsymbol{j}-2\boldsymbol{k},\boldsymbol{c}=2\boldsymbol{i}-2\boldsymbol{j}+\boldsymbol{k}$，求一单位向量 $\boldsymbol{\alpha}$，使 $\boldsymbol{\alpha}\perp\boldsymbol{c}$ 且 $\boldsymbol{\alpha},\boldsymbol{a},\boldsymbol{b}$ 共面.

自测题 3

一、完成下列各题

1. 设 $\boldsymbol{\alpha}_1,\boldsymbol{\alpha}_2,\boldsymbol{\alpha}_3,\boldsymbol{\alpha}_4$ 均为 3 维向量，则(　　).

A. 若 $\boldsymbol{\alpha}_1,\boldsymbol{\alpha}_2$ 线性相关，$\boldsymbol{\alpha}_3,\boldsymbol{\alpha}_4$ 线性相关，则 $\boldsymbol{\alpha}_1+\boldsymbol{\alpha}_3,\boldsymbol{\alpha}_2+\boldsymbol{\alpha}_4$ 线性相关

B. 若 $\boldsymbol{\alpha}_1,\boldsymbol{\alpha}_2,\boldsymbol{\alpha}_3$ 线性无关，则 $\boldsymbol{\alpha}_1+\boldsymbol{\alpha}_4,\boldsymbol{\alpha}_2+\boldsymbol{\alpha}_4,\boldsymbol{\alpha}_3+\boldsymbol{\alpha}_4$ 线性无关

C. 若 $\boldsymbol{\alpha}_4$ 不能用 $\boldsymbol{\alpha}_1,\boldsymbol{\alpha}_2,\boldsymbol{\alpha}_3$ 线性表示，则 $\boldsymbol{\alpha}_1,\boldsymbol{\alpha}_2,\boldsymbol{\alpha}_3$ 一定线性相关

D. 若 $\boldsymbol{\alpha}_1,\boldsymbol{\alpha}_2,\boldsymbol{\alpha}_3,\boldsymbol{\alpha}_4$ 中任意三个向量均线性无关，则 $\boldsymbol{\alpha}_1,\boldsymbol{\alpha}_2,\boldsymbol{\alpha}_3,\boldsymbol{\alpha}_4$ 线性无关

2. 若向量 $\boldsymbol{\alpha},\boldsymbol{\beta},\boldsymbol{\gamma}$ 线性无关，$\boldsymbol{\alpha},\boldsymbol{\beta},\boldsymbol{\delta}$ 线性相关，则(　　).

A. $\boldsymbol{\alpha}$ 必可由 $\boldsymbol{\beta},\boldsymbol{\gamma},\boldsymbol{\delta}$ 线性表示　　B. $\boldsymbol{\beta}$ 必不可由 $\boldsymbol{\alpha},\boldsymbol{\gamma},\boldsymbol{\delta}$ 线性表示

C. $\boldsymbol{\delta}$ 必可由 $\boldsymbol{\alpha},\boldsymbol{\beta},\boldsymbol{\gamma}$ 线性表示　　D. $\boldsymbol{\delta}$ 必不可由 $\boldsymbol{\alpha},\boldsymbol{\beta},\boldsymbol{\gamma}$ 线性表示

3. 设向量 $\boldsymbol{\beta}$ 可由向量组 $\boldsymbol{\alpha}_1,\boldsymbol{\alpha}_2,\cdots,\boldsymbol{\alpha}_m$ 线性表示，但不能由向量组(I)：$\boldsymbol{\alpha}_1,\boldsymbol{\alpha}_2,\cdots,\boldsymbol{\alpha}_{m-1}$ 线性表示，记向量组(II)：$\boldsymbol{\alpha}_1,\boldsymbol{\alpha}_2,\cdots,\boldsymbol{\alpha}_{m-1},\boldsymbol{\beta}$，则(　　).

A. $\boldsymbol{\alpha}_m$ 不能由(I)线性表示，也不能由(II)线性表示

B. $\boldsymbol{\alpha}_m$ 不能由(I)线性表示，但可由(II)线性表示

C. $\boldsymbol{\alpha}_m$ 可由(I)线性表示，也可由(II)线性表示

D. $\boldsymbol{\alpha}_m$ 可由(I)线性表示，但不可由(II)线性表示

4. 设 n 维向量组 $\boldsymbol{\alpha}_1,\boldsymbol{\alpha}_2,\cdots,\boldsymbol{\alpha}_m(m<n)$ 线性无关，则 n 维向量组 $\boldsymbol{\beta}_1,\boldsymbol{\beta}_2,\cdots,\boldsymbol{\beta}_m$ 线性无关的充要条件是(　　).

A. $\boldsymbol{\alpha}_1,\boldsymbol{\alpha}_2,\cdots,\boldsymbol{\alpha}_m$ 可由 $\boldsymbol{\beta}_1,\boldsymbol{\beta}_2,\cdots,\boldsymbol{\beta}_m$ 线性表示

B. $\boldsymbol{\beta}_1,\boldsymbol{\beta}_2,\cdots,\boldsymbol{\beta}_m$ 可由 $\boldsymbol{\alpha}_1,\boldsymbol{\alpha}_2,\cdots,\boldsymbol{\alpha}_m$ 线性表示

C. 向量组 $\boldsymbol{\alpha}_1,\boldsymbol{\alpha}_2,\cdots,\boldsymbol{\alpha}_m$ 与 $\boldsymbol{\beta}_1,\boldsymbol{\beta}_2,\cdots,\boldsymbol{\beta}_m$ 等价

D. 矩阵 $\boldsymbol{A}=(\boldsymbol{\alpha}_1,\boldsymbol{\alpha}_2,\cdots,\boldsymbol{\alpha}_m)$ 与 $\boldsymbol{B}=(\boldsymbol{\beta}_1,\boldsymbol{\beta}_2,\cdots,\boldsymbol{\beta}_m)$ 等价

5. 判断如下命题正确与否，若正确则给出证明，若不正确则举反例说明．

(1)若 $\boldsymbol{\alpha}_1,\boldsymbol{\alpha}_2,\cdots,\boldsymbol{\alpha}_m(m>2)$ 线性相关，则其中任何一个向量都可由其余 $m-1$ 个向量线性表示；

(2)若 $\boldsymbol{\alpha}_1,\boldsymbol{\alpha}_2,\cdots,\boldsymbol{\alpha}_m(m>2)$ 线性无关，则其中任何一个向量都不能由其余 $m-1$ 个向量线性表示；

(3)$\boldsymbol{\alpha}_1,\boldsymbol{\alpha}_2,\cdots,\boldsymbol{\alpha}_m(m>2)$ 线性无关的充分必要条件是任意两个向量都线性无关；

(4)若 $\boldsymbol{\alpha}_1,\boldsymbol{\alpha}_2$ 线性相关，$\boldsymbol{\beta}_1,\boldsymbol{\beta}_2$ 线性相关，则 $\boldsymbol{\alpha}_1+\boldsymbol{\beta}_1,\boldsymbol{\alpha}_2+\boldsymbol{\beta}_2$ 也线性相关；

(5)若 $\boldsymbol{\alpha}_1,\boldsymbol{\alpha}_2$ 线性无关，$\boldsymbol{\beta}_1,\boldsymbol{\beta}_2$ 线性无关，则 $\boldsymbol{\alpha}_1+\boldsymbol{\beta}_1,\boldsymbol{\alpha}_2+\boldsymbol{\beta}_2$ 也线性无关；

(6)若仅当 $\lambda_1,\lambda_2,\cdots,\lambda_m$ 全为零时才有

$$\lambda_1\boldsymbol{\alpha}_1+\cdots+\lambda_m\boldsymbol{\alpha}_m+\lambda_1\boldsymbol{\beta}_1+\cdots+\lambda_m\boldsymbol{\beta}_m=\boldsymbol{0},$$

成立，则 $\boldsymbol{\alpha}_1,\boldsymbol{\alpha}_2,\cdots,\boldsymbol{\alpha}_m$ 线性无关，$\boldsymbol{\beta}_1,\boldsymbol{\beta}_2,\cdots,\boldsymbol{\beta}_m$ 线性无关．

(7)若 $\boldsymbol{\alpha}_1,\boldsymbol{\alpha}_2,\cdots,\boldsymbol{\alpha}_n$ 线性相关，则 $\boldsymbol{\alpha}_1+\boldsymbol{\alpha}_2,\boldsymbol{\alpha}_2+\boldsymbol{\alpha}_3,\cdots,\boldsymbol{\alpha}_{n-1}+\boldsymbol{\alpha}_n,\boldsymbol{\alpha}_n+\boldsymbol{\alpha}_1$ 也线性相关；

(8)若 $\boldsymbol{\alpha}_1,\boldsymbol{\alpha}_2,\cdots,\boldsymbol{\alpha}_m$ 中 $\boldsymbol{\alpha}_1,\boldsymbol{\alpha}_2,\cdots,\boldsymbol{\alpha}_r$ 线性无关，且 $\boldsymbol{\alpha}_1,\boldsymbol{\alpha}_2,\cdots,\boldsymbol{\alpha}_r,\boldsymbol{\alpha}_{r+1}$ 线性相关，则 $\boldsymbol{\alpha}_1,\boldsymbol{\alpha}_2,\cdots,\boldsymbol{\alpha}_r$ 是 $\boldsymbol{\alpha}_1,\boldsymbol{\alpha}_2,\cdots,\boldsymbol{\alpha}_m$ 的一个最大无关组；

(9) 设 $\boldsymbol{\alpha}_1,\boldsymbol{\alpha}_2\in\mathbf{R}^2$，若 $\boldsymbol{\alpha}_1,\boldsymbol{\alpha}_2$ 线性无关，则 $\boldsymbol{\alpha}_1+\boldsymbol{\alpha}_2,\boldsymbol{\alpha}_1-\boldsymbol{\alpha}_2$ 也线性无关．

二、完成下列各题

1. 设 $\boldsymbol{\alpha}_1=(1,-1,2,1),\boldsymbol{\alpha}_2=(2,-2,4,-1),\boldsymbol{\alpha}_3=(2,0,6,-2),\boldsymbol{\alpha}_4=(0,3,0,0)$，试判断向量组 $\boldsymbol{\alpha}_1,\boldsymbol{\alpha}_2,\boldsymbol{\alpha}_3,\boldsymbol{\alpha}_4$ 的线性相关性．

2. 设 $\boldsymbol{\alpha}_1=(1,-1,2,1,0),\boldsymbol{\alpha}_2=(2,-2,4,-1,0),\boldsymbol{\alpha}_3=(3,0,6,-2,1),\boldsymbol{\alpha}_4=(0,3,0,0,1)$，试判断向量组 $\boldsymbol{\alpha}_1,\boldsymbol{\alpha}_2,\boldsymbol{\alpha}_3,\boldsymbol{\alpha}_4$ 的线性相关性.

3. 设向量 $\boldsymbol{\alpha}_1,\boldsymbol{\alpha}_2,\boldsymbol{\alpha}_3$ 满足 $\lambda_1\boldsymbol{\alpha}_1+\lambda_2\boldsymbol{\alpha}_2+\lambda_3\boldsymbol{\alpha}_3=0$，且 $\lambda_1\lambda_3\neq0$，试证 $\boldsymbol{\alpha}_1,\boldsymbol{\alpha}_2$ 与 $\boldsymbol{\alpha}_2,\boldsymbol{\alpha}_3$ 等价.

4. 设 $\boldsymbol{\beta}_1=\boldsymbol{\alpha}_1,\boldsymbol{\beta}_2=\boldsymbol{\alpha}_1+\boldsymbol{\alpha}_2,\cdots,\boldsymbol{\beta}_r=\boldsymbol{\alpha}_1+\boldsymbol{\alpha}_2+\cdots+\boldsymbol{\alpha}_r$，试证 $\boldsymbol{\alpha}_1,\boldsymbol{\alpha}_2,\cdots,\boldsymbol{\alpha}_r$ 线性无关的充分必要条件是 $\boldsymbol{\beta}_1,\boldsymbol{\beta}_2,\cdots,\boldsymbol{\beta}_r$ 线性无关.

自测题 4

一、完成下列各题

1. 已知向量组 $\boldsymbol{\alpha}_1=(1,2,-1,1),\boldsymbol{\alpha}_2=(2,0,t,0),\boldsymbol{\alpha}_3=(0,-4,5,-2)$ 的秩为 2，则 $t=$(　　　).

2. 由向量 $\boldsymbol{\alpha}_1=(1,1,1),\boldsymbol{\alpha}_2=(2,3,4),\boldsymbol{\alpha}_3=(5,7,9)$ 所生成的向量空间的维数为(　　　).

二、完成下列各题

1. 用初等变换求向量组 $\boldsymbol{\alpha}_1,\boldsymbol{\alpha}_2,\boldsymbol{\alpha}_3$ 的秩，并求其一个最大无关组：

(1)$\boldsymbol{\alpha}_1=(1,1,0),\boldsymbol{\alpha}_2=(0,2,0),\boldsymbol{\alpha}_3=(0,0,3)$；

(2)$\boldsymbol{\alpha}_1=(1,2,1,3)$,$\boldsymbol{\alpha}_2=(4,-1,-5,-6)$,$\boldsymbol{\alpha}_3=(1,-3,-4,-7)$.

2. 向量组 A：$\boldsymbol{\alpha}_1,\boldsymbol{\alpha}_2,\cdots,\boldsymbol{\alpha}_s$ 的秩为 r_1，向量组 B：$\boldsymbol{\beta}_1,\boldsymbol{\beta}_2,\cdots,\boldsymbol{\beta}_t$ 的秩为 r_2，向量组 C：$\boldsymbol{\alpha}_1,\boldsymbol{\alpha}_2,\cdots,\boldsymbol{\alpha}_s,\boldsymbol{\beta}_1,\boldsymbol{\beta}_2,\cdots,\boldsymbol{\beta}_t$ 的秩为 r_3，证明：$\max\{r_1,r_2\}\leqslant r_3\leqslant r_1+r_2$.

*3. 证明 $\boldsymbol{\alpha}_1=(1,1,2)^{\mathrm{T}}$,$\boldsymbol{\alpha}_2=(3,-1,0)^{\mathrm{T}}$,$\boldsymbol{\alpha}_3=(2,0,-1)^{\mathrm{T}}$是 $\mathbf{R}^3$ 的一个基，并求 $\boldsymbol{\beta}=(2,0,7)^{\mathrm{T}}$在该基下的坐标.

自测题5

一、完成下列各题

1. 设向量组 $\boldsymbol{\alpha}_1=(a,0,c)$,$\boldsymbol{\alpha}_2=(b,c,0)$,$\boldsymbol{\alpha}_3=(0,a,b)$线性无关，则 a,b,c 必满足关系式(　　　).

2. 已知3维空间的一组基底为 $\boldsymbol{\alpha}_1=(1,1,0)^{\mathrm{T}}$,$\boldsymbol{\alpha}_2=(1,0,1)^{\mathrm{T}}$,$\boldsymbol{\alpha}_3=(0,1,1)^{\mathrm{T}}$，则向量 $\boldsymbol{\beta}=(2,0,0)^{\mathrm{T}}$ 在上述基底下的坐标为(　　　).

3. 设 $\boldsymbol{\alpha}_1,\boldsymbol{\alpha}_2,\cdots,\boldsymbol{\alpha}_s$ 均为 n 维向量，下列结论不正确的是(　　　).

A. 若对于任意一组不全为零的数 $k_1,k_2,\cdots,k_s$，都有 $k_1\boldsymbol{\alpha}_1+k_2\boldsymbol{\alpha}_2+\cdots+k_s\boldsymbol{\alpha}_s\neq\mathbf{0}$，则 $\boldsymbol{\alpha}_1,\boldsymbol{\alpha}_2,\cdots,\boldsymbol{\alpha}_s$ 线性无关

B. 若 $\boldsymbol{\alpha}_1,\boldsymbol{\alpha}_2,\cdots,\boldsymbol{\alpha}_s$ 线性相关，则对于任意一组不全为零的数 $k_1,k_2,\cdots,k_s$，都有 $k_1\boldsymbol{\alpha}_1+k_2\boldsymbol{\alpha}_2+\cdots+k_s\boldsymbol{\alpha}_s=\mathbf{0}$

C. $\boldsymbol{\alpha}_1,\boldsymbol{\alpha}_2,\cdots,\boldsymbol{\alpha}_s$ 线性无关的充要条件是此向量组的秩为 s

D. $\boldsymbol{\alpha}_1,\boldsymbol{\alpha}_2,\cdots,\boldsymbol{\alpha}_s$ 线性无关的必要条件是其中任意两个向量线性无关

4. 设 $\boldsymbol{\alpha}_1=(a_1,a_2,a_3)^{\mathrm{T}}$,$\boldsymbol{\alpha}_2=(b_1,b_2,b_3)^{\mathrm{T}}$,$\boldsymbol{\alpha}_3=(c_1,c_2,c_3)^{\mathrm{T}}$，则三条直线

$$\begin{aligned}&a_1x+b_1y+c_1=0\\&a_2x+b_2y+c_2=0\quad(a_i^2+b_i^2\neq0,i=1,2,3)\\&a_3x+b_3y+c_3=0\end{aligned}$$

交于一点的充要条件是(　　　).

A. $\boldsymbol{\alpha}_1,\boldsymbol{\alpha}_2,\boldsymbol{\alpha}_3$ 线性相关　　B. $\boldsymbol{\alpha}_1,\boldsymbol{\alpha}_2,\boldsymbol{\alpha}_3$ 线性无关

C. 秩$(\boldsymbol{\alpha}_1,\boldsymbol{\alpha}_2,\boldsymbol{\alpha}_3)=$秩$(\boldsymbol{\alpha}_1,\boldsymbol{\alpha}_2)$　　D. $\boldsymbol{\alpha}_1,\boldsymbol{\alpha}_2,\boldsymbol{\alpha}_3$ 线性相关，$\boldsymbol{\alpha}_1,\boldsymbol{\alpha}_2$ 线性无关

二、完成下列各题

1. 设有向量组(I)：$\boldsymbol{\alpha}_1=(1,0,2)^{\mathrm{T}}$,$\boldsymbol{\alpha}_2=(1,1,3)^{\mathrm{T}}$,$\boldsymbol{\alpha}_3=(1,-1,a+2)^{\mathrm{T}}$ 和向量组(II)：$\boldsymbol{\beta}_1=(1,2,a+3)^{\mathrm{T}}$,$\boldsymbol{\beta}_2=(2,1,a+b)^{\mathrm{T}}$,$\boldsymbol{\beta}_3=(2,1,a+4)^{\mathrm{T}}$. 试问：当 a,b 为何值时，向量组(I)与(II)等价？当 a,b 为何值时，向量组(I)与(II)不等价？

2. 已知向量组 $\boldsymbol{\alpha}_1,\boldsymbol{\alpha}_2,\cdots,\boldsymbol{\alpha}_s(s\geqslant2)$线性无关，若设 $\boldsymbol{\beta}_1=\boldsymbol{\alpha}_1+\boldsymbol{\alpha}_2$,$\boldsymbol{\beta}_2=\boldsymbol{\alpha}_2+\boldsymbol{\alpha}_3,\cdots$,$\boldsymbol{\beta}_{s-1}=\boldsymbol{\alpha}_{s-1}+\boldsymbol{\alpha}_s$,$\boldsymbol{\beta}_s=\boldsymbol{\alpha}_s+\boldsymbol{\alpha}_1$，试讨论向量组 $\boldsymbol{\beta}_1,\boldsymbol{\beta}_2,\cdots,\boldsymbol{\beta}_s$ 的线性相关性.

3. 设 $\boldsymbol{A}=\boldsymbol{E}-\boldsymbol{\xi}\boldsymbol{\xi}^{\mathrm{T}}$，其中 $\boldsymbol{E}$ 是 n 阶单位矩阵，$\boldsymbol{\xi}$ 是 n 维非零列向量，$\boldsymbol{\xi}^{\mathrm{T}}$ 是 $\boldsymbol{\xi}$ 的转置，证明：

(1)$\boldsymbol{A}^2=\boldsymbol{A}$ 的充要条件是 $\boldsymbol{\xi}^{\mathrm{T}}\boldsymbol{\xi}=1$；

(2)当 $\boldsymbol{\xi}^{\mathrm{T}}\boldsymbol{\xi}=1$ 时，$\boldsymbol{A}$ 是不可逆矩阵.

第4章 线性方程组

4.1 基本要求

(1)理解齐次线性方程组有非零解的充要条件及非齐次线性方程组有解的充要条件.

(2)理解齐次线性方程组的基础解系及通解的概念,掌握齐次线性方程组的基础解系和通解的求法.

(3)理解非齐次线性方程组解的结构和通解的概念.

(4)掌握用初等行变换求解线性方程组的方法.

4.2 知识要点

4.2.1 齐次线性方程组

1. 齐次线性方程组的形式

方程组

$$\begin{cases} a_{11}x_1+a_{12}x_2+\cdots+a_{1n}x_n=0 \\ a_{21}x_1+a_{22}x_2+\cdots+a_{2n}x_n=0 \\ \cdots\cdots \\ a_{m1}x_1+a_{m2}x_2+\cdots+a_{mn}x_n=0 \end{cases} \tag{1}$$

称为 n 个未知量、m 个方程的齐次线性方程组.

令

$$\boldsymbol{A}=\begin{pmatrix} a_{11} & a_{12} & \cdots & a_{1n} \\ a_{21} & a_{22} & \cdots & a_{2n} \\ \vdots & \vdots & & \vdots \\ a_{m1} & a_{m2} & \cdots & a_{mn} \end{pmatrix},\quad \boldsymbol{x}=\begin{pmatrix} x_1 \\ x_2 \\ \vdots \\ x_n \end{pmatrix},\quad \boldsymbol{\alpha}_j=\begin{pmatrix} a_{1j} \\ a_{2j} \\ \vdots \\ a_{mj} \end{pmatrix}\quad (j=1,2,\cdots,n),$$

则 $\boldsymbol{A}$ 称为方程组(1)的系数矩阵.此时方程组(1)可表示为矩阵形式

$$\boldsymbol{Ax}=\boldsymbol{0},$$

或向量形式

$$x_1\boldsymbol{\alpha}_1+x_2\boldsymbol{\alpha}_2+\cdots+x_n\boldsymbol{\alpha}_n=\boldsymbol{0},$$

若向量 $\boldsymbol{\xi}=(\xi_1,\xi_2,\cdots,\xi_n)$ 满足 $\boldsymbol{A\xi}=\boldsymbol{0}$,则称 $\boldsymbol{\xi}$ 为方程组(1)的一个解向量.

2. 解的性质

(1)设 $\boldsymbol{\xi}_1,\boldsymbol{\xi}_2$ 为方程组 $\boldsymbol{Ax}=\boldsymbol{0}$ 的两个解,则 $\boldsymbol{\xi}_1+\boldsymbol{\xi}_2$ 也是 $\boldsymbol{Ax}=\boldsymbol{0}$ 的解.

(2)设 $\boldsymbol{\xi}$ 为方程组 $\boldsymbol{Ax}=\mathbf{0}$ 的一个解,$\boldsymbol{k}$ 为任意常数,则 $k\boldsymbol{\xi}$ 也是 $\boldsymbol{Ax}=0$ 的解.

(3)方程组 $\boldsymbol{Ax}=\mathbf{0}$ 的所有解构成一个向量空间,称为 $\boldsymbol{Ax}=\mathbf{0}$ 的**解空间**,常用 S 表示.解空间的基称为 $\boldsymbol{Ax}=\mathbf{0}$的**基础解系**.

3. 解的结论

(1)$\boldsymbol{Ax}=\mathbf{0}$ 只有零解的充要条件是 $R(\mathbf{A})=n$ (n 为未知量个数).

(2)$\boldsymbol{Ax}=\mathbf{0}$ 只有零解的充要条件是系数矩阵 $\mathbf{A}$ 的列向量组 $\boldsymbol{\alpha}_1,\boldsymbol{\alpha}_2,\cdots,\boldsymbol{\alpha}_n$ 线性无关.

推论　$\boldsymbol{Ax}=\mathbf{0}$ 有非零解的充要条件是 $\mathbf{A}$ 的列向量组 $\boldsymbol{\alpha}_1,\boldsymbol{\alpha}_2,\cdots,\boldsymbol{\alpha}_n$ 线性相关.

(3)当 $m<n$(即方程的个数小于未知量的个数)时,$\boldsymbol{Ax}=\mathbf{0}$ 必有非零解.

特别地,当 $m=n$ 时,$\boldsymbol{Ax}=\mathbf{0}$ 有非零解的充要条件是 $|\mathbf{A}|\neq 0$.

(4)$\boldsymbol{Ax}=\mathbf{0}$ 有非零解的充要条件是 $R(\mathbf{A})=r<n$,此时方程组的任一基础解系中含有 $n-r$ 个线性无关的向量,设为 $\boldsymbol{\xi}_1,\boldsymbol{\xi}_2,\cdots,\boldsymbol{\xi}_{n-r}$,则方程组的通解为 $k_1\boldsymbol{\xi}_1+k_2\boldsymbol{\xi}_2+\cdots+k_{n-r}\boldsymbol{\xi}_{n-r}$,其中 $k_1,k_2,\cdots,k_{n-r}$为任意常数.

4.2.2　非齐次线性方程组

1. 非齐次线性方程组的形式

方程组

$$\begin{cases} a_{11}x_1+a_{12}x_2+\cdots+a_{1n}x_n=b_1 \\ a_{21}x_1+a_{22}x_2+\cdots+a_{2n}x_n=b_2 \\ \cdots\cdots \\ a_{m1}x_1+a_{m2}x_2+\cdots+a_{mn}x_n=b_m \end{cases} \tag{2}$$

称为 n 个未知量、m 个方程的非齐次线性方程组($b_1,b_2,\cdots,b_m$ 不全为零).

令 $\boldsymbol{b}=\begin{pmatrix} b_1 \\ b_2 \\ \vdots \\ b_m \end{pmatrix}$,$\mathbf{A},\boldsymbol{x},\boldsymbol{\alpha}_j$ 同前定义,则 $\boldsymbol{B}=(\mathbf{A}\boldsymbol{b})$称为方程组(2)的增广矩阵,方程组(1)也称为方程组(2)的**导出组**.此时方程组(2)可表示为矩阵形式

$$\boldsymbol{Ax}=\boldsymbol{b},$$

或向量形式

$$x_1\boldsymbol{\alpha}_1+x_2\boldsymbol{\alpha}_2+\cdots+x_n\boldsymbol{\alpha}_n=\boldsymbol{b}.$$

若向量 $\boldsymbol{\xi}=(\xi_1,\xi_2,\cdots,\xi_n)^{\mathrm{T}}$ 满足 $\mathbf{A}\boldsymbol{\xi}=\boldsymbol{b}$,则称 $\boldsymbol{\xi}$ 为方程组(2)的一个解向量.

2. 解的性质

(1)设 $\boldsymbol{\eta}_1,\boldsymbol{\eta}_2$ 为 $\boldsymbol{Ax}=\boldsymbol{b}$ 的两个解,则 $\boldsymbol{\eta}_1-\boldsymbol{\eta}_2$ 是对应的齐次线性方程组 $\boldsymbol{Ax}=\mathbf{0}$ 的解.

(2)设 $\boldsymbol{\xi}$ 为方程组 $\boldsymbol{Ax}=\mathbf{0}$ 的解,$\boldsymbol{\eta}$ 为方程组 $\boldsymbol{Ax}=\boldsymbol{b}$ 的解,则 $\boldsymbol{\xi}+\boldsymbol{\eta}$ 为 $\boldsymbol{Ax}=\boldsymbol{b}$ 的解.

3. 解的结论

(1)$\boldsymbol{Ax}=\boldsymbol{b}$ 有解的充要条件是 $R(\mathbf{A})=R(\boldsymbol{B})$.

(2)$\boldsymbol{A}\boldsymbol{x}=\boldsymbol{b}$有解的充要条件是$\boldsymbol{b}$可由向量组$\boldsymbol{\alpha}_1,\boldsymbol{\alpha}_2,\cdots,\boldsymbol{\alpha}_n$线性表示.

(3)$\boldsymbol{A}\boldsymbol{x}=\boldsymbol{b}$有解的充要条件是向量组$\boldsymbol{\alpha}_1,\boldsymbol{\alpha}_2,\cdots,\boldsymbol{\alpha}_n$与向量组$\boldsymbol{\alpha}_1,\boldsymbol{\alpha}_2,\cdots,\boldsymbol{\alpha}_n,\boldsymbol{\beta}$等价.

(4)① 当$R(\boldsymbol{A})\neq R(\boldsymbol{B})$时,$\boldsymbol{A}\boldsymbol{x}=\boldsymbol{b}$无解.

② 当$R(\boldsymbol{A})=R(\boldsymbol{B})=n$时,$\boldsymbol{A}\boldsymbol{x}=\boldsymbol{b}$有唯一解.

③ 当$R(\boldsymbol{A})=R(\boldsymbol{B})=r<n$时,$\boldsymbol{A}\boldsymbol{x}=\boldsymbol{b}$有无穷多解.此时,设$\boldsymbol{\xi}_1,\boldsymbol{\xi}_2,\cdots,\boldsymbol{\xi}_{n-r}$为$\boldsymbol{A}\boldsymbol{x}=\boldsymbol{0}$的基础解系,$\boldsymbol{\eta}$为$\boldsymbol{A}\boldsymbol{x}=\boldsymbol{b}$的一个解,则$\boldsymbol{A}\boldsymbol{x}=\boldsymbol{b}$的通解为

$$\boldsymbol{x}=k_1\boldsymbol{\xi}_1+k_2\boldsymbol{\xi}_2+\cdots+k_{n-r}\boldsymbol{\xi}_{n-r}+\boldsymbol{\eta},$$

其中$k_1,k_2,\cdots,k_{n-r}$为任意常数.

注意 非齐次方程组没有基础解系和解空间的这一说法.

注 当方程组(2)中$m=n$,且系数(矩阵的)行列式$D=|\boldsymbol{A}|\neq 0$时,方程组(2)也可按克莱姆法则求解.唯一解$x_j=\dfrac{D_j}{D}\quad(j=1,2,\cdots,n)$.

4.2.3 用初等行变换求解线性方程组的方法

1. 设$R(\boldsymbol{A})=r<n$,求$\boldsymbol{A}\boldsymbol{x}=\boldsymbol{0}$的基础解系及通解

(1)对$\boldsymbol{A}$实施初等行变换,使其化为行最简形$\boldsymbol{C}$(设$\boldsymbol{C}$的左上角是r阶单位矩阵),即

$$\boldsymbol{A}\xrightarrow{\text{初等行变换}}\begin{pmatrix}1&0&\cdots&0&c_{11}&c_{12}&\cdots&c_{1,n-r}\\0&1&\cdots&0&c_{21}&c_{22}&\cdots&c_{2,n-r}\\\vdots&\vdots&&\vdots&\vdots&\vdots&&\vdots\\0&0&\cdots&1&c_{r1}&c_{r2}&\cdots&c_{r,n-r}\\0&0&\cdots&0&0&0&\cdots&0\\\vdots&\vdots&&\vdots&\vdots&\vdots&&\vdots\\0&0&\cdots&0&0&0&\cdots&0\end{pmatrix}\triangleq\boldsymbol{C}.$$

(2)得方程组的同解方程组

$$\begin{cases}x_1=-c_{11}x_{r+1}-c_{12}x_{r+2}-\cdots-c_{1,n-r}x_n\\x_2=-c_{21}x_{r+1}-c_{22}x_{r+2}-\cdots-c_{2,n-r}x_n\\\cdots\cdots\\x_r=-c_{r1}x_{r+1}-c_{r2}x_{r+2}-\cdots-c_{r,n-r}x_n\end{cases},$$

称方程组等号右端的$x_{r+1},x_{r+2},\cdots,x_n$为自由未知量.

(3)依次取$n-r$个向量$\begin{pmatrix}x_{r+1}\\x_{r+2}\\\vdots\\x_n\end{pmatrix}=\begin{pmatrix}1\\0\\\vdots\\0\end{pmatrix},\begin{pmatrix}0\\1\\\vdots\\0\end{pmatrix},\cdots,\begin{pmatrix}0\\0\\\vdots\\1\end{pmatrix}$,代入上方程组分别求出$x_1$,$x_2,\cdots,x_r$,得到$\boldsymbol{A}\boldsymbol{x}=\boldsymbol{0}$的$n-r$个非零解所组成的基础解系

$$\boldsymbol{\xi}_1=\begin{pmatrix}-c_{11}\\ \vdots\\ -c_{r1}\\ 1\\ 0\\ \vdots\\ 0\end{pmatrix},\quad \boldsymbol{\xi}_2=\begin{pmatrix}-c_{12}\\ \vdots\\ -c_{r2}\\ 0\\ 1\\ \vdots\\ 0\end{pmatrix},\quad \cdots,\quad \boldsymbol{\xi}_{n-r}=\begin{pmatrix}-c_{1,n-r}\\ \vdots\\ -c_{r,n-r}\\ 0\\ 0\\ \vdots\\ 1\end{pmatrix}.$$

注意　(1)基础解系不唯一. $\boldsymbol{Ax}=\boldsymbol{0}$ 的任意 $n-r$ 个线性无关的解都是一个基础解系.

(2)可以直接从矩阵 $\boldsymbol{C}$ 给出基础解系 $\boldsymbol{\xi}_1,\boldsymbol{\xi}_2,\cdots,\boldsymbol{\xi}_{n-r}$,只要注意到它们的前 r 个分量恰好是矩阵 $\boldsymbol{C}$ 的前 r 行、前 $n-r$ 列的各元素的反值即可.

2. $R(\boldsymbol{A})=R(\boldsymbol{B})=r<n$ 时,求 $\boldsymbol{Ax}=\boldsymbol{b}$ 的一个特解及通解

(1)对 $\boldsymbol{B}$ 施行初等行变换将其化为行最简形 $\boldsymbol{C}$(设 $\boldsymbol{C}$ 的左上角是 r 阶单位矩阵),即

$$\boldsymbol{B}\xrightarrow{\text{初等行变换}}\begin{pmatrix}1&0&\cdots&0&c_{1,r+1}&\cdots&c_{1n}&d_1\\0&1&\cdots&0&c_{2,r+1}&\cdots&c_{2n}&d_2\\ \vdots&\vdots&&\vdots&\vdots&&\vdots&\vdots\\0&0&\cdots&1&c_{r,r+1}&\cdots&c_{rn}&d_r\\0&0&\cdots&0&0&\cdots&0&0\\ \vdots&\vdots&&\vdots&\vdots&&\vdots&\vdots\\0&0&\cdots&0&0&\cdots&0&0\end{pmatrix}\triangleq\boldsymbol{C}.$$

(2)得方程组的同解方程组

$$\begin{cases}x_1=d_1-c_{11}x_{r+1}-c_{12}x_{r+2}-\cdots-c_{1,n-r}x_n\\x_2=d_2-c_{21}x_{r+1}-c_{22}x_{r+2}-\cdots-c_{2,n-r}x_n\\\cdots\cdots\\x_r=d_r-c_{r1}x_{r+1}-c_{r2}x_{r+2}-\cdots-c_{r,n-r}x_n\end{cases}.$$

(3)给出方程组的通解.

法 1　先取 $x_{r+1}=x_{r+2}=\cdots=x_n=0$ 得非齐次方程组 $\boldsymbol{Ax}=\boldsymbol{b}$ 的一个特解

$$\boldsymbol{\eta}=(d_1,d_2,\cdots,d_r,0,\cdots,0)^{\mathrm{T}};$$

再将上面方程组中 $d_1,d_2,\cdots,d_r$ 去掉得到导出组的同解方程组

$$\begin{cases}x_1=-c_{11}x_{r+1}-c_{12}x_{r+2}-\cdots-c_{1,n-r}x_n\\x_2=-c_{21}x_{r+1}-c_{22}x_{r+2}-\cdots-c_{2,n-r}x_n\\\cdots\cdots\\x_r=-c_{r1}x_{r+1}-c_{r2}x_{r+2}-\cdots-c_{r,n-r}x_n\end{cases},$$

得到基础解系 $\boldsymbol{\xi}_1,\boldsymbol{\xi}_2,\cdots,\boldsymbol{\xi}_{n-r}$;通解为

$$\boldsymbol{x}=k_1\boldsymbol{\xi}_1+k_2\boldsymbol{\xi}_2+\cdots+\boldsymbol{k}_{n-r}\boldsymbol{\xi}_{n-r}+\boldsymbol{\eta}.$$

法 2　将方程组的同解方程组中自由未知量改写,作如下变形:

$$\begin{cases} x_1 = d_1 - c_{11}k_1 - c_{12}k_2 - \cdots - c_{1,n-r}k_{n-r} \\ x_2 = d_2 - c_{21}k_1 - c_{22}k_2 - \cdots - c_{2,n-r}k_{n-r} \\ \cdots\cdots \\ x_r = d_r - c_{r1}k_1 - c_{r2}k_2 - \cdots - c_{r,n-r}k_{n-r} \\ x_{r+1} = \quad k_1 \\ x_{r+2} = \quad\quad k_2 \\ \cdots\cdots \\ x_n = \quad\quad\quad k_{n-r} \end{cases}$$

或

$$\begin{pmatrix} x_1 \\ x_2 \\ \vdots \\ x_r \\ x_{r+1} \\ x_{r+2} \\ \vdots \\ x_n \end{pmatrix} = \begin{pmatrix} d_1 - c_{11}k_1 - c_{12}k_2 - \cdots - c_{1,n-r}k_{n-r} \\ d_2 - c_{21}k_1 - c_{22}k_2 - \cdots - c_{2,n-r}k_{n-r} \\ \cdots\cdots \\ d_r - c_{r1}k_1 - c_{r2}k_2 - \cdots - c_{r,n-r}k_{n-r} \\ k_1 \\ k_2 \\ \cdots\cdots \\ k_{n-r} \end{pmatrix}$$

再将上面的右端向量分解成向量的和，即得通解 $\boldsymbol{x}=\boldsymbol{\eta}+k_1\boldsymbol{\xi}_1+k_2\boldsymbol{\xi}_2+\cdots+k_{n-r}\boldsymbol{\xi}_{n-r}$.

4.3 典型例题

例 4.1 要使 $\boldsymbol{\xi}_1=(1,0,2)^{\mathrm{T}}$，$\boldsymbol{\xi}_2=(0,1,-1)^{\mathrm{T}}$ 都是方程组 $\boldsymbol{Ax}=\boldsymbol{0}$ 的解，只要系数矩阵 $\boldsymbol{A}$ 为(　　).

A. $(-2\ \ 1\ \ 1)$　B. $\begin{pmatrix} 2 & 0 & -1 \\ 0 & 1 & 1 \end{pmatrix}$　C. $\begin{pmatrix} -1 & 0 & 2 \\ 0 & 1 & -1 \end{pmatrix}$　D. $\begin{pmatrix} 0 & 1 & -1 \\ 4 & -2 & -2 \\ 0 & 1 & 1 \end{pmatrix}$

解 A.

分析 由解形式知，未知元的个数为 3，已有 2 个线性无关解，故有 $R(\boldsymbol{A})\leqslant 3-2=1$. 许多同学习惯用推导法，其实在做选择题时代入法也很常见.

例 4.2 设 $\boldsymbol{A}=(a_{ij})_{3\times 3}$ 满足条件：①$a_{ij}=A_{ij}\ (i,j=1,2,3)$，其中 A_{ij} 是元素 a_{ij} 的代数余子式；②$a_{33}=-1$；③$|\boldsymbol{A}|=1$. 则 $\boldsymbol{AX}=\boldsymbol{\beta}$，$\boldsymbol{\beta}=(0,0,1)^{\mathrm{T}}$ 的特解是(　　).

A. $(3,5,2)^{\mathrm{T}}$　　B. $(1,2,3)^{\mathrm{T}}$　　C. $(0,0,-1)^{\mathrm{T}}$　　D. $(1,0,-1)^{\mathrm{T}}$

解 C.

分析 由 $|\boldsymbol{A}|=1$，行列式按第三行展开有

$$|\boldsymbol{A}|=a_{31}A_{31}+a_{32}A_{32}+a_{33}A_{33}=a_{31}^2+a_{32}^2+a_{33}^2=a_{31}^2+a_{32}^2+(-1)^2=1,$$

故 $a_{31}=a_{32}=0$，按第三列展开可得 $a_{13}=a_{23}=0$，于是方程组可记为

$$\begin{pmatrix} a_{11} & a_{12} & 0 \\ a_{21} & a_{22} & 0 \\ 0 & 0 & -1 \end{pmatrix}\begin{pmatrix} x_1 \\ x_2 \\ x_3 \end{pmatrix}=\begin{pmatrix} 0 \\ 0 \\ 1 \end{pmatrix},$$

只有$(0,0,-1)^T$满足方程组.

例 4.3　设 $\boldsymbol{A}$ 为 n 阶奇异方阵,$\boldsymbol{A}$ 中有一元素的代数余子式不为零,则齐次线性方程组 $\boldsymbol{AX}=\boldsymbol{0}$ 的基础解系所含解向量的个数是(　　　　).

A. i 个　　　　B. j 个　　　　C. 1 个　　　　D. n 个

解　C.

分析　$\boldsymbol{A}$ 中某一元素的代数余子式的非零性表示 $\boldsymbol{A}$ 有一个 $n-1$ 阶子式非零,即 $\boldsymbol{A}$ 的秩为 $n-1$.

评注　本题考察对奇异矩阵、代数余子式等概念的掌握.

例 4.4　已知方程组$\begin{cases} x_1+x_2-2x_3=1 \\ x_1-2x_2+x_3=2 \\ ax_1+bx_2+cx_3=d \end{cases}$的两个不同的解为 $\boldsymbol{\eta}_1=\left(2,\frac{1}{3},\frac{2}{3}\right)^T$ 和 $\boldsymbol{\eta}_2=\left(\frac{1}{3},-\frac{4}{3},-1\right)^T$,则该方程组的通解是(　　　　).

解　$k(\boldsymbol{\eta}_1-\boldsymbol{\eta}_2)+\boldsymbol{\eta}_1$,其中 k 为任意常数.

由已知,方程组有解且不唯一,故系数矩阵 $\boldsymbol{A}$ 满足 $2\leqslant R(\boldsymbol{A})<3$,即 $R(\boldsymbol{A})=2$. 对应齐次方程组的基础解系含有 $3-R(\boldsymbol{A})=3-2=1$ 个解.

评注　题目考察对解结构的掌握.

例 4.5　设 $\boldsymbol{A}=\begin{pmatrix} 1 & -2 & 2 \\ 4 & 3 & t \\ 3 & 1 & -1 \end{pmatrix}$,若 $\boldsymbol{B}_{3\times 3}\neq\boldsymbol{0}$ 满足 $\boldsymbol{AB}=\boldsymbol{O}$,则 $t=$(　　　　);$R(\boldsymbol{B})=$(　　　　).

解　-3;1.

分析　由已知,$\boldsymbol{B}$ 的每一列都是方程组 $\boldsymbol{Ax}=\boldsymbol{0}$ 的解,由 $\boldsymbol{B}\neq\boldsymbol{0}$ 知方程组有非零解,从而 $|\boldsymbol{A}|=\boldsymbol{0}$,解得 t 的值,进而计算出 $\boldsymbol{A}$ 的秩为 2,则 $\boldsymbol{B}$ 的秩为 1.

评注　题目强调矩阵方程与线性方程组之间的关联.

例 4.6　设四元非齐次方程组 $\boldsymbol{Ax}=\boldsymbol{b}$ 满足:$R(\boldsymbol{A})=3$;$\boldsymbol{\eta}_1,\boldsymbol{\eta}_2,\boldsymbol{\eta}_3$ 是其三个解,且 $\boldsymbol{\eta}_1=(2,3,4,5)^T$,$\boldsymbol{\eta}_2+\boldsymbol{\eta}_3=(1,2,3,4)^T$,则方程组的通解为(　　　　).

解　$(2,3,4,5)^T+k\left(\frac{3}{2},2,\frac{5}{2},3\right)^T$.

分析　由于 $R(\boldsymbol{A})=3$,所以方程组 $\boldsymbol{Ax}=\boldsymbol{0}$ 的基础解系含有 $4-3=1$ 个解向量. 又 $\boldsymbol{\eta}_1$ 和 $\frac{1}{2}(\boldsymbol{\eta}_2+\boldsymbol{\eta}_3)$ 可作为 $\boldsymbol{AX}=\boldsymbol{\beta}$ 的解,从而它们的差 $\left(\frac{3}{2},2,\frac{5}{2},3\right)^T$ 是 $\boldsymbol{Ax}=\boldsymbol{0}$ 的基础解系.

例 4.7　设 $\boldsymbol{\eta}^*$ 是非齐次线性方程组 $\boldsymbol{Ax}=\boldsymbol{b}$ 的一个解,$\xi_1,\xi_2,\cdots,\xi_{n-r}$ 构成对应 $\boldsymbol{Ax}=\boldsymbol{0}$ 的一个基础解系,则有

(1)$\boldsymbol{\eta}^*,\xi_1,\xi_2,\cdots,\xi_{n-r}$ 线性无关;

(2)$\boldsymbol{\eta}^*,\boldsymbol{\eta}^*+\xi_1,\boldsymbol{\eta}^*+\xi_2,\cdots,\boldsymbol{\eta}^*+\xi_{n-r}$ 线性无关.

证　(1)设一组数 $k,k_1,k_2,\cdots,k_{n-r}$,使得

$$k\boldsymbol{\eta}^*+k_1\boldsymbol{\xi}_1+k_2\boldsymbol{\xi}_2+\cdots+k_{n-r}\boldsymbol{\xi}_{n-r}=\boldsymbol{0},$$

上式两边左乘 $\boldsymbol{A}$,有

$$k\boldsymbol{A\eta}^* + \sum_{i=1}^{n-r} k_i \boldsymbol{A\xi}_i = \boldsymbol{0},$$

因 $\boldsymbol{A\xi}_i=\boldsymbol{0}$,$(i=1,2,\cdots,n-r)$,$\boldsymbol{A\eta}^*=\boldsymbol{\beta}$,所以上式变为 $k\boldsymbol{\beta}=\boldsymbol{0}$,由 $\boldsymbol{\beta}\neq 0$ 知 $k=0$,从而上式变为

$$k_1\boldsymbol{\xi}_1+k_2\boldsymbol{\xi}_2+\cdots+k_{n-r}\boldsymbol{\xi}_{n-r}=\boldsymbol{0},$$

因 $\boldsymbol{\xi}_1,\boldsymbol{\xi}_2,\cdots,\boldsymbol{\xi}_{n-r}$ 线性无关,所以有 $k_1=k_2=\cdots=k_{n-r}=0$,故 $k=k_1=k_2=\cdots=k_{n-r}=0$,即 $\boldsymbol{\eta}^*,\boldsymbol{\xi}_1,\boldsymbol{\xi}_2,\cdots,\boldsymbol{\xi}_{n-r}$ 线性无关.

(2)设有数 $\lambda,\lambda_1,\lambda_2,\cdots,\lambda_{n-r}$,使得

$$\lambda\boldsymbol{\eta}^*+\lambda_1(\boldsymbol{\eta}^*+\boldsymbol{\xi}_1)+\lambda_2(\boldsymbol{\eta}^*+\boldsymbol{\xi}_2)+\cdots+\lambda_{n-r}(\boldsymbol{\eta}^*+\boldsymbol{\xi}_{n-r})=\boldsymbol{0},$$

即
$$\left(\lambda+\sum_{i=1}^{n-r}\lambda_i\right)\boldsymbol{\eta}^*+\sum_{i=1}^{n-r}\lambda_i\boldsymbol{\xi}_i=\boldsymbol{0}.$$

两边左乘 $\boldsymbol{A}$,有
$$\left(\lambda+\sum_{i=1}^{n-r}\lambda_i\right)\boldsymbol{A\eta}^*+\sum_{i=1}^{n-r}\lambda_i\boldsymbol{A\xi}_i=\boldsymbol{0},$$

由于
$$\boldsymbol{A\xi}_i=\boldsymbol{0}\quad(i=1,2,\cdots,n-r)\quad \boldsymbol{A\eta}^*=\boldsymbol{\beta}\neq\boldsymbol{0},$$

所以
$$\lambda+\sum_{i=1}^{n-r}\lambda_i=0,$$

进一步 $\sum_{i=1}^{n-r}\lambda_i\boldsymbol{\xi}_i=\boldsymbol{0}$,因为 $\boldsymbol{\xi}_1,\boldsymbol{\xi}_2,\cdots,\boldsymbol{\xi}_{n-r}$ 线性无关,所以有 $\lambda_1=\lambda_2=\cdots=\lambda_{n-r}=0$,从而有 $\lambda=0$,故 $\boldsymbol{\eta}^*,\boldsymbol{\eta}^*+\boldsymbol{\xi}_1,\boldsymbol{\eta}^*+\boldsymbol{\xi}_2,\cdots,\boldsymbol{\eta}^*+\boldsymbol{\xi}_{n-r}$ 线性无关.

评注 题目强调基础解系的线性无关性.

例 4.8 设 $\boldsymbol{\alpha}_1=\begin{pmatrix}a_1\\a_2\\a_3\end{pmatrix}$,$\boldsymbol{\alpha}_2=\begin{pmatrix}b_1\\b_2\\b_3\end{pmatrix}$,$\boldsymbol{\alpha}_3=\begin{pmatrix}c_1\\c_2\\c_3\end{pmatrix}$,则三条直线 $a_1x+b_1y+c_1=0$,$a_2x+b_2y+c_2=0$,$a_3x+b_3y+c_3=0$(其中 $a_i^2+b_i^2\neq0,\quad i=1,2,3$)
交于一点的充分必要条件是:向量组 $\boldsymbol{\alpha}_1,\boldsymbol{\alpha}_2,\boldsymbol{\alpha}_3$ 线性相关,$\boldsymbol{\alpha}_1,\boldsymbol{\alpha}_2$ 线性无关.

证 三条直线交于一点的充分必要条件是方程组

$$\begin{cases}a_1x+b_1y=-c_1\\a_2x+b_2y=-c_2\\a_3x+b_3y=-c_3\end{cases}$$

有唯一解,而方程组有唯一解的充分必要条件是系数矩阵的秩与增广矩阵的秩相等且等于未知量的个数,即记

$$\boldsymbol{A}=\begin{pmatrix}a_1&b_1\\a_2&b_2\\a_3&b_3\end{pmatrix},\quad \boldsymbol{B}=\begin{pmatrix}a_1&b_1&c_1\\a_2&b_2&c_2\\a_3&b_3&c_3\end{pmatrix}$$

有 $R(\boldsymbol{A})=R(\boldsymbol{B})=2$,故 $\boldsymbol{\alpha}_1,\boldsymbol{\alpha}_2,\boldsymbol{\alpha}_3$ 线性相关,而 $\boldsymbol{\alpha}_1,\boldsymbol{\alpha}_2$ 线性无关.

评注 本题将线性方程组、向量、矩阵以及解析几何的内容融合在一起.

例 4.9 设齐次线性方程组 $\boldsymbol{Ax}=\boldsymbol{0}$ 的系数行列式 $|\boldsymbol{A}|=0$,$\boldsymbol{A}$ 中元素 a_{ij} 的代数余子式 A_{ij}

$\neq 0(i,j=1,2,\cdots,n)$. 证明：向量$(A_{i1},A_{i2},\cdots,A_{in})^{\mathrm{T}}(i=1,2,\cdots,n)$都是方程组的基础解系.

证　首先，由$|\boldsymbol{A}|=0$，故$\boldsymbol{A}\boldsymbol{A}^*=|\boldsymbol{A}|\boldsymbol{E}=\boldsymbol{O}$，即$\boldsymbol{A}(A_{i1},A_{i2},\cdots,A_{in})^{\mathrm{T}}=\boldsymbol{O}$，于是

$$(A_{i1},A_{i2},\cdots,A_{in})^{\mathrm{T}}\quad(i=1,2,\cdots,n)$$

都是$\boldsymbol{Ax}=\boldsymbol{0}$的解.

其次，由于$A_{ij}\neq 0(i,j=1,2,\cdots,n)$，所以$(A_{i1},A_{i2},\cdots,A_{in})^{\mathrm{T}}(i=1,2,\cdots,n)$是非零向量，而单个非零向量必线性无关.

最后，因为$|\boldsymbol{A}|=0$，$A_{ij}\neq 0$，故$\boldsymbol{A}$中不为零的子式的最高阶数是$n-1$，即$R(\boldsymbol{A})=n-1$，从而基础解系包含$n-R(\boldsymbol{A})=n-(n-1)=1$个解.

于是，向量$(A_{i1},A_{i2},\cdots,A_{in})^{\mathrm{T}}(i=1,2,\cdots,n)$是方程组的基础解系.

评注　*题目考察对解的结论的掌握和伴随矩阵的性质.*

***例 4.10**　设n元非齐次线性方程组$\boldsymbol{Ax}=\boldsymbol{b}$的系数矩阵的秩是$r$，$\boldsymbol{\eta}_1,\boldsymbol{\eta}_2,\cdots,\boldsymbol{\eta}_{n-r+1}$是它的$n-r+1$个线性无关解，试证它的任一个解可表示为

$$\boldsymbol{x}=k_1\boldsymbol{\eta}_1+k_2\boldsymbol{\eta}_2+\cdots+k_{n-r+1}\boldsymbol{\eta}_{n-r+1}\quad(k_1+k_2+\cdots+k_{n-r+1}=1).$$

证　由线性方程组解的性质可知$\boldsymbol{\eta}_1-\boldsymbol{\eta}_{n-r+1},\boldsymbol{\eta}_2-\boldsymbol{\eta}_{n-r+1},\cdots,\boldsymbol{\eta}_{n-r}-\boldsymbol{\eta}_{n-r+1}$是$\boldsymbol{Ax}=\boldsymbol{0}$的$n-r$个解，下证它们线性无关.

设$n-r$个常数$\lambda_1,\lambda_2,\cdots,\lambda_{n-r}$，使得

$$\lambda_1(\boldsymbol{\eta}_1-\boldsymbol{\eta}_{n-r+1})+\lambda_2(\boldsymbol{\eta}_2-\boldsymbol{\eta}_{n-r+1})+\cdots+\lambda_{n-r}(\boldsymbol{\eta}_{n-r}-\boldsymbol{\eta}_{n-r+1})=\boldsymbol{0},$$

即

$$\lambda_1\boldsymbol{\eta}_1+\lambda_2\boldsymbol{\eta}_2+\cdots+\lambda_{n-r}\boldsymbol{\eta}_{n-r}-(\lambda_1+\lambda_2+\cdots+\lambda_{n-r})\boldsymbol{\eta}_{n-r+1}=\boldsymbol{0}.$$

因为$\boldsymbol{\eta}_1,\boldsymbol{\eta}_2,\cdots,\boldsymbol{\eta}_{n-r+1}$线性无关，所以

$$\lambda_1=\lambda_2=\cdots=\lambda_{n-r}=-(\lambda_1+\lambda_2+\cdots+\lambda_{n-r})=0,$$

从而$\boldsymbol{\eta}_1-\boldsymbol{\eta}_{n-r+1},\boldsymbol{\eta}_2-\boldsymbol{\eta}_{n-r+1},\cdots,\boldsymbol{\eta}_{n-r}-\boldsymbol{\eta}_{n-r+1}$线性无关.

又因为$R(\boldsymbol{A})=r$，所以$\boldsymbol{Ax}=\boldsymbol{0}$的基础解系含有$n-r$个解. 从而$\boldsymbol{\eta}_1-\boldsymbol{\eta}_{n-r+1},\boldsymbol{\eta}_2-\boldsymbol{\eta}_{n-r+1},\cdots,\boldsymbol{\eta}_{n-r}-\boldsymbol{\eta}_{n-r+1}$可作为$\boldsymbol{Ax}=\boldsymbol{0}$的一个基础解系.

再由$\boldsymbol{Ax}=\boldsymbol{b}$的解结构知其通解为

$$\begin{aligned}\boldsymbol{x}&=k_1(\boldsymbol{\eta}_1-\boldsymbol{\eta}_{n-r+1})+k_2(\boldsymbol{\eta}_2-\boldsymbol{\eta}_{n-r+1})+\cdots+k_{n-r}(\boldsymbol{\eta}_{n-r}-\boldsymbol{\eta}_{n-r+1})+\boldsymbol{\eta}_{n-r+1}\\&=k_1\boldsymbol{\eta}_1+k_2\boldsymbol{\eta}_2+\cdots+k_{n-r}\boldsymbol{\eta}_{n-r}+(1-k_1-k_2-\cdots-k_{n-r})\boldsymbol{\eta}_{n-r+1}\end{aligned}$$

令$1-k_1-k_2-\cdots-k_{n-r}=k_{n-r+1}$，则$\boldsymbol{x}=k_1\boldsymbol{\eta}_1+k_2\boldsymbol{\eta}_2+\cdots+k_{n-r}\boldsymbol{\eta}_{n-r}+k_{n-r+1}\boldsymbol{\eta}_{n-r+1}$.

4.4　自　测　题

自 测 题 1

一、完成下列各题

1. 已知$\boldsymbol{\eta}_1,\boldsymbol{\eta}_2,\boldsymbol{\eta}_3,\boldsymbol{\eta}_4$是方程组$\boldsymbol{Ax}=\boldsymbol{0}$的基础解系，则方程组$\boldsymbol{Ax}=\boldsymbol{0}$的基础解系还可以选用(　　　　).

A. $\boldsymbol{\eta}_1+\boldsymbol{\eta}_2,\boldsymbol{\eta}_2+\boldsymbol{\eta}_3,\boldsymbol{\eta}_3+\boldsymbol{\eta}_4,\boldsymbol{\eta}_4+\boldsymbol{\eta}_1$

B. $\boldsymbol{\eta}_1,\boldsymbol{\eta}_2,\boldsymbol{\eta}_3,\boldsymbol{\eta}_4$的一个等价向量组

C. $\boldsymbol{\eta}_1,\boldsymbol{\eta}_2,\boldsymbol{\eta}_3,\boldsymbol{\eta}_4$ 的一个等秩向量组

D. $\boldsymbol{\eta}_1,\boldsymbol{\eta}_1+\boldsymbol{\eta}_2,\boldsymbol{\eta}_1+\boldsymbol{\eta}_2+\boldsymbol{\eta}_3,\boldsymbol{\eta}_1+\boldsymbol{\eta}_2+\boldsymbol{\eta}_3+\boldsymbol{\eta}_4$

2. 齐次线性方程组 $\begin{cases}\lambda x_1+x_2+\lambda^2x_3=0\\ x_1+\lambda x_2+x_3=0\\ x_1+\lambda x_2+\lambda x_3=0\end{cases}$ 的系数矩阵为 $\boldsymbol{A}$,若存在三阶矩阵 $\boldsymbol{B}\neq\boldsymbol{O}$,使得 $\boldsymbol{AB}=\boldsymbol{O}$,则(　　).

A. $\lambda=-2$ 且 $|\boldsymbol{B}|\neq0$　　　　B. $\lambda=-2$ 且 $|\boldsymbol{B}|=0$

C. $\lambda=1$ 且 $|\boldsymbol{B}|=0$　　　　D. $\lambda=1$ 且 $|\boldsymbol{B}|\neq0$

3. 设 $\boldsymbol{A}$ 是 $m\times n$ 矩阵,则齐次线性方程组 $\boldsymbol{Ax}=\boldsymbol{0}$ 仅有零解的充分条件是(　　).

A. $\boldsymbol{A}$ 的列向量线性无关　　　　B. $\boldsymbol{A}$ 的列向量线性相关

C. $\boldsymbol{A}$ 的行向量线性无关　　　　D. $\boldsymbol{A}$ 的行向量线性相关

4. n 元齐次线性方程组 $\boldsymbol{Ax}=\boldsymbol{0}$ 有非零解的充要条件为(　　). 当 $R(\boldsymbol{A})=r<n$ 时,基础解系中含向量个数为(　　).

5. 任何 n 维向量 $\boldsymbol{x}$ 都是方程组 $\boldsymbol{Ax}=\boldsymbol{0}$ 的解,则 $\boldsymbol{A}=$(　　).

6. 设 n 阶矩阵 $\boldsymbol{A}$ 的各行元素之和为 0,且 $\boldsymbol{A}$ 的秩为 $n-1$,则 $\boldsymbol{Ax}=\boldsymbol{0}$ 的通解为(　　).

二、完成下列各题

1. 解下列齐次线性方程组:

(1) $\begin{cases}x_1+2x_2-3x_3-x_4=0\\ 2x_1+3x_2+x_3+3x_4=0\\ -x_1-2x_2+4x_3-5x_4=0\\ 2x_1+3x_2+2x_3-3x_4=0\end{cases}$;

(2) $\begin{cases}x_1+2x_2+x_3+x_4+x_5=0\\ 2x_1+4x_2+3x_3+x_4+x_5=0\\ -x_1-2x_2+x_3+3x_4-3x_5=0\\ 2x_3+5x_4-2x_5=0\end{cases}$.

2. 设有齐次线性方程组 $\begin{cases}x_1+x_2+x_3=0\\ x_1+\lambda^2x_2+x_3=0\\ x_1+x_2+\lambda x_3=0\end{cases}$,问 λ 为何值时,方程组只有零解? λ 为何值时,方程组有无穷多解? 有无穷多解时求通解.

3. 设 $\boldsymbol{A}$ 为 $m\times n$ 矩阵,$\boldsymbol{B}$ 是 $n\times s$ 矩阵. 若 $\boldsymbol{AB}=\boldsymbol{O}$,则 $R(\boldsymbol{A})+R(\boldsymbol{B})\leqslant n$.

4. 设 $\boldsymbol{A}^*$ 是 $n(n\geqslant2)$ 阶方阵 $\boldsymbol{A}$ 的伴随矩阵,证明:$R(\boldsymbol{A}^*)=\begin{cases}n & 当\ R(\boldsymbol{A})=n\\ 1 & 当\ R(\boldsymbol{A})=n-1\\ 0 & 当\ R(\boldsymbol{A})<n-1\end{cases}$.

自 测 题 2

一、完成下列各题

1. n 元非齐次线性方程组 $\boldsymbol{Ax}=\boldsymbol{b}$ 的增广矩阵为 $\boldsymbol{B}=(\boldsymbol{A}\ \boldsymbol{b})$,当(　　)时方程组

无解，当(　　　　)时方程组有唯一解，当(　　　　)时方程组有无穷多解．当 $R(\boldsymbol{A})=R(\boldsymbol{B})=r<n$ 时，若 $\xi_1,\xi_2,\cdots,\xi_{n-r}$ 为 $\boldsymbol{Ax}=\boldsymbol{0}$ 的基础解系，$\boldsymbol{\eta}$ 为 $\boldsymbol{Ax}=\boldsymbol{b}$ 的解，则 $\boldsymbol{Ax}=\boldsymbol{b}$ 的通解为 $\boldsymbol{x}=$(　　　　).

2. 若线性方程组 $\begin{cases} x_1+x_2=-a_1 \\ x_2+x_3=a_2 \\ x_3+x_4=-a_3 \\ x_4+x_1=a_4 \end{cases}$ 有解，则常数 a_1,a_2,a_3,a_4 应满足条件(　　　　).

3. 非齐次线性方程组 $\boldsymbol{Ax}=\boldsymbol{b}$ 中未知量的个数为 n，方程个数为 m，系数矩阵 $\boldsymbol{A}$ 的秩为 r，则(　　　　).

A. $r=m$ 时，$\boldsymbol{Ax}=\boldsymbol{b}$ 有解　　B. $r=n$ 时，$\boldsymbol{Ax}=\boldsymbol{b}$ 有唯一解

C. $m=n$ 时，$\boldsymbol{Ax}=\boldsymbol{b}$ 有唯一解　　D. $r<n$ 时，$\boldsymbol{Ax}=\boldsymbol{b}$ 有无穷多解

4. 对于 n 元方程组，下列命题正确的是(　　　　).

A. 若 $\boldsymbol{Ax}=\boldsymbol{0}$ 只有零解，则 $\boldsymbol{Ax}=\boldsymbol{b}$ 有唯一解

B. $\boldsymbol{Ax}=\boldsymbol{0}$ 有非零解的充分必要条件是 $|\boldsymbol{A}|=0$

C. $\boldsymbol{Ax}=\boldsymbol{b}$ 有唯一解的充分必要条件是 $r(\boldsymbol{A})=n$

D. 若 $\boldsymbol{Ax}=\boldsymbol{b}$ 有两个不同的解，则 $\boldsymbol{Ax}=\boldsymbol{0}$ 有无穷多解

5. 设 $\boldsymbol{A}$ 是 $m\times n$ 矩阵，$\boldsymbol{Ax}=\boldsymbol{0}$ 是非齐次线性方程组 $\boldsymbol{Ax}=\boldsymbol{b}$ 所对应的齐次线性方程组，则下列结论正确的是(　　　　).

A. 若 $\boldsymbol{Ax}=\boldsymbol{0}$ 仅有零解，则 $\boldsymbol{Ax}=\boldsymbol{b}$ 有唯一解

B. 若 $\boldsymbol{Ax}=\boldsymbol{0}$ 有非零解，则 $\boldsymbol{Ax}=\boldsymbol{b}$ 有无穷多个解

C. 若 $\boldsymbol{Ax}=\boldsymbol{b}$ 有无穷多个解，则 $\boldsymbol{Ax}=\boldsymbol{0}$ 仅有零解

D. 若 $\boldsymbol{Ax}=\boldsymbol{b}$ 有无穷多个解，则 $\boldsymbol{Ax}=\boldsymbol{0}$ 有非零解

二、完成下列各题

1. 解下列非齐次线性方程组：

(1) $\begin{cases} x_1+x_2+x_3=0 \\ x_1+x_2-x_3-x_4-2x_5=1 \\ 2x_1+2x_2-x_4-2x_5=1 \\ 5x_1+5x_2-3x_3-4x_4-8x_5=4 \end{cases}$;

(2) $\begin{cases} 4x_1-x_2-x_3=0 \\ -x_1+4x_2-x_4=6 \\ -x_1+4x_3-x_4=6 \\ x_2+x_3-4x_4=0 \end{cases}$.

2. 对不同的 λ 值，讨论下列方程组解的情况，并在有解时求出解：

(1) $\begin{cases} -2x_1+x_2+x_3=-2 \\ x_1-2x_2+x_3=\lambda \\ x_1+x_2-2x_3-x_4=\lambda^2 \end{cases}$;　　(2) $\begin{cases} \lambda x_1+x_2+x_3=1 \\ x_1+\lambda x_2+x_3=\lambda \\ x_1+x_2+\lambda x_3=\lambda^2 \end{cases}$.

3. 设四元非齐次线性方程组的系数矩阵的秩为 3，已知 $\boldsymbol{\eta}_1,\boldsymbol{\eta}_2,\boldsymbol{\eta}_3$ 是它的三个解，且

$$\boldsymbol{\eta}_1+\boldsymbol{\eta}_2=\begin{pmatrix}5\\6\\7\\8\end{pmatrix},\quad \boldsymbol{\eta}_3=\begin{pmatrix}1\\2\\3\\4\end{pmatrix},$$

求该方程组的通解.

4. 设 $\boldsymbol{\eta}^*$ 是非齐次方程组 $\boldsymbol{Ax}=\boldsymbol{b}$ 的一个解，$\xi_1,\xi_2,\cdots,\xi_{n-r}$ 是对应的齐次线性方程组的一个基础解系，令 $\boldsymbol{\eta}_1=\boldsymbol{\eta}^*,\boldsymbol{\eta}_2=\xi_1+\boldsymbol{\eta}^*,\cdots,\boldsymbol{\eta}_{n-r+1}=\xi_{n-r}+\boldsymbol{\eta}^*$，

证明：(1) $\boldsymbol{\eta}_1,\boldsymbol{\eta}_2,\cdots,\boldsymbol{\eta}_{n-r+1}$ 线性无关；

(2)非齐次方程组 $\boldsymbol{Ax}=\boldsymbol{b}$ 的任一个解都可表示为

$$\boldsymbol{\eta}=k_1\boldsymbol{\eta}_1+k_2\boldsymbol{\eta}_2+\cdots+k_{n-r+1}\boldsymbol{\eta}_{n-r+1},$$

其中 $k_1+k_2+\cdots+k_{n-r+1}=1$.

自 测 题 3

1. 已知 $\boldsymbol{\beta}_1,\boldsymbol{\beta}_2$ 是非齐次线性方程组 $\boldsymbol{Ax}=\boldsymbol{b}$ 的两个不同的解，$\boldsymbol{\alpha}_1,\boldsymbol{\alpha}_2$ 是对应齐次线性方程组 $\boldsymbol{Ax}=\boldsymbol{0}$ 的基础解系，k_1,k_2 为任意常数，则方程组 $\boldsymbol{Ax}=\boldsymbol{b}$ 的通解必是(　　).

A. $k_1\boldsymbol{\alpha}_1+k_2(\boldsymbol{\alpha}_1+\boldsymbol{\alpha}_2)+\dfrac{\boldsymbol{\beta}_1-\boldsymbol{\beta}_2}{2}$　　B. $k_1\boldsymbol{\alpha}_1+k_2(\boldsymbol{\alpha}_1-\boldsymbol{\alpha}_2)+\dfrac{\boldsymbol{\beta}_1+\boldsymbol{\beta}_2}{2}$

C. $k_1\boldsymbol{\alpha}_1+k_2(\boldsymbol{\beta}_1+\boldsymbol{\beta}_2)+\dfrac{\boldsymbol{\beta}_1-\boldsymbol{\beta}_2}{2}$　　D. $k_1\boldsymbol{\alpha}_1+k_2(\boldsymbol{\beta}_1-\boldsymbol{\beta}_2)+\dfrac{\boldsymbol{\beta}_1+\boldsymbol{\beta}_2}{2}$

2. 已知 $\boldsymbol{\alpha}_1=(1,0,2,3),\boldsymbol{\alpha}_2=(1,1,3,5),\boldsymbol{\alpha}_3=(1,-1,a+2,1),\boldsymbol{\alpha}_4=(1,2,4,a+8)$，$\boldsymbol{\beta}=(1,1,b+3,5)$.

(1) a,b 为何值时，$\boldsymbol{\beta}$ 不能表示成 $\boldsymbol{\alpha}_1,\boldsymbol{\alpha}_2,\boldsymbol{\alpha}_3,\boldsymbol{\alpha}_4$ 的线性组合；

(2) a,b 为何值时，$\boldsymbol{\beta}$ 有 $\boldsymbol{\alpha}_1,\boldsymbol{\alpha}_2,\boldsymbol{\alpha}_3,\boldsymbol{\alpha}_4$ 的唯一线性表示式？并写出该表示式.

3. 已知三阶矩阵 $\boldsymbol{B}\neq 0$，且 $\boldsymbol{B}$ 的每一个列向量都是方程组 $\begin{cases}x_1+2x_2-2x_3=0\\2x_1-x_2+\lambda x_3=0\\3x_1+x_2-x_3=0\end{cases}$ 的解.

(1)求 λ 的值；　　　　(2)证明 $|\boldsymbol{B}|=0$.

4. 设四元线性方程组为(I)：$\begin{cases}x_1+x_2=0\\x_2-x_4=0\end{cases}$，又已知某线性齐次方程组(II)的通解为

$$k_1\begin{pmatrix}0\\1\\1\\0\end{pmatrix}+k_2\begin{pmatrix}-1\\2\\2\\1\end{pmatrix}.$$

(1)求(I)的基础解系；

(2)(I)和(II)是否有非零的公共解？若有，则求出所有非零公共解；若无，则说明理由.

5. 已知齐次线性方程组

$$\begin{cases}(a_1+b)x_1+a_2x+\cdots+a_nx_n=0\\a_1x_1+(a_2+b)x+\cdots+a_nx_n=0\\\cdots\cdots\\a_1x_1+a_2x_2+\cdots+(a_n+b)x_n=0\end{cases},$$

其中 $\sum_{i=1}^{n}a_i\neq 0$，试讨论 $a_1,a_2,\cdots,a_n$ 和 b 满足何种关系时，

(1)方程组只有零解；

(2)方程组有非零解，在有非零解时，求此方程组的一个基础解系.

6. 设齐次线性方程组

$$\begin{cases}ax_1+bx_2+bx_3+\cdots+bx_n=0\\bx_1+ax_2+bx_3+\cdots+bx_n=0\\\cdots\cdots\\bx_1+bx_2+bx_3+\cdots+ax_n=0\end{cases},$$

其中 $a\neq 0,b\neq 0,n\geqslant 2$. 试讨论 a,b 为何值时，方程组仅有零解，有无穷多个解？在有无穷多组解时，求出全部解，并用基础解系表示全部解.

7. 设四元齐次方程组(I)为 $\begin{cases}2x_1+3x_2-x_3=0\\x_1+2x_2+x_3-x_4=0\end{cases}$，且已知另一四元齐次线性方程组(II)的一个基础解系为 $\boldsymbol{\alpha}_1=(2,-1,a+2,1)^{\mathrm{T}}$，$\boldsymbol{\alpha}_2=(-1,2,4,a+8)^{\mathrm{T}}$.

(1)求方程组(I)的一个基础解系；

(2)当 a 为何值时，方程组(I)与(II)有非零公共解？

第5章 相似矩阵与二次型

5.1 基本要求

(1)了解内积的概念,掌握线性无关向量组正交规范化的施密特(Schmidt)正交化方法.

(2)了解规范正交基、正交矩阵以及它们的性质.

(3)理解矩阵的特征值和特征向量的概念及性质,会求矩阵的特征值和特征向量.

(4)了解相似矩阵的概念、性质及矩阵可相似对角化的充分必要条件,掌握将矩阵化为相似对角矩阵的方法.

(5)掌握实对称矩阵的特征值和特征向量的性质.

(6)掌握二次型及其矩阵表示,了解二次型秩的概念,了解合同变换和合同矩阵的概念,了解二次型的标准形、规范形的概念以及惯性定理.

(7)掌握用正交变换化二次型为标准形的方法,会用配方法化二次型为标准形.

(8)了解二次型和对应矩阵的正定性及其判别法.

5.2 知识要点

5.2.1 欧氏空间

1. 基本概念

(1)**内积**.设 $\boldsymbol{\alpha},\boldsymbol{\beta}$ 为两个 n 维向量,$\boldsymbol{\alpha}=(a_1,a_2,\cdots,a_n)^{\mathrm{T}}$,$\boldsymbol{\beta}=(b_1,b_2,\cdots,b_n)^{\mathrm{T}}$,称

$$a_1b_1+a_2b_2+\cdots+a_nb_n$$

为 n 维向量 $\boldsymbol{\alpha}$ 与 $\boldsymbol{\beta}$ 的内积,记为$\langle\boldsymbol{\alpha},\boldsymbol{\beta}\rangle$.

(2)**长度(或范数)**.设 n 维向量 $\boldsymbol{\alpha}=(a_1,a_2,\cdots,a_n)^{\mathrm{T}}$,称

$$\sqrt{\langle\boldsymbol{\alpha},\boldsymbol{\alpha}\rangle}=\sqrt{a_1^2+a_2^2+\cdots+a_n^2}$$

为向量 $\boldsymbol{\alpha}$ 的长度(或范数),记为 $\|\boldsymbol{\alpha}\|=\sqrt{\langle\boldsymbol{\alpha},\boldsymbol{\alpha}\rangle}=\sqrt{a_1^2+a_2^2+\cdots+a_n^2}$.

(3)**向量正交**.若 $\boldsymbol{\alpha}\neq\boldsymbol{0},\boldsymbol{\beta}\neq\boldsymbol{0}$,则称

$$\theta=\arccos\frac{\langle\boldsymbol{\alpha},\boldsymbol{\beta}\rangle}{\|\boldsymbol{\alpha}\|\|\boldsymbol{\beta}\|}$$

为向量 $\boldsymbol{\alpha}$ 与 $\boldsymbol{\beta}$ 的夹角.规定零向量和任一向量的夹角为任意角.若$\langle\boldsymbol{\alpha},\boldsymbol{\beta}\rangle=0$,称 $\boldsymbol{\alpha}$ 与 $\boldsymbol{\beta}$ 正交.

(4)**正交向量组**.称由两两正交的非零向量组成的向量组为正交向量组.

(5)**欧氏空间、标准正交基.** 引入内积后的向量空间称为欧几里得(Euclid)空间，简称欧氏空间. 设 $\boldsymbol{\varepsilon}_1,\boldsymbol{\varepsilon}_2,\cdots,\boldsymbol{\varepsilon}_n$ 是欧氏空间 V 的一个基，若 $\boldsymbol{\varepsilon}_1,\boldsymbol{\varepsilon}_2,\cdots,\boldsymbol{\varepsilon}_n$ 为正交向量组，且都为单位向量，则称 $\boldsymbol{\varepsilon}_1,\boldsymbol{\varepsilon}_2,\cdots,\boldsymbol{\varepsilon}_n$ 为 V 的一个正交规范基或标准正交基.

(6)**正交矩阵、正交线性变换.** $\boldsymbol{P}$ 为 n 阶方阵，若 $\boldsymbol{P}\boldsymbol{P}^{\mathrm{T}}=\boldsymbol{E}$，即 $\boldsymbol{P}^{\mathrm{T}}=\boldsymbol{P}^{-1}$，则称 $\boldsymbol{P}$ 为正交矩阵. 若 $\boldsymbol{P}$ 为正交矩阵，称 $\boldsymbol{y}=\boldsymbol{P}\boldsymbol{x}$ 为正交线性变换.

2. 性质

性质 1(内积性质)　设 $\boldsymbol{\alpha},\boldsymbol{\beta},\boldsymbol{\gamma}$ 为任意三个 n 维向量，k 为任意实数，则

(1)$\langle\boldsymbol{\alpha},\boldsymbol{\beta}\rangle=\langle\boldsymbol{\beta},\boldsymbol{\alpha}\rangle$；

(2)$\langle k\boldsymbol{\alpha},\boldsymbol{\beta}\rangle=k\langle\boldsymbol{\alpha},\boldsymbol{\beta}\rangle$；

(3)$\langle\boldsymbol{\alpha}+\boldsymbol{\beta},\gamma\rangle=\langle\boldsymbol{\alpha},\gamma\rangle+\langle\boldsymbol{\beta},\gamma\rangle$；

(4)$\langle\boldsymbol{\alpha},\boldsymbol{\alpha}\rangle\geqslant 0$，当且仅当 $\boldsymbol{\alpha}=0$ 时等号成立；

(5)$\langle\boldsymbol{\alpha},\boldsymbol{\beta}\rangle^2\leqslant\langle\boldsymbol{\alpha},\boldsymbol{\alpha}\rangle\langle\boldsymbol{\beta},\boldsymbol{\beta}\rangle$(称之为柯西-施瓦茨不等式).

性质 2(范数性质)　设 $\boldsymbol{\alpha},\boldsymbol{\beta}$ 为任意两个 n 维向量，k 为任意实数，则

(1)非负性：$\|\boldsymbol{\alpha}\|\geqslant 0$，当且仅当 $\boldsymbol{\alpha}=0$ 时等号成立；

(2)齐次性：$\|k\boldsymbol{\alpha}\|=|k|\,\|\boldsymbol{\alpha}\|$；

(3)三角不等式：$\|\boldsymbol{\alpha}+\boldsymbol{\beta}\|\leqslant\|\boldsymbol{\alpha}\|+\|\boldsymbol{\beta}\|$.

3. 定理

定理 1　若 $\boldsymbol{\alpha}_1,\boldsymbol{\alpha}_2,\cdots,\boldsymbol{\alpha}_m$ 为正交向量组，则 $\boldsymbol{\alpha}_1,\boldsymbol{\alpha}_2,\cdots,\boldsymbol{\alpha}_m$ 线性无关.

注　反之不一定，如(1,0),(1,1)线性无关，但不正交.

定理 2　设 $\boldsymbol{\alpha}_1,\boldsymbol{\alpha}_2,\cdots,\boldsymbol{\alpha}_m$ 为线性无关的向量组，令

$$\boldsymbol{\beta}_1=\boldsymbol{\alpha}_1$$

$$\boldsymbol{\beta}_2=\boldsymbol{\alpha}_2-\frac{\langle\boldsymbol{\alpha}_2,\boldsymbol{\beta}_1\rangle}{\langle\boldsymbol{\beta}_1,\boldsymbol{\beta}_1\rangle}\boldsymbol{\beta}_1$$

$$\cdots\cdots$$

$$\boldsymbol{\beta}_m=\boldsymbol{\alpha}_m-\frac{\langle\boldsymbol{\alpha}_m,\boldsymbol{\beta}_1\rangle}{\langle\boldsymbol{\beta}_1,\boldsymbol{\beta}_1\rangle}\boldsymbol{\beta}_1-\frac{\langle\boldsymbol{\alpha}_m,\boldsymbol{\beta}_2\rangle}{\langle\boldsymbol{\beta}_2,\boldsymbol{\beta}_2\rangle}\boldsymbol{\beta}_2-\cdots-\frac{\langle\boldsymbol{\alpha}_m,\boldsymbol{\beta}_{m-1}\rangle}{\langle\boldsymbol{\beta}_{m-1},\boldsymbol{\beta}_{m-1}\rangle}\boldsymbol{\beta}_{m-1}$$

则 $\boldsymbol{\beta}_1,\boldsymbol{\beta}_2,\cdots,\boldsymbol{\beta}_m$ 为正交向量组，且对任意 k $(1\leqslant k\leqslant m)$ 有 $\boldsymbol{\alpha}_1,\boldsymbol{\alpha}_2,\cdots,\boldsymbol{\alpha}_k$ 与 $\boldsymbol{\beta}_1,\boldsymbol{\beta}_2,\cdots,\boldsymbol{\beta}_k$ 等价. 称上述方法为施密特(Schmidt)正交化方法.

定理 3　n 阶方阵 $\boldsymbol{P}$ 为正交矩阵$\Leftrightarrow\boldsymbol{P}$ 的列(或行)向量为两两正交的单位向量.

5.2.2　特征值与特征向量

1. 特征值、特征向量

设 $\boldsymbol{A}$ 为 n 阶方阵，$\boldsymbol{x}$ 为 n 维非零向量，λ 为一个数，若 $\boldsymbol{A}\boldsymbol{x}=\lambda\boldsymbol{x}$，则称 λ 为 $\boldsymbol{A}$ 的特征值，

称 $\boldsymbol{x}$ 为方阵 $\boldsymbol{A}$ 对应特征值 λ 的特征向量. 称 $f(\lambda)\triangleq|\boldsymbol{A}-\lambda\boldsymbol{E}|$ 为 $\boldsymbol{A}$ 的特征多项式. 称 $f(\lambda)=0$ 即 $|\boldsymbol{A}-\lambda\boldsymbol{E}|=0$ 为 $\boldsymbol{A}$ 的特征方程.

注 设 $\boldsymbol{A}=\begin{pmatrix} a_{11} & \cdots & a_{1n} \\ \vdots & & \vdots \\ a_{n1} & \cdots & a_{nn} \end{pmatrix}$, $|\boldsymbol{A}-\lambda\boldsymbol{E}|=0$ 的 n 个根为 $\lambda_1,\lambda_2,\cdots,\lambda_n$, 则

(1) $|\boldsymbol{A}|=\lambda_1\lambda_2\cdots\lambda_n$;

(2) $\lambda_1+\lambda_2+\cdots+\lambda_n=a_{11}+a_{22}+\cdots+a_{nn}\triangleq\mathrm{tr}(\boldsymbol{A})$, 称为矩阵 $\boldsymbol{A}$ 的迹或追迹(trace);

(3) $|\lambda\boldsymbol{E}-\boldsymbol{A}|=(\lambda-\lambda_1)(\lambda-\lambda_2)\cdots(\lambda-\lambda_n)$.

2. 性质

性质 3 若 λ 是 $\boldsymbol{A}$ 的特征值, $\boldsymbol{\xi}$ 为对应 λ 的特征向量, 则:

(1) $k\lambda$ 为 $k\boldsymbol{A}$ 的特征值, 对应 $k\lambda$ 的特征向量仍为 $\boldsymbol{\xi}$(k 为任一数);

(2) λ^k 为 $\boldsymbol{A}^k$ 的特征值, 对应 λ^k 的特征向量仍为 $\boldsymbol{\xi}$(k 为自然数);

(3) $f(\lambda)$ 为 $f(\boldsymbol{A})$ 的特征值, 对应 $f(\lambda)$ 的特征向量仍为 $\boldsymbol{\xi}$($f(x)$ 为多项式).

性质 4 若 λ 是可逆阵 $\boldsymbol{A}$ 的特征值, $\boldsymbol{\xi}$ 为对应 λ 的特征向量, 则 λ^{-1} 为 $\boldsymbol{A}^{-1}$ 的特征值, 对应 λ^{-1} 的特征向量仍为 $\boldsymbol{\xi}$.

性质 5 $\boldsymbol{A}$ 的对应于不同特征值的特征向量线性无关.

性质 6 上三角矩阵、下三角矩阵和对角矩阵的特征值为主对角线元素.

5.2.3 相似矩阵和实对称矩阵的相似

1. 相似矩阵

设 $\boldsymbol{A},\boldsymbol{B}$ 为两个 n 阶方阵, 若存在 n 阶可逆阵 $\boldsymbol{P}$, 使得 $\boldsymbol{P}^{-1}\boldsymbol{AP}=\boldsymbol{B}$, 则称 $\boldsymbol{B}$ 是 $\boldsymbol{A}$ 的相似矩阵(或称 $\boldsymbol{A}$ 与 $\boldsymbol{B}$ 相似), 称运算 $\boldsymbol{P}^{-1}\boldsymbol{AP}$ 是对 $\boldsymbol{A}$ 进行相似变换. 称 $\boldsymbol{P}$ 为把 $\boldsymbol{A}$ 变成 $\boldsymbol{B}$ 的相似变换矩阵.

注 有的教材将 $\boldsymbol{A}$ 与 $\boldsymbol{B}$ 相似记为 $\boldsymbol{A}\sim\boldsymbol{B}$, 本书把该符号定义为 $\boldsymbol{A}$ 与 $\boldsymbol{B}$ 等价, 不要混淆.

2. 定理

定理 4 若 $\boldsymbol{A}$ 与 $\boldsymbol{B}$ 相似, 则:

(1) $\boldsymbol{A}$ 与 $\boldsymbol{B}$ 有相同的秩;

(2) $\boldsymbol{A}$ 与 $\boldsymbol{B}$ 有相同的行列式;

(3) $\boldsymbol{A}$ 与 $\boldsymbol{B}$ 有相同的特征多项式, 从而有相同的特征值;

(4) $\boldsymbol{B}^k$ 与 $\boldsymbol{A}^k$ 相似 (k 为自然数).

推论 若 $\boldsymbol{A}$ 与对角矩阵 $\boldsymbol{\Lambda} \triangleq \text{diag}(\lambda_1, \lambda_2, \cdots, \lambda_n)$ 相似，则 $\lambda_1, \lambda_2, \cdots, \lambda_n$ 是 $\boldsymbol{A}$ 的特征值.

定理5 n 阶方阵 $\boldsymbol{A}$ 与对角矩阵 $\boldsymbol{\Lambda}$ 相似的充要条件为 $\boldsymbol{A}$ 有 n 个线性无关的特征向量. 当条件成立时，对角矩阵对角线元素为 $\boldsymbol{A}$ 的特征值，相似变换矩阵的第 i 个列向量为对角矩阵第 i 行第 i 列上的元素(特征值)对应的特征向量.

推论 若 n 阶方阵有 n 个互异的特征值，则 $\boldsymbol{A}$ 必与对角矩阵相似，该对角矩阵对角线元素由这 n 个互异的特征值组成.

定理6 实对称矩阵的特征值全为实数.

定理7 若 $\boldsymbol{A}$ 为实对称矩阵，λ_1, λ_2 为 $\boldsymbol{A}$ 的两个互异特征值，$\boldsymbol{p}_1, \boldsymbol{p}_2$ 分别为 $\boldsymbol{A}$ 的对应于 λ_1, λ_2 的两个特征向量，则 $\boldsymbol{p}_1, \boldsymbol{p}_2$ 正交，即 $\langle \boldsymbol{p}_1, \boldsymbol{p}_2 \rangle = 0$.

定理8 若 λ 为 n 阶实对称矩阵 $\boldsymbol{A}$ 的 r 重特征根，则：

(1) $R(\boldsymbol{A} - \lambda \boldsymbol{E}) = n - r$;

(2) 对应于特征值 λ 恰有 r 个两两正交的单位特征向量.

定理9 若 $\boldsymbol{A}$ 为 n 阶实对称矩阵，则必存在正交矩阵 $\boldsymbol{P}$，使 $\boldsymbol{P}^{-1}\boldsymbol{A}\boldsymbol{P} = \boldsymbol{P}^{\mathrm{T}}\boldsymbol{A}\boldsymbol{P}$ 为对角矩阵，对角矩阵对角线元素为 $\boldsymbol{A}$ 的特征值，$\boldsymbol{P}$ 的列向量为 $\boldsymbol{A}$ 的两两正交的单位特征向量，且 $\boldsymbol{P}$ 的第 i 个列向量为对角矩阵对角线元素上第 i 个特征值对应的特征向量.

5.2.4 二次型

1. 基本概念

(1) **二次型**. 称二次齐次函数

$$f(x_1, x_2, \cdots, x_n) = a_{11}x_1^2 + a_{22}x_2^2 + \cdots + a_{nn}x_n^2 + 2a_{12}x_1x_2 + 2a_{13}x_1x_3 + \cdots + 2a_{n-1n}x_{n-1}x_n$$

为二次型. 记

$$\boldsymbol{x} = \begin{pmatrix} x_1 \\ x_2 \\ \vdots \\ x_n \end{pmatrix}, \quad \boldsymbol{A} = \begin{pmatrix} a_{11} & a_{12} & \cdots & a_{1n} \\ a_{21} & a_{22} & \cdots & a_{2n} \\ \vdots & \vdots & & \vdots \\ a_{n1} & a_{n2} & \cdots & a_{nn} \end{pmatrix}, \text{其中 } a_{ij} = a_{ji}.$$

则二次型可表示为 $f = \boldsymbol{x}^{\mathrm{T}}\boldsymbol{A}\boldsymbol{x}$，称之为二次型的矩阵表示. 对称矩阵 $\boldsymbol{A}$ 称为二次型的矩阵，二次型称为对称矩阵 $\boldsymbol{A}$ 的二次型，$\boldsymbol{A}$ 的秩称为二次型的秩.

注 显然二次型只含平方项的充要条件为二次型的矩阵为对角矩阵.

(2) **合同**. 设 $\boldsymbol{A}, \boldsymbol{B}$ 为两个 n 阶方阵，若存在 n 阶可逆矩阵 $\boldsymbol{C}$，使得 $\boldsymbol{C}^{\mathrm{T}}\boldsymbol{A}\boldsymbol{C} = \boldsymbol{B}$，则称 $\boldsymbol{B}$ 与 $\boldsymbol{A}$ 合同.

注 显然，若 $\boldsymbol{B}$ 与 $\boldsymbol{A}$ 合同，且 $\boldsymbol{A}^{\mathrm{T}}=\boldsymbol{A}$，则 $\boldsymbol{B}^{\mathrm{T}}=\boldsymbol{B}, R(\boldsymbol{A})=R(\boldsymbol{B})$.

(3)**标准形**. 若存在可逆线性变换 $\boldsymbol{x}=\boldsymbol{C}\boldsymbol{y}$，其中 $\boldsymbol{y}=(y_1 \quad y_2 \quad \cdots \quad y_n)^{\mathrm{T}}$，把二次型 $f=\boldsymbol{X}^{\mathrm{T}}\boldsymbol{A}\boldsymbol{X}$ 变为关于 $y_1,y_2,\cdots,y_n$ 的只含平方项的二次型，即 $f=\boldsymbol{X}^{\mathrm{T}}\boldsymbol{A}\boldsymbol{X}=\boldsymbol{Y}^{\mathrm{T}}(\boldsymbol{C}^{\mathrm{T}}\boldsymbol{A}\boldsymbol{C})\boldsymbol{Y}=k_1y_1^2+k_2y_2^2+\cdots+k_ny_n^2$，称这个只含平方项的二次型为二次型 f 的标准形.

注 显然，可逆线性变换 $\boldsymbol{X}=\boldsymbol{C}\boldsymbol{Y}$ 把二次型 $f=\boldsymbol{x}^{\mathrm{T}}\boldsymbol{A}\boldsymbol{x}$ 变为标准形的充要条件为 $\boldsymbol{C}^{\mathrm{T}}\boldsymbol{A}\boldsymbol{C}$ 为对角矩阵.

(4)**正定、负定二次型**. 若对任意 n 维非零向量 x，有 $f=\boldsymbol{x}^{\mathrm{T}}\boldsymbol{A}\boldsymbol{x}>0$，则称二次型为正定二次型，称 $\boldsymbol{A}$ 为正定矩阵；若对任意 n 维非零向量 $\boldsymbol{X}$，有 $f=\boldsymbol{x}^{\mathrm{T}}\boldsymbol{A}\boldsymbol{x}<0$，则称二次型为负定二次型，称 $\boldsymbol{A}$ 为负定矩阵.

2. 定理

定理 10 设有二次型 $f=\boldsymbol{x}^{\mathrm{T}}\boldsymbol{A}\boldsymbol{x}$，则必存在正交线性变换 $\boldsymbol{x}=\boldsymbol{P}\boldsymbol{y}$，把二次型化为标准形.

定理 11(惯性定理) 若秩为 r 的二次型 $f=\boldsymbol{x}^{\mathrm{T}}\boldsymbol{A}\boldsymbol{x}$ 经可逆线性变换 $\boldsymbol{x}=\boldsymbol{P}\boldsymbol{y}$ 和 $\boldsymbol{x}=\boldsymbol{C}\boldsymbol{z}$ 分别化为标准形 $f=k_1y_1^2+k_2y_2^2+\cdots+k_ry_r^2(k_i\neq0,i=1,2,\cdots,r)$ 和 $f=\lambda_1z_1^2+\lambda_2z_2^2+\cdots+\lambda_rz_r^2(\lambda_i\neq0,i=1,2,\cdots,r)$ 则 $k_1,k_2,\cdots,k_r$ 中正数个数与 $\lambda_1,\lambda_2,\cdots,\lambda_r$ 中正数个数相同.

称二次型标准形中正系数个数为**正惯性指数**，负系数个数为**负惯性指数**，它们的差称为**符号差**. 称系数为 1，-1 或 0 的标准形为**二次型规范形**.

注 显然 $f=\boldsymbol{x}^{\mathrm{T}}\boldsymbol{A}\boldsymbol{x}$ 为正定二次型的充要条件是 $-f$ 为负定二次型.

定理 12 $f=\boldsymbol{x}^{\mathrm{T}}\boldsymbol{A}\boldsymbol{x}$ 为正定二次型的充要条件为标准形中平方项的系数全为正(即正惯性指数为 n).

推论 实对称矩阵正定的充要条件为 $\boldsymbol{A}$ 的特征值全为正.

定理 13(赫尔维茨定理) 实对称矩阵正定的充要条件为 $\boldsymbol{A}$ 的各阶主子式全为正，即

$$a_{11}>0,\quad \begin{vmatrix} a_{11} & a_{12} \\ a_{21} & a_{22} \end{vmatrix}>0,\quad \cdots,\quad \begin{vmatrix} a_{11} & \cdots & a_{1n} \\ \vdots & & \vdots \\ a_{n1} & \cdots & a_{nn} \end{vmatrix}>0;$$

实对称矩阵负定的充要条件为 $\boldsymbol{A}$ 的奇数阶主子式为负，偶数阶主子式为正.

5.3 典型例题

例 5.1 设 λ 是矩阵 $\boldsymbol{A}$ 的一个特征值，则 $\boldsymbol{A}^2-2\boldsymbol{A}+3\boldsymbol{E}$ 的一个特征值为(　　).

解　$\lambda^2-2\lambda+3$.

分析　设 $\boldsymbol{x}$ 为 $\boldsymbol{A}$ 的对应 λ 的特征向量，则

$$\boldsymbol{A}\boldsymbol{x}=\lambda\boldsymbol{x}\Rightarrow -2\boldsymbol{A}\boldsymbol{x}=-2\lambda\boldsymbol{x},\quad \boldsymbol{A}^2\boldsymbol{x}=\lambda^2\boldsymbol{x},$$

所以　$(A^2-2A+3E)x=A^2x-2Ax+3x=\lambda^2\boldsymbol{x}-2\lambda\boldsymbol{x}+3\boldsymbol{x}=(\lambda^2-2\lambda+3)\boldsymbol{x}$.

评注　本题考察知识点"λ 是矩阵 $\boldsymbol{A}$ 的特征值，则 $f(\lambda)$ 为 $f(\boldsymbol{A})$ 的特征值($f(x)$ 为多项式)."

例 5.2　若 n 阶可逆矩阵 $\boldsymbol{A}$ 的每行元素之和为 2，则数(　　)一定是矩阵 $4\boldsymbol{A}^{-1}-\boldsymbol{E}$ 的特征值.

解　1.

分析　若能找到 $\boldsymbol{A}$ 的一个特征值即可. 因为 $\boldsymbol{A}$ 的每行元素之和为 2，则

$$\boldsymbol{A}\begin{pmatrix}1\\1\\\vdots\\1\end{pmatrix}=\begin{pmatrix}a_{11}+a_{12}+\cdots+a_{1n}\\a_{21}+a_{22}+\cdots+a_{2n}\\\vdots\\a_{n1}+a_{n2}+\cdots+a_{nn}\end{pmatrix}=\begin{pmatrix}2\\2\\\vdots\\2\end{pmatrix}=2\begin{pmatrix}1\\1\\\vdots\\1\end{pmatrix},$$

所以 2 是 $\boldsymbol{A}$ 的一个特征值，从而 $4\cdot 2^{-1}-1=1$ 是 $4\boldsymbol{A}^{-1}-\boldsymbol{E}$ 的一个特征值.

评注　本题主要考察对已知条件"$\boldsymbol{A}$ 的每行元素之和为 2"的转化，记住本题技巧.

例 5.3　若 $\boldsymbol{\xi}_1,\boldsymbol{\xi}_2$ 是 $\boldsymbol{A}$ 的对应特征值 λ 的两个特征向量，问 $k_1\boldsymbol{\xi}_1+k_2\boldsymbol{\xi}_2$($k_1,k_2$ 不全为零)也是对应的特征向量吗?

解　不一定.

因为由题设 $\boldsymbol{A}\boldsymbol{\xi}_1=\lambda\boldsymbol{\xi}_1, A\boldsymbol{\xi}_2=\lambda\boldsymbol{\xi}_2$，得

$$\boldsymbol{A}(k_1\boldsymbol{\xi}_1+k_2\boldsymbol{\xi}_2)=k_1(\boldsymbol{A}\boldsymbol{\xi}_1)+k_2(\boldsymbol{A}\boldsymbol{\xi}_2)=\lambda(k_1\boldsymbol{\xi}_1+k_2\boldsymbol{\xi}_2).$$

当 $k_1\boldsymbol{\xi}_1+k_2\boldsymbol{\xi}_2\neq\boldsymbol{0}$ 时，$k_1\boldsymbol{\xi}_1+k_2\boldsymbol{\xi}_2$ 也是特征向量；当 $k_1\boldsymbol{\xi}_1+k_2\boldsymbol{\xi}_2=\boldsymbol{0}$ 时，$k_1\boldsymbol{\xi}_1+k_2\boldsymbol{\xi}_2$ 不是.

注　(1)若 $\boldsymbol{\xi}_1,\boldsymbol{\xi}_2$ 线性无关，则只有当 $k_1=k_2=0$ 时，$k_1\boldsymbol{\xi}_1+k_2\boldsymbol{\xi}_2=\boldsymbol{0}$. 因此，由题设 k_1，k_2 不全为零知，$k_1\boldsymbol{\xi}_1+k_2\boldsymbol{\xi}_2\neq\boldsymbol{0}$，此时 $k_1\boldsymbol{\xi}_1+k_2\boldsymbol{\xi}_2$ 是特征向量；

(2)若 $\boldsymbol{\xi}_1,\boldsymbol{\xi}_2$ 线性相关，不妨设 $\boldsymbol{\xi}_2=\mu\boldsymbol{\xi}_1,\mu\neq0$，则 $k_1\boldsymbol{\xi}_1+k_2\boldsymbol{\xi}_2=(k_1+\mu k_2)\boldsymbol{\xi}_1$.

当 $k_1+\mu k_2=0$ 时，$k_1\boldsymbol{\xi}_1+k_2\boldsymbol{\xi}_2=0\boldsymbol{\xi}_1=\boldsymbol{0}$，与特征向量非零不符，故 $k_1\boldsymbol{\xi}_1+k_2\boldsymbol{\xi}_2$ 不是特征向量；当 $k_1+\mu k_2\neq0$ 时，$k_1\boldsymbol{\xi}_1+k_2\boldsymbol{\xi}_2\neq\boldsymbol{0}$，$k_1\boldsymbol{\xi}_1+k_2\boldsymbol{\xi}_2$ 是特征向量.

评注　本题主要考察"特征向量必须非零"的要求.

例 5.4　设 $\boldsymbol{A}$ 为 n 阶方阵，λ_1,λ_2 是 $\boldsymbol{A}$ 的两个不同特征值，$\boldsymbol{\alpha}_1,\boldsymbol{\alpha}_2$ 分别是 $\boldsymbol{A}$ 的对应于 λ_1,λ_2 的特征向量，证明：$\boldsymbol{\alpha}_1+\boldsymbol{\alpha}_2$ 不是 $\boldsymbol{A}$ 的特征向量.

证　反证法. 假设 $\boldsymbol{\alpha}_1+\boldsymbol{\alpha}_2$ 是 $\boldsymbol{A}$ 的对应于 λ 的特征向量，则有

$$\boldsymbol{A}(\boldsymbol{\alpha}_1+\boldsymbol{\alpha}_2)=\lambda(\boldsymbol{\alpha}_1+\boldsymbol{\alpha}_2),$$

又 $\boldsymbol{A}\boldsymbol{\alpha}_1=\lambda_1\boldsymbol{\alpha}_1,\boldsymbol{A}\boldsymbol{\alpha}_2=\lambda_2\boldsymbol{\alpha}_2$，所以有

$$(\lambda-\lambda_1)\boldsymbol{\alpha}_1+(\lambda-\lambda_2)\boldsymbol{\alpha}_2=0,$$

由 $\boldsymbol{A}$ 的不同特征值对应的特征向量线性无关，得 $\lambda-\lambda_1=\lambda-\lambda_2=0$，即 $\lambda=\lambda_1=\lambda_2$，与已知矛盾，所以 $\boldsymbol{\alpha}_1+\boldsymbol{\alpha}_2$ 不是 $\boldsymbol{A}$ 的特征向量，证毕.

评注　本题结论可扩展为"$\boldsymbol{\alpha}_1+\boldsymbol{\alpha}_2$ 是 $\boldsymbol{A}$ 的特征向量的充要条件为 $\lambda_1=\lambda_2$".

例 5.5 证明任一实对称矩阵均可表示为某一实对称矩阵的立方.

证 设实对称矩阵 A 的特征值为 $\lambda_1,\lambda_2,\cdots,\lambda_n$,因为 $\boldsymbol{A}$ 为实对称矩阵,所以存在正交矩阵 $\boldsymbol{P}$,使得

$$\boldsymbol{A}=\boldsymbol{P}^{\mathrm{T}}\boldsymbol{\Lambda}\boldsymbol{P},(\boldsymbol{\Lambda}=\mathrm{diag}(\lambda_1,\lambda_2,\cdots,\lambda_n)).$$

设 $\boldsymbol{V}^3=\boldsymbol{\Lambda}$,则 $\boldsymbol{V}\triangleq\mathrm{diag}(\sqrt[3]{\lambda_1},\sqrt[3]{\lambda_2},\cdots,\sqrt[3]{\lambda_n})$,于是有

$$\boldsymbol{A}=\boldsymbol{P}^{\mathrm{T}}\boldsymbol{VVVP}=(\boldsymbol{P}^{\mathrm{T}}\boldsymbol{VP})(\boldsymbol{P}^{\mathrm{T}}\boldsymbol{VP})(\boldsymbol{P}^{\mathrm{T}}\boldsymbol{VP})$$

取 $\boldsymbol{U}=\boldsymbol{P}^{\mathrm{T}}\boldsymbol{VP}$,易见 $\boldsymbol{U}$ 为实对称矩阵,且使 $\boldsymbol{A}=\boldsymbol{U}^3$.

例 5.6 求一个正交线性变换 $\boldsymbol{x}=\boldsymbol{Py}$ 把下列二次型化为标准形

$$f=2x_1x_2+2x_1x_3-2x_1x_4-2x_2x_3+2x_2x_4+2x_3x_4.$$

解 $\boldsymbol{A}=\begin{pmatrix}0&1&1&-1\\1&0&-1&1\\1&-1&0&1\\-1&1&1&0\end{pmatrix}$. 特征方程为

$$|\boldsymbol{A}-\lambda\boldsymbol{I}|=\begin{vmatrix}-\lambda&1&1&-1\\1&-\lambda&-1&1\\1&-1&-\lambda&1\\-1&1&1&-\lambda\end{vmatrix}=0,$$

解之得特征值 $\lambda_1=\lambda_2=\lambda_3=1,\lambda_4=-3$.

(1)对 $\lambda_1=\lambda_2=\lambda_3=1$,解 $(\boldsymbol{A}-\boldsymbol{E})\boldsymbol{x}=0$,

$$\boldsymbol{A}-\boldsymbol{E}=\begin{pmatrix}-1&1&1&-1\\1&-1&-1&1\\1&-1&-1&1\\-1&1&1&-1\end{pmatrix}\xrightarrow[r_4-r_1]{\substack{r_2+r_1\\r_3+r_1}}\begin{pmatrix}-1&1&1&-1\\0&0&0&0\\0&0&0&0\\0&0&0&0\end{pmatrix},$$

得同解方程组

$$-x_1+x_2+x_3-x_4=0,$$

解之得正交的基础解系为 $\boldsymbol{\xi}_1=(1,1,1,1)^{\mathrm{T}},\boldsymbol{\xi}_2=(0,1,-1,0)^{\mathrm{T}},\boldsymbol{\xi}_3=(1,0,0,-1)^{\mathrm{T}}$,单位化得 $\lambda_1=\lambda_2=\lambda_3=1$,对应的单位正交的特征向量

$$\boldsymbol{p}_1=\left(\frac{1}{2},\frac{1}{2},\frac{1}{2},\frac{1}{2}\right)^{\mathrm{T}},\quad \boldsymbol{p}_2=\left(0,\frac{\sqrt{2}}{2},\frac{-\sqrt{2}}{2},0\right)^{\mathrm{T}},\quad \boldsymbol{p}_3=\left(\frac{\sqrt{2}}{2},0,0,\frac{-\sqrt{2}}{2}\right)^{\mathrm{T}}.$$

(2)对 $\lambda_4=-3$,解 $(\boldsymbol{A}+3\boldsymbol{E})\boldsymbol{x}=\boldsymbol{0}$,

$$\boldsymbol{A}+3\boldsymbol{E}=\begin{pmatrix}3&1&1&-1\\1&3&-1&1\\1&-1&3&1\\-1&1&1&3\end{pmatrix}\to\begin{pmatrix}1&0&0&-1\\0&1&0&1\\0&0&1&1\\0&0&0&0\end{pmatrix},$$

解之得基础解系为 $\boldsymbol{\xi}_4=(1,-1,-1,1)^{\mathrm{T}}$,单位化得 $\lambda_4=-3$ 对应的单位特征向量

$$\boldsymbol{p}_4=\left(\frac{1}{2},-\frac{1}{2},-\frac{1}{2},\frac{1}{2}\right)^{\mathrm{T}},$$

正交相似变换矩阵为 $\boldsymbol{P}=(\boldsymbol{p}_1,\boldsymbol{p}_2,\boldsymbol{p}_3,\boldsymbol{p}_4)$. 正交线性变换 $\boldsymbol{x}=\boldsymbol{Py}$. 标准形为

$$f=y_1^2+y_2^2+y_3^2-3y_4^2.$$

例 5.7　设 $\boldsymbol{A},\boldsymbol{B}$ 为实对称矩阵，若 $\boldsymbol{A}$ 与 $\boldsymbol{B}$ 相似，则 $\boldsymbol{A}$ 与 $\boldsymbol{B}$ 合同.

证　因为 $\boldsymbol{A}$ 与 $\boldsymbol{B}$ 相似，所以 $\boldsymbol{A}$ 与 $\boldsymbol{B}$ 有相同的特征根，又 $\boldsymbol{A},\boldsymbol{B}$ 为实对称矩阵，所以存在正交矩阵 $\boldsymbol{P}$ 与 $\boldsymbol{Q}$，使得

$$\boldsymbol{\Lambda}=\boldsymbol{P}^{\mathrm{T}}\boldsymbol{A}\boldsymbol{P},\quad \boldsymbol{\Lambda}=\boldsymbol{Q}^{\mathrm{T}}\boldsymbol{B}\boldsymbol{Q},$$

其中 $\boldsymbol{\Lambda}=\mathrm{diag}(\lambda_1,\lambda_2,\cdots\lambda_n)$，所以

$$\boldsymbol{P}^{\mathrm{T}}\boldsymbol{A}\boldsymbol{P}=\boldsymbol{Q}^{\mathrm{T}}\boldsymbol{B}\boldsymbol{Q},\quad \text{即}\quad \boldsymbol{Q}\boldsymbol{P}^{\mathrm{T}}\boldsymbol{A}\boldsymbol{P}\boldsymbol{Q}^{\mathrm{T}}=\boldsymbol{B},$$

所以 $\boldsymbol{A}$ 与 $\boldsymbol{B}$ 合同.

注　反之不一定成立，如

$$\boldsymbol{A}=\begin{pmatrix}1&0\\0&2\end{pmatrix},\quad \boldsymbol{B}=\begin{pmatrix}1&0\\0&1\end{pmatrix},\quad \boldsymbol{C}=\begin{bmatrix}1&0\\0&\sqrt{2}\end{bmatrix},$$

易见 $\boldsymbol{C}^{\mathrm{T}}\boldsymbol{B}\boldsymbol{C}=\boldsymbol{A}$，但 $\boldsymbol{A}$ 与 $\boldsymbol{B}$ 的特征值不同，所以 $\boldsymbol{A}$ 与 $\boldsymbol{B}$ 不相似.

例 5.8　判断二次型 $f=(x_1-x_2)^2+(x_2-x_3)^2+(x_3-x_1)^2$ 的正定性.

解　法 1　$f=2x_1^2+2x_2^2+2x_3^2-2x_1x_2-2x_1x_3-2x_2x_3$，

$$\boldsymbol{A}=\begin{pmatrix}2&-1&-1\\-1&2&-1\\-1&-1&2\end{pmatrix},$$

由于

$$2>0,\begin{vmatrix}2&-1\\-1&2\end{vmatrix}=3>0,\quad \begin{vmatrix}2&-1&-1\\-1&2&-1\\-1&-1&2\end{vmatrix}=0,$$

所以二次型不是正定的(是半正定的).

法 2　求特征值得 $\lambda=3,3,0$，由于特征值不全大于零，所以二次型不是正定的.

注　不能令 $y_1=x_1-x_2,y_2=x_2-x_3,y_3=x_3-x_1$ 得 $f=y_1^2+y_2^2+y_3^2$，由此得出正定的结论，因为该变换不是可逆变换，事实上取 $x_1=x_2=x_3=1\neq0$，有 $f=0$，因此该二次型不是正定的.

5.4　自　测　题

自 测 题 1

1. 已知 $\mathbf{R}^4$ 中向量 $\boldsymbol{\alpha}_1=(1,2,1,3)^{\mathrm{T}},\boldsymbol{\alpha}_2=(-1,1,-1,1)^{\mathrm{T}},\boldsymbol{\alpha}_3=(1,1,-1,1)^{\mathrm{T}}$.

(1)求 $\langle\boldsymbol{\alpha}_i,\boldsymbol{\alpha}_j\rangle$ 和 $\|\boldsymbol{\alpha}_i\|,i,j=1,2,3$；

(2)求各向量间的夹间余弦；

(3)求一个 $\boldsymbol{\beta}\in\mathbf{R}^4$，使得 $\boldsymbol{\beta}$ 与 $\boldsymbol{\alpha}_i(i=1,2,3)$ 正交；

(4)由 $\boldsymbol{\alpha}_1,\boldsymbol{\alpha}_2,\boldsymbol{\alpha}_3,\boldsymbol{\beta}$ 求 $\mathbf{R}^4$ 的标准正交基.

2. 在欧氏空间 $\mathbf{R}^n$ 中，已知 $\boldsymbol{\beta}$ 与 $\boldsymbol{\alpha}_1,\boldsymbol{\alpha}_2,\cdots,\boldsymbol{\alpha}_m$ 都正交，试证 $\boldsymbol{\beta}$ 与 $\boldsymbol{\alpha}_1,\boldsymbol{\alpha}_2,\cdots,\boldsymbol{\alpha}_m$ 的任意线性组合正交.

3. 求与下列线性无关向量组等价的正交向量组.

(1)$\boldsymbol{\alpha}_1=(0,1,1)^{\mathrm{T}},\boldsymbol{\alpha}_2=(1,0,1)^{\mathrm{T}}$;

(2)$\boldsymbol{\alpha}_1=(1,0,-1,1)^{\mathrm{T}},\boldsymbol{\alpha}_2=(1,-1,0,1)^{\mathrm{T}},\boldsymbol{\alpha}_3=(-1,1,1,0)^{\mathrm{T}}$.

4. 已知 $\boldsymbol{\xi}_1,\boldsymbol{\xi}_2,\boldsymbol{\xi}_3$ 为欧氏空间 $\mathbf{R}^3$ 的标准正交基,如果有

$$\boldsymbol{\eta}_1=\frac{1}{3}\boldsymbol{\xi}_1+\frac{2}{3}\boldsymbol{\xi}_2+\frac{2}{3}\boldsymbol{\xi}_3,\quad \boldsymbol{\eta}_2=\frac{2}{3}\boldsymbol{\xi}_1+\frac{1}{3}\boldsymbol{\xi}_2-\frac{2}{3}\boldsymbol{\xi}_3,\quad \boldsymbol{\eta}_3=\frac{2}{3}\boldsymbol{\xi}_1-\frac{2}{3}\boldsymbol{\xi}_2+\frac{1}{3}\boldsymbol{\xi}_3,$$

试证 $\boldsymbol{\eta}_1,\boldsymbol{\eta}_2,\boldsymbol{\eta}_3$ 亦为 $\boldsymbol{R}^3$ 的标准正交基.

自 测 题 2

一、完成下列各题

1. 设 $\lambda=2$ 是非奇异矩阵 $\boldsymbol{A}$ 的一个特征值,则矩阵 $\left(\frac{1}{3}\boldsymbol{A}^2\right)^{-1}$ 有一个特征值为(　　).

A. $\frac{4}{3}$　　B. $\frac{3}{4}$　　C. $\frac{1}{2}$　　D. $\frac{1}{4}$

2. 设 $\boldsymbol{A}$ 为 n 阶可逆矩阵,λ 为 $\boldsymbol{A}$ 的一个特征值,则 $\boldsymbol{A}$ 的伴随矩阵 $\boldsymbol{A}^*$ 的一个特征值为(　　).

A. $\lambda^{-1}|\boldsymbol{A}|^n$　　B. $\lambda^{-1}|\boldsymbol{A}|$　　C. $\lambda|\boldsymbol{A}|$　　D. $\lambda^{n-1}|\boldsymbol{A}|^{n-1}$

3. 设 $\boldsymbol{A}$ 为 n 阶方阵,且 $\boldsymbol{A}^k=\boldsymbol{O}$ (k 为正整数),则(　　).

A. $\boldsymbol{A}=\boldsymbol{O}$　　B. $\boldsymbol{A}$ 有一个不为零的特征值

C. $\boldsymbol{A}$ 的特征值全为零　　D. $\boldsymbol{A}$ 有 n 个线性无关的特征向量

4. 设 λ_0 是 n 阶矩阵 $\boldsymbol{A}$ 的特征值,且齐次线性方程组 $(\lambda_0\boldsymbol{E}-\boldsymbol{A})\boldsymbol{x}=\boldsymbol{0}$ 的基础解系为 $\boldsymbol{\eta}_1$ 和 $\boldsymbol{\eta}_2$,则 $\boldsymbol{A}$ 的属于 λ_0 的全部特征向量为(　　)。

A. $\boldsymbol{\eta}_1$ 和 $\boldsymbol{\eta}_2$

B. $\boldsymbol{\eta}_1$ 或 $\boldsymbol{\eta}_2$

C. $C_1\boldsymbol{\eta}_1+C_2\boldsymbol{\eta}_2$($C_1,C_2$ 全不为零)

D. $C_1\boldsymbol{\eta}_1+C_2\boldsymbol{\eta}_2$($C_1,C_2$ 不全为零)

5. 若 $\boldsymbol{A}$ 与 $\boldsymbol{B}$ 相似,则(　　).

A. $|\lambda\boldsymbol{E}-\boldsymbol{A}|=|\lambda\boldsymbol{E}-\boldsymbol{B}|$　　B. $\lambda\boldsymbol{E}-\boldsymbol{A}=\lambda\boldsymbol{E}-\boldsymbol{B}$

C. 与同一对角矩阵相似　　D. $\boldsymbol{A}$ 与 $\boldsymbol{B}$ 有相同的伴随矩阵

6. 若 $\boldsymbol{A}$ 与 $\boldsymbol{E}$ 相似,则 $\boldsymbol{A}=$(　　).

7. 设 $\boldsymbol{A}$ 为 3 阶方阵,其特征值为 $3,-1,2$,则 $|\boldsymbol{A}|=$(　　),$\boldsymbol{A}^{-1}$ 的特征值为(　　),$2\boldsymbol{A}^2-3\boldsymbol{A}+\boldsymbol{E}$ 的特征值为(　　).

8. 已知 $\boldsymbol{A}=\begin{pmatrix}1&-1&1\\2&4&-2\\-3&-3&5\end{pmatrix}$,$\boldsymbol{B}=\begin{pmatrix}\lambda&0&0\\0&2&0\\0&0&2\end{pmatrix}$,且 $\boldsymbol{A}$ 与 $\boldsymbol{B}$ 相似,则 $\lambda=$(　　).

9. 设 0 是矩阵 $\boldsymbol{A}=\begin{pmatrix}1&0&1\\0&2&0\\1&0&a\end{pmatrix}$ 的特征值,则 $a=$(　　),$\boldsymbol{A}$ 的另一特征值为(　　).

10. 若 n 阶可逆矩阵 $\boldsymbol{A}$ 的每行元素之和均为 a ($a\neq0$),则数(　　)一定是矩阵

$2A^{-1}+3E$ 的特征值.

二、完成下列各题

1. 求下列矩阵的特征值与特征向量,并说明矩阵是否可对角化?为什么?

(1)$\begin{pmatrix} 1 & 2 & 2 \\ 2 & 1 & 2 \\ 2 & 2 & 1 \end{pmatrix}$;　　(2)$\begin{pmatrix} 3 & -1 & 1 \\ 2 & 0 & 1 \\ 1 & -1 & 2 \end{pmatrix}$.

2. 设 n 阶矩阵 A 有 n 个特征值 $1,2,\cdots,n$,求 $A+E$ 的全部特征值.

3. 设 A,B 都是 n 阶方阵,且 $|A|\neq 0$,证明 AB 与 BA 相似.

4. 设方阵 $A=\begin{pmatrix} 1 & -2 & -4 \\ -2 & x & -2 \\ -4 & -2 & 1 \end{pmatrix}$ 与 $\Lambda=\begin{pmatrix} 5 & & \\ & y & \\ & & -4 \end{pmatrix}$ 相似,求 x 和 y.

5. 设 3 阶方阵 A 的特征值为 $\lambda_1=1,\lambda_2=0,\lambda_3=-1$,对应的特征向量分别为

$$p_1=(1,2,2)^T,\quad p_2=(2,-2,1)^T,\quad p_3=(-2,-1,2)^T,$$

求 A.

自 测 题 3

1. 试求一个正交相似变换矩阵,将下列对称矩阵化为对角矩阵:

(1)$A=\begin{pmatrix} 1 & -2 & -4 \\ -2 & 4 & -2 \\ -4 & -2 & 1 \end{pmatrix}$;

(2)$B=\begin{pmatrix} 2 & -1 & -1 & 1 \\ -1 & 2 & 1 & -1 \\ -1 & 1 & 2 & -1 \\ 1 & -1 & -1 & 2 \end{pmatrix}$.

2. 设 3 阶实对称矩阵 A 的特征值为 6,3,3,与特征值 6 对应的特征向量为 $p_1=(1,1,1)^T$,求 A.

自 测 题 4

1. 将下列二次型写成矩阵形式:

(1)$f(x,y,z)=x^2-8xy+4yz+3y^2$;

(2)$f(x_1,x_2,x_3,x_4)=3x_1^2-2x_1x_2+4x_1x_4-6x_2^2-8x_2x_3+x_3^2+6x_3x_4-x_4^2$;

2. 求正交线性变换把下列二次型化成标准形:

(1)$f=2x_1^2+3x_2^2+3x_3^2+4x_2x_3$;

(2)$f=x_1^2+x_2^2+x_3^2+x_4^2+2x_1x_2+2x_1x_4+2x_2x_3+2x_3x_4$.

自 测 题 5

一、完成下列各题

1. 若二次型 $f(x_1,x_2,x_3)=x_1^2+4x_2^2+2x_3^2+2tx_1x_2+2x_1x_3$ 是正定的,则 t(　　　　).

2. $\boldsymbol{A}=\begin{pmatrix}1&1&0\\1&k&0\\0&0&k^2\end{pmatrix}$是正定矩阵，则 k(　　　　).

3. $\boldsymbol{A}$ 为 n 阶方阵，下列结论正确的是(　　　　).

A. 若 $\boldsymbol{A}$ 的所有主子式全为正，则 $\boldsymbol{A}$ 是正定矩阵

B. $\boldsymbol{A}$ 必与一个对角矩阵合同

C. 若 $\boldsymbol{A}$ 与一对角矩阵相似，也必与一个对角矩阵合同

D. 若 $\boldsymbol{A}$ 与正定矩阵合同，则 $\boldsymbol{A}$ 为正定矩阵

二、完成下列各题

1. 判别下列二次型的正定性：

(1) $f=-2x_1^2-6x_2^2-4x_3^2+2x_1x_2+2x_1x_3$；

(2) $f=x_1^2+3x_2^2+9x_3^2+19x_4^2-2x_1x_2+4x_1x_3+2x_1x_4-6x_2x_4-12x_3x_4$；

(3) $f=x_1^2+x_2^2+4x_3^2+8x_4^2+6x_1x_3+4x_1x_4-2x_2x_3+2x_2x_4+2x_3x_4$.

2. 确定 λ 的值，使二次型 $f=\lambda x_1^2+\lambda x_2^2+\lambda x_3^2+2x_1x_2-2x_2x_3+2x_1x_3+x_4^2$ 为正定二次型.

3. 设 $\boldsymbol{U}$ 为可逆矩阵，$\boldsymbol{A}=\boldsymbol{U}^{\mathrm{T}}\boldsymbol{U}$，证明 $f=\boldsymbol{x}^{\mathrm{T}}\boldsymbol{A}\boldsymbol{x}$ 为正定二次型.

4. 设实对称矩阵 $\boldsymbol{A}$ 为正定矩阵，证明存在可逆矩阵 $\boldsymbol{U}$，使 $\boldsymbol{A}=\boldsymbol{U}^{\mathrm{T}}\boldsymbol{U}$.

自 测 题 6

一、完成下列各题

1. 设 $\boldsymbol{A}$ 为 n 阶矩阵，$|\boldsymbol{A}|\neq 0$，$\boldsymbol{A}^*$ 为 $\boldsymbol{A}$ 的伴随矩阵，$\boldsymbol{E}$ 为 n 阶单位矩阵，若 $\boldsymbol{A}$ 有特征值 λ，则 $(\boldsymbol{A}^*)^2+\boldsymbol{E}$ 必有特征值(　　　　).

2. 设矩阵 $\boldsymbol{B}=\begin{pmatrix}0&0&1\\0&1&0\\1&0&0\end{pmatrix}$，已知矩阵 $\boldsymbol{A}$ 相似于 $\boldsymbol{B}$，则 $R(\boldsymbol{A}-2\boldsymbol{E})$ 与 $R(\boldsymbol{A}-\boldsymbol{E})$ 之和等于(　　　　).

二、完成下列各题

1. 设 $\boldsymbol{B}$ 是秩为 2 的 5×4 矩阵，$\boldsymbol{\alpha}_1=(1,1,2,3)^{\mathrm{T}}$，$\boldsymbol{\alpha}_2=(-1,1,4,-1)^{\mathrm{T}}$，$\boldsymbol{\alpha}_3=(5,-1,-8,9)^{\mathrm{T}}$ 是齐次线性方程组 $\boldsymbol{B}\boldsymbol{x}=\boldsymbol{0}$ 的解向量，求 $\boldsymbol{B}\boldsymbol{x}=\boldsymbol{0}$ 的解空间的一组标准正交基.

2. 设 $\boldsymbol{A}$ 为三阶实对称矩阵，且满足条件 $\boldsymbol{A}^2+2\boldsymbol{A}=\boldsymbol{O}$，已知 $R(\boldsymbol{A})=2$.

(1)求 $\boldsymbol{A}$ 的全部特征值；

(2)当 k 为何值时，矩阵 $\boldsymbol{A}+k\boldsymbol{E}$ 为正定矩阵，其中 $\boldsymbol{E}$ 为三阶单位矩阵.

3. 设二次型 $f(x_1,x_2,x_3)=\boldsymbol{x}^{\mathrm{T}}\boldsymbol{A}\boldsymbol{x}=ax_1^2+2x_2^2-2x_3^2+2bx_1x_3\ (b>0)$，其中二次型的矩阵 $\boldsymbol{A}$ 的特征值之和为 1，特征值之积为 -12.

(1)求 a,b 的值；

(2)利用正交变换将二次型 f 化为标准形，并写出所用的正交变换和对应的正交矩阵.

4. 已知 $\boldsymbol{\xi}=(1,1,-1)^{\mathrm{T}}$是矩阵 $\boldsymbol{A}=\begin{pmatrix} 2 & -1 & 2 \\ 5 & a & 3 \\ -1 & b & -2 \end{pmatrix}$的一个特征向量.

(1)试确定参数 a,b 及特征向量 $\boldsymbol{\xi}$ 所对应的特征值;

(2)问 $\boldsymbol{A}$ 能否相似于对角矩阵? 并说明理由.

5. 设 $\boldsymbol{A}$ 是 n 阶正定矩阵,$\boldsymbol{E}$ 是 n 阶单位矩阵,证明 $\boldsymbol{A}+\boldsymbol{E}$ 的行列式大于 1.

6. 已知二次型 $f(x_1,x_2,x_3)=2x_1^2+3x_2^2+3x_3^2+2ax_2x_3\ (a>0)$,通过正交变换化成标准形 $f=y_1^2+2y_2^2+5y_3^2$,求参数 a 及所用的正交变换矩阵.

第6章 空间解析几何

6.1 基本要求

(1)了解曲面方程和空间曲线方程的概念.

(2)了解常用二次曲面的方程及其图形,会求以坐标轴为旋转轴的旋转曲面方程及母线平行于坐标轴的柱面方程.

(3)了解空间曲线的参数方程和一般方程.了解空间曲线在坐标平面上的投影,并会求其方程.

(4)掌握平面方程和直线方程基本形式及其求法.

(5)会求平面与平面、平面与直线、直线与直线之间的夹角,并会利用平面、直线的相互关系(平行、垂直、相交等)解决有关问题.

(6)会求点到直线以及点平面的距离.

(7)了解常见二次曲面的方程及其图形.

6.2 知识要点

6.2.1 曲面及其方程

1. 曲面

如果曲面 S 与三元方程 $F(x,y,z)=0$ 具有关系:

(1)曲面 S 上的点都满足这个方程;

(2)不在曲面 S 上的点不满足这个方程.

则称该方程为曲面 S 的一般方程.

有些曲面比较方便用 $\begin{cases} x=x(u,v) \\ y=y(u,v) \\ z=z(u,v) \end{cases}$ (u,v 称为参数)表示,称为曲面的参数式.

2. 柱面

不含变量 z(y 或 x)的方程 $f(x,y)=0$($g(z,x)=0$ 或 $h(y,z)=0$)所表示的曲面是母线平行于 z(y 或 x)轴的柱面.

3. 旋转曲面

yOz 面内的曲线 $f(x,y)=0$ 绕 z 轴旋转而生成的旋转曲面的方程可以这样得到:

设点(x,y,z)是旋转曲面上的动点，则它到 z 轴的距离为 $\sqrt{x^2+y^2}$. 当曲线方程 $f(x,y)=0$ 中的 y 取非负值时用 $\sqrt{x^2+y^2}$ 替换它，当 $y<0$ 时用 $-\sqrt{x^2+y^2}$ 替换它，即得绕 z 轴旋转而生成的旋转曲面的方程为

$$f(\sqrt{x^2+y^2},z) \quad 或 \quad f(-\sqrt{x^2+y^2},z).$$

其他五种旋转曲面的情况类似讨论.

6.2.2　空间曲线及其方程

1. 空间曲线方程

空间曲线可以由两张曲面 $F(x,y,z)=0$，$G(x,y,z)=0$ 相交得到时，由此给出曲线方程的一般式

$$\begin{cases} F(x,y,z)=0 \\ G(x,y,z)=0 \end{cases}.$$

有些空间曲线比较方便用$\begin{cases} x=x(t) \\ y=y(t) \\ z=z(t) \end{cases}$表示，称为曲线的参数式.

例如，将曲线的一般式中变量 x 作为参数或参数的函数，解出另外两个变量 y,z 时，便得到了该曲线的参数式.

2. 投影线方程

设曲线方程为$\begin{cases} F(x,y,z)=0 \\ G(x,y,z)=0 \end{cases}$，当求其在 xOy 坐标面上的投影线方程时，先从两个方程中消去 z，得到含该交线的柱面方程 $H(x,y)=0$（称为投影柱面，此即柱面在 xOy 坐标面内的准线方程），故投影线方程可写为

$$\begin{cases} H(x,y)=0 \\ z=0 \end{cases}.$$

用类似的方法可以得到曲线在 yOz 及 zOx 两个坐标面上的投影线方程分别为

$$\begin{cases} I(y,z)=0 \\ x=0 \end{cases}, \quad \begin{cases} J(z,x)=0 \\ y=0 \end{cases}.$$

6.2.3　平面及其方程

1. 平面方程的类型

(1)点法式：$A(x-x_0)+B(y-y_0)+C(z-z_0)=0$.

(2)一般式：$Ax+By+Cz+D=0$.

特别地，当 $ABCD\neq 0$ 时，得截距式：$\frac{x}{a}+\frac{y}{b}+\frac{z}{c}=1$.

(3)三点式：$\begin{vmatrix} x-x_1 & y-y_1 & z-z_1 \\ x_2-x_1 & y_2-y_1 & z_2-z_1 \\ x_3-x_1 & y_3-y_1 & z_3-z_1 \end{vmatrix}=0$ 或 $\begin{vmatrix} 1 & x & y & z \\ 1 & x_1 & y_1 & z_1 \\ 1 & x_2 & y_2 & z_2 \\ 1 & x_3 & y_3 & z_3 \end{vmatrix}=0.$

2. 确定平面的条件

(1)平面过点 M_0 且平行于不共线的两个向量(称为方位向量)；

(2)平面过不共线三点.

特别地,平面与三坐标轴分别交于非原点的三点,则可得截距式方程.

3. 几个结论

结论 1 两平面 $\pi_i:A_ix+B_iy+C_iz+D_i=0(i=1,2)$ 的夹角 φ(常指锐角)的余弦

$$\cos\varphi=|\cos\theta|=\frac{|\boldsymbol{n}_1\cdot\boldsymbol{n}_2|}{|\boldsymbol{n}_1||\boldsymbol{n}_2|},$$

其中,$\boldsymbol{n}_i=(A_i,B_i,C_i)(i=1,2)$,$\theta$ 为 $\boldsymbol{n}_1,\boldsymbol{n}_2$ 的夹角.

特别地,$\boldsymbol{n}_1\perp\boldsymbol{n}_2\Leftrightarrow A_1A_2+B_1B_2+C_1C_2=0$.

结论 2 平面 $Ax+By+Cz+D=0$ 平行于向量 $\boldsymbol{v}=(a,b,c)$ 的充要条件是

$$aA+bB+cC=0.$$

结论 3 设平面 $Ax+By+Cz+D=0$,则：

(1)$D=0$ 的充要条件是平面过原点；

(2)$A=0$ 的充要条件是平面平行于 x 轴；

(3)$A=D=0$ 的充要条件是平面过 x 轴；

(4)$A=B=0$ 的充要条件是平面平行于 xOy 面；

(5)$A=B=D=0$ 的充要条件是平面为 xOy 面.

结论 4 设两平面 $\pi_i:A_ix+B_iy+C_iz+D_i=0(i=1,2)$,则

(1)π_1 与 π_2 相交$\Leftrightarrow A_1:B_1:C_1\neq A_2:B_2:C_2$；

(2)π_1 与 π_2 垂直$\Leftrightarrow A_1A_2+B_1B_2+C_1C_2=0$；

(3)π_1 与 π_2 平行$\Leftrightarrow\frac{A_1}{A_2}=\frac{B_1}{B_2}=\frac{C_1}{C_2}\neq\frac{D_1}{D_2}$；

(4)π_1 与 π_2 重合$\Leftrightarrow\frac{A_1}{A_2}=\frac{B_1}{B_2}=\frac{C_1}{C_2}=\frac{D_1}{D_2}$.

结论 5 点 $M_0(x_0,y_0,z_0)$ 到平面 $Ax+By+Cz+D=0$ 的距离

$$d=\frac{|Ax_0+By_0+Cz_0+D|}{\sqrt{A^2+B^2+C^2}}.$$

结论 6 设有两平面 $\pi_i:A_ix+B_iy+C_iz+D_i=0(i=1,2)$,则对所有不全为零的数 λ_1,λ_2,有平面束

$$\pi:\lambda_1(A_1x+B_1y+C_1z+D_1)+\lambda_2(A_2x+B_2y+C_2z+D_2)=0.$$

(1)当 π_1 与 π_2 相交于直线 L 时,平面束表示过 L 的所有平面；

(2)当 π_1 与 π_2 平行时,平面束表示平行于 π_1 与 π_2 的所有平面.

问题 当直线由对称式或参数式给出时,如何求过该直线的平面束？

6.2.4　空间直线及其方程

1. 直线方程的类型

(1)对称式(点向式)：$\frac{x-x_0}{m}=\frac{y-y_0}{n}=\frac{z-z_0}{p}$.

(2)两点式：$\frac{x-x_1}{x_2-x_1}=\frac{y-y_1}{y_2-y_1}=\frac{z-z_1}{z_2-z_1}$.

(3)参数式：$\begin{cases}x=x_0+mt\\ y=y_0+nt\\ z=z_0+pt\end{cases}$.

(4)一般式：$\begin{cases}A_1x+B_1y+C_1z+D_1=0\\ A_2x+B_2y+C_2z+D_2=0\end{cases}$，$(A_1,B_1,C_1)\not\parallel(A_2,B_2,C_2)$.

2. 确定直线的条件

(1)设直线过点 $M_0(x_0,y_0,z_0)$且与向量 $\boldsymbol{s}=(m,n,p)$平行(称为方向向量)，则可求得点向式(即对称式)或参数式；

(2)设直线过两点 $M_1(x_1,y_1,z_1)$，$M_2(x_2,y_2,z_2)$，则可求得两点式或参数式；

(3)设直线为两个平面的交线，可求得一般式、点向式、参数式.

3. 几个重要结论

结论 1　设直线过点 $M_0(x_0,y_0,z_0)$，方向向量为 $\boldsymbol{s}$，则点 $M_1(x_1,y_1,z_1)$到该直线的距离

$$d=\frac{|\boldsymbol{s}\times\overrightarrow{M_0M_1}|}{|\boldsymbol{s}|}.$$

结论 2　设直线 L_1 与 L_2 的方向向量分别为 $\boldsymbol{s}_1,\boldsymbol{s}_2$，则 L_1 与 L_2 的夹角 φ(常指锐角)的余弦为

$$\cos\varphi=|\cos\theta|=\frac{|\boldsymbol{s}_1\cdot\boldsymbol{s}_2|}{|\boldsymbol{s}_1||\boldsymbol{s}_2|}.$$

其中 θ 为 $\boldsymbol{s}_1$ 与 $\boldsymbol{s}_2$ 的**夹角**.

结论 3　设直线 L 的方向向量为 $\boldsymbol{s}$，平面 π 的法向量为 $\boldsymbol{n}$，则 L 与 π 的夹角 φ(常指锐角)的正弦为

$$\sin\varphi=|\cos\theta|=\frac{|\boldsymbol{s}\cdot\boldsymbol{n}|}{|\boldsymbol{s}||\boldsymbol{n}|}.$$

结论 4　设直线 L_i：$\frac{x-x_i}{m_i}=\frac{y-y_i}{n_i}=\frac{z-z_i}{p_i}$，即直线 L_i 过点 $M_i(x_i,y_i,z_i)$，方向向量 $\boldsymbol{s}_i=(m_i,n_i,p_i)$，$i=1,2$. 则：

(1)L_1 与 L_2 异面$\Leftrightarrow\overrightarrow{M_1M_2},\boldsymbol{s}_1,\boldsymbol{s}_2$ 不共面$\Leftrightarrow\Delta=\begin{vmatrix}x_2-x_1 & y_2-y_1 & z_2-z_1\\ m_1 & n_1 & p_1\\ m_2 & n_2 & p_2\end{vmatrix}\neq0$.

(2)L_1 与 L_2 相交$\Leftrightarrow\overrightarrow{M_1M_2},\boldsymbol{s}_1,\boldsymbol{s}_2$ 共面，且 $\boldsymbol{s}_1,\boldsymbol{s}_2$ 不共线(不平行)

$\Leftrightarrow \Delta=0$ 且 $m_1 : n_1 : p_1 \neq m_2 : n_2 : p_2$.

(3)L_1 与 L_2 平行$\Leftrightarrow \boldsymbol{s}_1 /\!/ \boldsymbol{s}_2 \not/\!/ \overrightarrow{M_1M_2}$.

(4)L_1 与 L_2 重合$\Leftrightarrow \boldsymbol{s}_1 /\!/ \boldsymbol{s}_2 /\!/ \overrightarrow{M_1M_2}$.

结论 5 设直线 L:$\dfrac{x-x_0}{m}=\dfrac{y-y_0}{n}=\dfrac{z-z_0}{p}$,即直线 L 过点 $M_0(x_0,y_0,z_0)$,方向向量 $\boldsymbol{s}=(m,n,p)$;平面 π:$Ax+By+Cz+D=0$. 则:

(1)L 与 π 相交$\Leftrightarrow \boldsymbol{s}$ 不平行于 $\pi \Leftrightarrow \boldsymbol{s}$ 与 $\boldsymbol{n}=(A,B,C)$不垂直.

(2)L 与 π 平行,且 L 不在 π 内

$\Leftrightarrow \boldsymbol{s} \perp \boldsymbol{n}$,且 $M_0 \notin \pi$

$\Leftrightarrow mA+nB+pC=0$,且 $Ax_0+By_0+Cz_0+D\neq 0$.

若 L 在 π 内

$\Leftrightarrow \boldsymbol{s} \perp \boldsymbol{n}$,且 $M_0 \in \pi$

$\Leftrightarrow mA+nB+pC=0$,且 $Ax_0+By_0+Cz_0+D=0$.

(3)$L \perp \pi \Leftrightarrow \boldsymbol{s} /\!/ \boldsymbol{n} \Leftrightarrow m : n : p = A : B : C$.

注 两直线、两平面、直线与平面间的位置条件不宜死记硬背,应该利用几何特征记忆.

6.2.5 二次曲面

由 x,y,z 的二次方程所确定的曲面称为二次曲面. 下面给出常用的五种实二次曲面.

1. 椭球面

标准方程:

$$\frac{x^2}{a^2}+\frac{y^2}{b^2}+\frac{z^2}{c^2}=1 \quad (a,b,c>0).$$

(1)关于三个坐标面对称;

(2)关于三个坐标轴对称;

(3)关于原点对称.

其图像如图 6-1 所示.

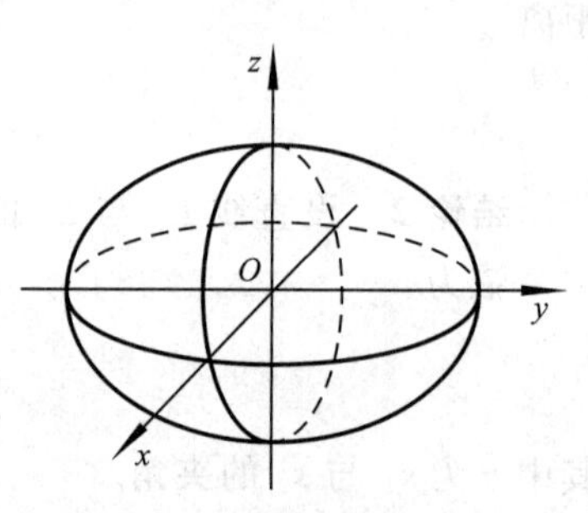

图 6-1

2. 椭球抛物面

标准方程:

$$\frac{x^2}{a^2}+\frac{y^2}{b^2}=2z \quad (a,b>0).$$

(1)关于 yOz, zOx 坐标面对称;

(2)关于 z 轴对称.

其图像如图 6-2 所示.

类似讨论:$\dfrac{y^2}{b^2}+\dfrac{z^2}{c^2}=2x$, $\dfrac{z^2}{c^2}+\dfrac{x^2}{a^2}=2y$.

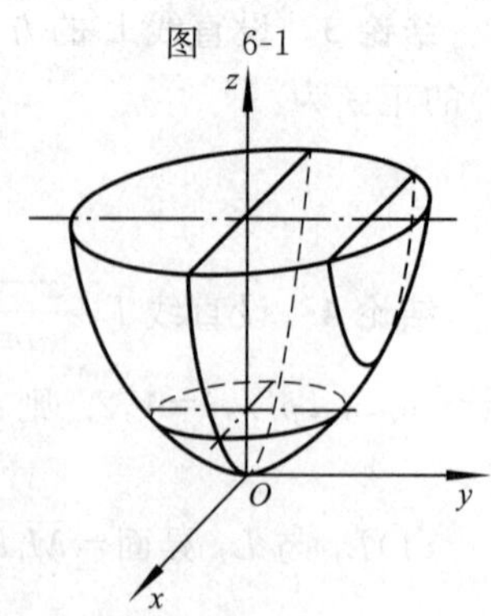

图 6-2

3. 椭球锥面

标准方程：

$$\frac{x^2}{a^2}+\frac{y^2}{b^2}-\frac{z^2}{c^2}=0 \quad (a,b,c>0).$$

(1)关于三个坐标面对称；

(2)关于三个坐标轴对称；

(3)关于原点对称.

其图像如图 6-3 所示.

类似讨论：$\frac{x^2}{a^2}-\frac{y^2}{b^2}+\frac{z^2}{c^2}=0,-\frac{x^2}{a^2}+\frac{y^2}{b^2}+\frac{z^2}{c^2}=0.$

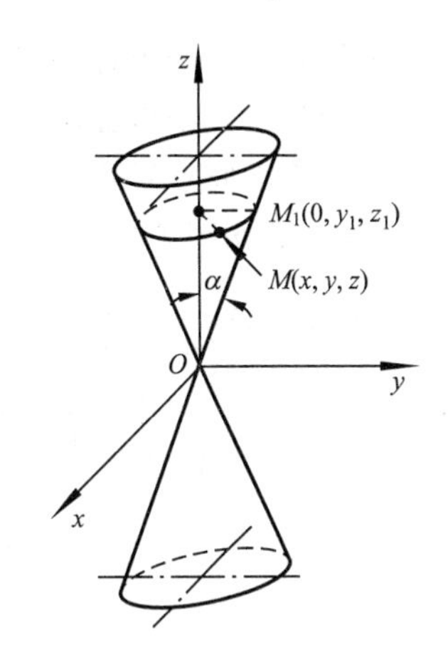

图　6-3

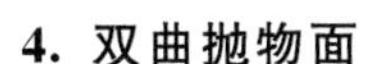

4. 双曲抛物面

标准方程：

$$\frac{x^2}{a^2}-\frac{y^2}{b^2}=kz \quad (a,b,k>0).$$

(1)关于 yOz,zOx 坐标面对称；

(2)关于 z 轴对称.

其图像如图 6-4 所示.

类似讨论：$\frac{y^2}{b^2}-\frac{z^2}{c^2}=kx,\frac{x^2}{a^2}-\frac{z^2}{c^2}=ky.$

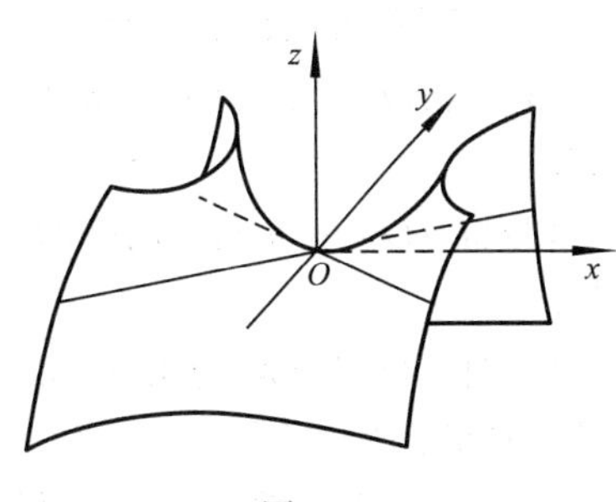

图　6-4

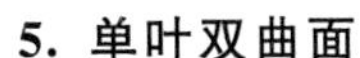

5. 单叶双曲面

标准方程：

$$\frac{x^2}{a^2}+\frac{y^2}{b^2}-\frac{z^2}{c^2}=1 \quad (a,b,c>0).$$

(1)关于三个坐标面对称；

(2)关于三个坐标轴对称；

(3)关于原点对称.

其图像如图 6-5 所示.

类似讨论：$\frac{x^2}{a^2}-\frac{y^2}{b^2}+\frac{z^2}{c^2}=1,$

$$-\frac{x^2}{a^2}+\frac{y^2}{b^2}+\frac{z^2}{c^2}=1.$$

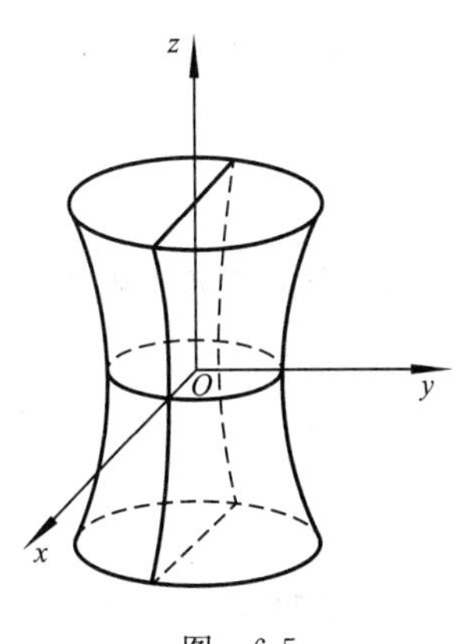

图　6-5

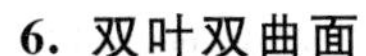

6. 双叶双曲面

标准方程：

$$\frac{x^2}{a^2}+\frac{y^2}{b^2}-\frac{z^2}{c^2}=-1(a,b,c>0).$$

(1)关于三个坐标面对称；

(2)关于三个坐标轴对称；

(3)关于原点对称.

其图像如图 6-6 所示.

类似讨论：$\frac{x^2}{a^2}-\frac{y^2}{b^2}+\frac{z^2}{c^2}=-1$，

$$-\frac{x^2}{a^2}+\frac{y^2}{b^2}+\frac{z^2}{c^2}=-1.$$

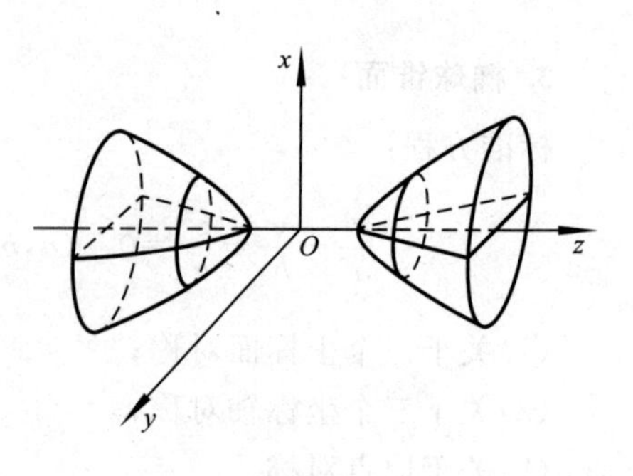

图 6-6

6.3 自 测 题

自 测 题 1

1. 求下列各曲面的方程，并画图：

(1)将 yOz 坐标面上的抛物线 $y^2=2z$ 绕 z 轴旋转一周，求所得到的旋转曲面的方程.

(2)将 xOy 坐标面上的椭圆 $4x^2+9y^2=36$ 绕 y 轴旋转一周，求所得到的旋转曲面的方程.

(3)将 xOz 坐标面上的双曲线 $16x^2-9z^2=144$ 分别绕 x 轴和 z 轴旋转一周，求所得到的旋转曲面的方程.

2. 指出下列方程在平面解析几何中和在空间解析几何中分别表示什么图形：

(1)$y=1$；　　(2)$x+y=1$；

(3)$x^2+y^2=R^2$；　　(4)$\frac{x^2}{a^2}+\frac{y^2}{b^2}=1$；

(5)$\frac{x^2}{a^2}-\frac{y^2}{b^2}=1$；　　(6)$y^2=2px$.

自 测 题 2

1. 指出下列方程所表示的曲线，并画出交线图：

(1) $\begin{cases}x^2+y^2+z^2=25\\x=3\end{cases}$；　　(2) $\begin{cases}x^2+4y^2+9z^2=36\\y=1\end{cases}$；

(3) $\begin{cases}x^2-4y^2+z^2=25\\x=-3\end{cases}$；　　(4) $\begin{cases}y^2+z^2-4x+8=0\\z=4\end{cases}$.

2. 求球面 $x^2+y^2+z^2=4$ 与平面 $x+z=1$ 的交线在三个坐标面上的投影的方程.

3. 分别求母线平行于 x 轴及 z 轴而且通过曲线 $\begin{cases}x^2+y^2=z^2\\2x^2+y^2+z^2=16\end{cases}$ 的柱面方程.

4. 求旋转抛物面 $z=x^2+y^2(0\leqslant z\leqslant 1)$ 在三个坐标面上的投影.

5. 求半球面 $z=\sqrt{a^2-x^2-y^2}$ 被柱面 $x^2+y^2-ax=0$ 截下部分在 xOy 面上的投影及 $y=\sqrt{ax-x^2}$ 被 $x^2+y^2+z^2=a^2$ 截下部分在 xOz 面上的投影.

自 测 题 3

1. 已知下列条件,求平面方程.

(1)过点 $A(3,3,4)$ 和 z 轴;

(2)过点 $A(0,1,-1)$ 和 $B(1,1,1)$ 且垂直于平面 $x+y+z=0$;

(3)过点 $A(1,2,5)$,$B(-1,3,1)$,$C(0,1,3)$;

(4)过点 $A(1,-1,1)$ 且垂直于平面 $x-y+z-1=0$ 和 $2x+y+z=0$.

2. k 为何值时,使得平面 $x-y+z-3=0$ 与 $x-y+z-k=0$:

(1)重合;　　(2)平行;　　(3)相距为 1.

3. 求平面 $2x-y+z-6=0$ 与 $x-y+2z-5=0$ 的夹角.

自 测 题 4

1. 已知下列条件,求直线方程:

(1)过点 $A(1,2,3)$ 且平行于直线 $\frac{x-1}{2}=\frac{y-1}{1}=\frac{z+1}{-1}$;

(2)过点 $A(5,0,-1)$ 且与直线 $\begin{cases}2x+y=0\\x+z=0\end{cases}$ 垂直相交;

(3)过点 $A(2,-3,4)$ 且与 y 轴垂直相交;

(4)过点 $A(1,1,1)$ 且平行于平面 $x+y-2z+1=0$ 和 $x+2y-z+1=0$.

2. 先证两直线 $\begin{cases}2x+3y-4z=0\\3x-4y+z=0\end{cases}$ 与 $\begin{cases}5x-y-3z-1=0\\x-7y+5z+1=0\end{cases}$ 平行,再求所在平面的方程.

3. 求直线 $\begin{cases}x+y+z=5\\x-y+z=2\end{cases}$ 和 $\begin{cases}y+3z=4\\3y-2z=1\end{cases}$ 的夹角.

4. 求直线 L_1: $\frac{x-4}{-2}=\frac{y+3}{2}=\frac{z-5}{-3}$ 与 L_2: $x=\frac{y-1}{-4}=\frac{z+1}{3}$ 的交点到直线 L: $\frac{x+1}{-1}=\frac{y-1}{2}=-z$ 的距离.

5. 已知直线 L: $\begin{cases}2x-4y+z=0\\3x-y-2z+9=0\end{cases}$,平面 π: $4x-y+z-1=0$,求:

(1)L 与 π 的夹角;　　(2)L 在 π 上的投影直线方程.

6. 求过点 $(-1,0,4)$,且平行于平面 $3x-4y+z-10=0$ 又与直线 $\frac{x+1}{1}=\frac{y-3}{1}=\frac{z}{2}$ 相交的直线方程.

7. 设一平面垂直于平面 $z=0$,并通过从点 $(1,-1,1)$ 到直线 $\begin{cases}y-z+1=0\\x=1\end{cases}$ 的垂线,求平面方程.

附录A 模拟试卷

模拟试卷1

一、选择题和填空题(含10个小题,每小题3分,共30分)

1. 设$\boldsymbol{A},\boldsymbol{B}$均为$n$阶方阵,且满足$\boldsymbol{AB}=\boldsymbol{0}$,则必有(　　).

A. $\boldsymbol{A}=\boldsymbol{O}$,或$\boldsymbol{B}=\boldsymbol{O}$　　　　B. $\boldsymbol{A}+\boldsymbol{B}=\boldsymbol{O}$

C. $|\boldsymbol{A}|=0$,或$|\boldsymbol{B}|=0$　　　　D. $|\boldsymbol{A}|+|\boldsymbol{B}|=0$

2. 设n阶方阵$\boldsymbol{A}=\begin{pmatrix}1&1&0&0\\1&1&1&0\\0&1&1&1\\0&0&1&1\end{pmatrix}$,则线性方程组$\boldsymbol{Ax}=\boldsymbol{b}$(　　).

A. 有唯一解　　　　B. 无解

C. 有无穷多解　　　　D. 是否有解与b有关

3. 设$\boldsymbol{A},\boldsymbol{B}$为满足$\boldsymbol{AB}=\boldsymbol{O}$的任意两个非零矩阵,则必有(　　).

A. $\boldsymbol{A}$的列向量组线性相关,$\boldsymbol{B}$的行向量组线性相关

B. $\boldsymbol{A}$的列向量组线性相关,$\boldsymbol{B}$的列向量组线性相关

C. $\boldsymbol{A}$的行向量组线性相关,$\boldsymbol{B}$的行向量组线性相关

D. $\boldsymbol{A}$的行向量组线性相关,$\boldsymbol{B}$的列向量组线性相关

4. 设$\boldsymbol{\alpha}_1=\begin{pmatrix}0\\0\\c_1\end{pmatrix},\boldsymbol{\alpha}_2=\begin{pmatrix}0\\1\\c_2\end{pmatrix},\boldsymbol{\alpha}_3=\begin{pmatrix}-1\\1\\c_3\end{pmatrix},\boldsymbol{\alpha}_4=\begin{pmatrix}1\\-1\\c_4\end{pmatrix}$,其中$c_1,c_2,c_3,c_4$为任意常数,则下列向量组线性相关的是(　　).

A. $\boldsymbol{\alpha}_1,\boldsymbol{\alpha}_2,\boldsymbol{\alpha}_3$　　　　B. $\boldsymbol{\alpha}_1,\boldsymbol{\alpha}_2,\boldsymbol{\alpha}_4$

C. $\boldsymbol{\alpha}_1,\boldsymbol{\alpha}_3,\boldsymbol{\alpha}_4$　　　　D. $\boldsymbol{\alpha}_2,\boldsymbol{\alpha}_3,\boldsymbol{\alpha}_4$

5. 设$\boldsymbol{A}$为4阶实对称矩阵,$\boldsymbol{A}^2+\boldsymbol{A}=\boldsymbol{O}$,且$\boldsymbol{A}$的秩为3,则$\boldsymbol{A}$合同于(　　).

A. $\begin{pmatrix}-1&&&\\&0&&\\&&0&\\&&&0\end{pmatrix}$　　　　B. $\begin{pmatrix}-1&&&\\&0&&\\&&-2&\\&&&-3\end{pmatrix}$

C. $\begin{pmatrix} -1 & & & \\ & -2 & & \\ & & 3 & \\ & & & 0 \end{pmatrix}$ D. $\begin{pmatrix} 1 & & & \\ & 2 & & \\ & & -3 & \\ & & & 0 \end{pmatrix}$

6. 已知 n 阶方阵 $\boldsymbol{A}$ 满足 $\boldsymbol{A}^2-\boldsymbol{A}-2\boldsymbol{E}=\boldsymbol{O}$，则(　　).

A. $\boldsymbol{A}+\boldsymbol{E}$ 与 $\boldsymbol{A}-2\boldsymbol{E}$ 均可逆 B. $\boldsymbol{A}$ 与 $\boldsymbol{E}-\boldsymbol{A}$ 均可逆

C. $\boldsymbol{A}$ 可逆，$\boldsymbol{E}-\boldsymbol{A}$ 不可逆 D. $\boldsymbol{A}$ 不可逆，$\boldsymbol{E}-\boldsymbol{A}$ 可逆

7. 下列说法错误的是(　　).

A. 实对称矩阵的特征值均为实数 B. 实反对称矩阵的特征值为零或虚数

C. 实正交矩阵的特征值的模为 1 D. 若 $\boldsymbol{A}$ 与 $\boldsymbol{B}$ 相似，则 $\boldsymbol{A}$ 与 $\boldsymbol{B}$ 合同

8. 设 4 阶行列式 $|\boldsymbol{\alpha}_1\ \ \boldsymbol{\alpha}_2\ \ \boldsymbol{\alpha}_3\ \ \boldsymbol{\beta}_1|=m$，$|\boldsymbol{\alpha}_1\ \ \boldsymbol{\alpha}_2\ \ \boldsymbol{\beta}_2\ \ \boldsymbol{\alpha}_3|=n$，则 4 阶行列式 $|\boldsymbol{\alpha}_1\ \ \boldsymbol{\alpha}_2\ \ \boldsymbol{\alpha}_3\ \ \boldsymbol{\beta}_1+\boldsymbol{\beta}_2|=$(　　).

9. 设 n 阶矩阵 $\boldsymbol{A}$ 的各行元素之和为 0，且 $\boldsymbol{A}$ 的秩为 $n-1$，又 $\boldsymbol{\eta}$ 是非齐次线性方程组 $\boldsymbol{Ax}=\boldsymbol{b}$ 的一个解，则 $\boldsymbol{Ax}=\boldsymbol{b}$ 的通解为(　　).

10. 曲线 $e^z=y^2$ 关于 Oz 轴旋转而成的旋转曲面方程为(　　).

二、计算题和证明题(含 8 个小题，每小题 5 分，共 40 分)

1. 设矩阵 $\boldsymbol{A}=\begin{pmatrix} 1 & 0 & 0 & 0 \\ 0 & 1 & 0 & 0 \\ 2 & 0 & 1 & 4 \\ 2 & 0 & 1 & 5 \end{pmatrix}$，计算行列式 $|2\boldsymbol{A}^{12}|$.

2. 计算 $D=\begin{vmatrix} a+1 & b & c & d \\ a & b+1 & c & d \\ a & b & c+1 & d \\ a & b & c & d+1 \end{vmatrix}$.

3. 已知 $\boldsymbol{A}$ 为 3 阶方阵，$\boldsymbol{A}^*$ 为 $\boldsymbol{A}$ 为伴随矩阵，且 $|\boldsymbol{A}|=\frac{1}{2}$，求 $|(3\boldsymbol{A})^{-1}-2\boldsymbol{A}^*|$.

4. 设 4 维向量组：$\boldsymbol{\alpha}_1=(1,2,-1,2)^{\mathrm{T}}$，$\boldsymbol{\alpha}_2=(2,1,4,-1)^{\mathrm{T}}$，$\boldsymbol{\alpha}_3=(1,-1,5,-3)^{\mathrm{T}}$，$\boldsymbol{\alpha}_4=(0,1,2,1)^{\mathrm{T}}$. 求其一个极大无关组，并将其余向量表示为该极大无关组的线性组合.

5. 设 3 阶方阵 $\boldsymbol{A},\boldsymbol{B}$ 满足 $\boldsymbol{AB}=2\boldsymbol{A}+\boldsymbol{E}$，且 $\boldsymbol{B}=\begin{pmatrix} 3 & 0 & 2 \\ 0 & 3 & 0 \\ 1 & 0 & 3 \end{pmatrix}$，求 $\boldsymbol{A}$.

6. 设 $\boldsymbol{A}=(a_{ij})$ 是 3 阶非零矩阵，$\boldsymbol{A}_{ij}$ 是元素 a_{ij} 的代数余子式，且 $a_{ij}+A_{ij}=0(i,j=1,2,3)$，计算 A 的行列式 $|\boldsymbol{A}|$.

7. 已知平面 $\pi_1:2x+y+z-6=0$ 与平面 $\pi_2:x+y-cz-5=0$ 垂直，求过点 $M_0(c,c,c)$ 且与这两个平面平行的直线方程(对称式).

8. 设 $\boldsymbol{A}$ 为 3 阶矩阵，$\boldsymbol{\alpha}_1,\boldsymbol{\alpha}_2$ 为 A 的对应于特征值 -1 的两个线性无关的特征向量，$\boldsymbol{\alpha}_3$ 为 A 的对应于特征值 1 的特征向量. 证明：向量组 $\boldsymbol{\alpha}_1+\boldsymbol{\alpha}_2,\boldsymbol{\alpha}_1-\boldsymbol{\alpha}_3,\boldsymbol{\alpha}_2-\boldsymbol{\alpha}_3$ 线性无关.

三、完成下列各题(含 2 个小题,每小题 15 分,共 30 分)

1. 设 $\boldsymbol{A}=\begin{pmatrix}1&a&0&0\\0&1&a&0\\0&0&1&a\\a&0&0&1\end{pmatrix}$,$\boldsymbol{\beta}=\begin{pmatrix}1\\-1\\0\\0\end{pmatrix}$,问:(1)当 a 为何值时,$\boldsymbol{Ax}=\boldsymbol{\beta}$ 无解?(2)当 a 为何值时,$\boldsymbol{Ax}=\boldsymbol{\beta}$ 有无穷多解?并求通解.

2. 求一个正交变换,将下列二次型化为标准形

$$f(x_1,x_2,x_3)=-x_1^2-x_2^2-x_3^2+4x_1x_2+4x_1x_3-4x_2x_3.$$

模拟试卷 2

一、选择题与填空题(含 10 个小题,每小题 3 分,共 30 分)

1. 设 $\boldsymbol{A}=\begin{pmatrix}\boldsymbol{\alpha}_1^{\mathrm{T}}\\ \boldsymbol{\alpha}_2^{\mathrm{T}}\\ \boldsymbol{\alpha}_3^{\mathrm{T}}\end{pmatrix}$,其中 $\boldsymbol{\alpha}_1,\boldsymbol{\alpha}_2,\boldsymbol{\alpha}_3$ 均为 3 维列向量. 若 $|\boldsymbol{A}|=1$,则 $\begin{vmatrix}\boldsymbol{\alpha}_3^{\mathrm{T}}-2\boldsymbol{\alpha}_1^{\mathrm{T}}\\ \boldsymbol{\alpha}_1^{\mathrm{T}}\\ 2\boldsymbol{\alpha}_2^{\mathrm{T}}\end{vmatrix}=(\quad)$.

2. 设 $\boldsymbol{A}=\begin{pmatrix}1&23&45\\0&2&61\\0&0&3\end{pmatrix}$,$\boldsymbol{B}=\begin{pmatrix}1&0&0\\48&1&0\\25&34&1\end{pmatrix}$,则 $|\boldsymbol{AB}|=(\quad)$.

3. 设有 3 阶矩阵 $\boldsymbol{A}=\begin{pmatrix}1&2&-2\\2&1&2\\3&0&4\end{pmatrix}$ 及 3 维列向量 $\boldsymbol{\alpha}=(a,1,1)^{\mathrm{T}}$. 已知 $\boldsymbol{A\alpha}$ 与 $\boldsymbol{\alpha}$ 线性相关,则 $a=(\quad)$.

4. 齐次线性方程组 $nx_1+(n-1)x_2+\cdots+x_n=0$ 的基础解系所含的向量个数为(　　).

5. 已知 3 阶矩阵 $\boldsymbol{A}$ 的特征值为 1, 2, 3,则 $|2\boldsymbol{A}^{-1}-4\boldsymbol{E}|=(\quad)$.

6. 已知矩阵 $\boldsymbol{A}$ 有一个 k 阶子式不等于 0,则必有(　　).

A. $R(\boldsymbol{A})>k$　　　　B. $R(\boldsymbol{A})\geqslant k$

C. $R(\boldsymbol{A})=k$　　　　D. $R(\boldsymbol{A})\leqslant k$

7. 设向量组 A:$\boldsymbol{\alpha}_1,\boldsymbol{\alpha}_2,\cdots,\boldsymbol{\alpha}_s$ 可由向量组 B:$\boldsymbol{\beta}_1,\boldsymbol{\beta}_2,\cdots,\boldsymbol{\beta}_t$ 线性表示,则(　　).

A. 秩($\boldsymbol{A}$)$\leqslant$秩($\boldsymbol{B}$)　　　　B. 秩($\boldsymbol{A}$)$>$秩($\boldsymbol{B}$)

C. $s\leqslant t$　　　　D. $s>t$

8. 设 $\boldsymbol{\alpha}_1,\boldsymbol{\alpha}_2,\boldsymbol{\alpha}_3$ 是 4 元非齐次线性方程组 $\boldsymbol{Ax}=\boldsymbol{b}$ 的解,$R(\boldsymbol{A})=3$. $\boldsymbol{\alpha}_1+\boldsymbol{\alpha}_2=(1,1,0,2)^{\mathrm{T}}$,$\boldsymbol{\alpha}_2+\boldsymbol{\alpha}_3=(1,0,1,3)^{\mathrm{T}}$,$\boldsymbol{c}$ 为任意常数,则线性方程组 $\boldsymbol{Ax}=\boldsymbol{b}$ 的通解为(　　).

A. $(1,1,0,2)^{\mathrm{T}}+c(1,0,1,3)^{\mathrm{T}}$　　　　B. $(1,1,0,2)^{\mathrm{T}}+c(0,-1,1,1)^{\mathrm{T}}$

C. $\left(\frac{1}{2},\frac{1}{2},0,1\right)^{\mathrm{T}}+c(1,0,1,3)^{\mathrm{T}}$　　　　D. $\left(\frac{1}{2},\frac{1}{2},0,1\right)^{\mathrm{T}}+c(0,-1,1,1)^{\mathrm{T}}$

9. 若方阵 $\boldsymbol{A}$ 与单位阵相似,则 $\boldsymbol{A}^n=(\quad)$.

A. $\boldsymbol{A}$　　　　B. $\boldsymbol{E}$

C. $-\boldsymbol{E}$　　　　D. $n\boldsymbol{E}$

10. 向量组 $\boldsymbol{\alpha}_1,\boldsymbol{\alpha}_2,\cdots,\boldsymbol{\alpha}_s(s\geqslant 2)$ 的秩不为零的充分必要条件是(　　).

A. $\boldsymbol{\alpha}_1,\boldsymbol{\alpha}_2,\cdots,\boldsymbol{\alpha}_s$ 中有一个向量可由其余向量线性表示

B. $\boldsymbol{\alpha}_1,\boldsymbol{\alpha}_2,\cdots,\boldsymbol{\alpha}_s$ 全是零向量

C. $\boldsymbol{\alpha}_1,\boldsymbol{\alpha}_2,\cdots,\boldsymbol{\alpha}_s$ 中至少有一个非零向量

D. $\boldsymbol{\alpha}_1,\boldsymbol{\alpha}_2,\cdots,\boldsymbol{\alpha}_s$ 全是非零向量

二、解答题(含 3 个小题,第 1,2 小题各 5 分,第 3 小题 15 分,共 25 分)

1. 行列式 $D=\begin{vmatrix}5-t & 2 & 2\\ 2 & 6-t & 0\\ 2 & 0 & 4-t\end{vmatrix}=0$,求 t.

2. 计算 4 阶行列式 $D=\begin{vmatrix}0&1&1&1\\1&0&1&1\\1&1&0&1\\1&1&1&0\end{vmatrix}$.

3. 设 $\boldsymbol{A}=\begin{pmatrix}1&1&-1\\0&1&1\\0&0&-1\end{pmatrix}$,$\boldsymbol{B}=\begin{pmatrix}2&0&1\\0&2&0\\0&0&2\end{pmatrix}$,且 $\boldsymbol{AX}=\boldsymbol{B}$,求 $(\boldsymbol{AB})^{\mathrm{T}}$,$(\boldsymbol{AB})^{-1}$ 和 $\boldsymbol{X}$.

三、解答题(含 3 个小题,第 1,2 个小题各 5 分,第 3 小题 10 分,共 25 分)

1. 已知直线 l 平行于平面 $\pi_1: x+y-2z+1=0$ 和 $\pi_2: x+2y-z+1=0$ 且过点 $A(1,1,1)$,求直线 l 的方程.

2. 设向量组 $\boldsymbol{\alpha}_1=(1,-1,0,0)^{\mathrm{T}}$,$\boldsymbol{\alpha}_2=(-1,2,1,-1)^{\mathrm{T}}$,$\boldsymbol{\alpha}_3=(0,1,1,-1)^{\mathrm{T}}$,$\boldsymbol{\alpha}_4=(-1,3,2,1)^{\mathrm{T}}$,求向量组 $\boldsymbol{\alpha}_1,\boldsymbol{\alpha}_2,\boldsymbol{\alpha}_3,\boldsymbol{\alpha}_4$ 的一个极大无关组并将其余向量用这个极大无关组线性表示.

3. 求方程组 $\begin{cases}x_1-2x_2-x_3+x_4=1\\ -2x_1+3x_2+x_3-3x_4=2\\ 3x_1-5x_2-2x_3+4x_4=-1\end{cases}$ 的通解.

四、解答证明题(含 3 个小题,第 1 小题 10 分,第 2,3 小题各 5 分,共 20 分)

1. 设 $\boldsymbol{A}=\begin{pmatrix}0&1&2\\1&0&2\\2&2&3\end{pmatrix}$,求正交矩阵 $\boldsymbol{P}$ 及对角矩阵 $\boldsymbol{\Lambda}$,使得 $\boldsymbol{P}^{-1}\boldsymbol{AP}=\boldsymbol{\Lambda}$.

2. 设 $\boldsymbol{A}$ 为 n 阶方阵且 $\boldsymbol{A}^{\mathrm{T}}=-\boldsymbol{A}$,试证:当 n 为奇数时 $|\boldsymbol{A}|=0$.

3. 设向量组 $\boldsymbol{\alpha}_1,\boldsymbol{\alpha}_2,\boldsymbol{\alpha}_3$ 线性无关,$\boldsymbol{\beta}_1=a\boldsymbol{\alpha}_1+b\boldsymbol{\alpha}_2$,$\boldsymbol{\beta}_2=a\boldsymbol{\alpha}_2+b\boldsymbol{\alpha}_3$,$\boldsymbol{\beta}_3=a\boldsymbol{\alpha}_3+b\boldsymbol{\alpha}_1$. 试问当 a,b 满足什么条件时 $\boldsymbol{\beta}_1,\boldsymbol{\beta}_2,\boldsymbol{\beta}_3$ 线性无关?

模拟试卷 3

一、选择题和填空题(含 10 个小题,每小题 4 分,共 40 分)

1. 在 4 阶行列式中,$a_{12}a_{31}a_{43}a_{24}$所在项的符号是“+”还是“-”?(　　).

2. 设 $\boldsymbol{A}$ 为三阶方阵,已知$|\boldsymbol{A}|=-2$,则$||\boldsymbol{A}|\boldsymbol{A}|=$(　　).

3. 以 $A(1,2,3)$,$B(2,3,4)$,$C(2,3,6)$为顶点的三角形的面积为(　　).

4. 设 n 阶矩阵 $\boldsymbol{A}$,$\boldsymbol{B}$ 均可逆,则$\left|-2\begin{pmatrix}\boldsymbol{A}^{\mathrm{T}} & \boldsymbol{O}\\ \boldsymbol{O} & \boldsymbol{B}^{-1}\end{pmatrix}\right|=$(　　).

A. $-2|\boldsymbol{A}||\boldsymbol{B}|^{-1}$　　　　B. $-2|\boldsymbol{A}^{\mathrm{T}}||\boldsymbol{B}|$

C. $(-2)^{2n}|\boldsymbol{A}||\boldsymbol{B}|^{-1}$　　　　D. $(-2)^{n}|\boldsymbol{A}||\boldsymbol{B}|^{-1}$

5. 若 $\boldsymbol{A}$ 为 n 阶可逆矩阵,则伴随矩阵$(-\boldsymbol{A})^{*}=$(　　).

A. $\boldsymbol{A}^{*}$　　　　B. $-\boldsymbol{A}^{*}$

C. $(-1)^{n-1}\boldsymbol{A}^{*}$　　　　D. $(-1)^{n}\boldsymbol{A}^{*}$

6. 设 $\boldsymbol{\alpha}=(a_1,a_2,\cdots,a_n)^{\mathrm{T}}$,$\boldsymbol{\beta}=(b_1,b_2,\cdots,b_n)^{\mathrm{T}}$ 均为非零向量,且 $\boldsymbol{\alpha}^{\mathrm{T}}\boldsymbol{\beta}=\boldsymbol{0}$,又记 $\boldsymbol{A}=\boldsymbol{\beta}\boldsymbol{\alpha}^{\mathrm{T}}$,则秩 $R(\boldsymbol{A}^2)=$(　　).

A. $n-1$　　　　B. n

C. 0　　　　D. 1

7. 设 $f(x_1,x_2,x_3)=x_1^2+kx_2^2+k^2x_3^2+2x_1x_2$ 为正定二次型,则 k 的取值范围是(　　).

A. $k<1$　　　　B. $k\leqslant 1$

C. $k>1$　　　　D. $k\geqslant 1$

8. 设 n 阶矩阵 $\boldsymbol{A}$ 有特征值 $0,1,\cdots,n-1$,且与 $\boldsymbol{B}$ 相似,则行列式$|\boldsymbol{B}+\boldsymbol{E}|=$(　　).

9. 设三阶矩阵 $\boldsymbol{A}$ 的一个特征值为 2,对应的特征向量 $\boldsymbol{\alpha}=(1,1,1)^{\mathrm{T}}$,则 $\boldsymbol{A}$ 的 9 个元素之和为(　　).

10. 曲面$\dfrac{x^2+y^2}{a^2}+\dfrac{z^2}{c^2}=1$是曲线绕哪个坐标轴旋转而成的?(　　).

二、完成下列各题(含 6 个小题,每小题 5 分,共 30 分)

1. 设 $\boldsymbol{A}=\begin{pmatrix}1 & 2\\ 1 & 0\\ 0 & -1\end{pmatrix}$,$\boldsymbol{B}=\begin{pmatrix}-3 & 2 & -7\\ 2 & -2 & 4\end{pmatrix}$,求行列式$|\boldsymbol{AB}|$.

2. 计算行列式$\begin{vmatrix}1 & 1 & 1 & 1\\ a & b+a & c+2a & d+3a\\ a & b+2a & c+3a & d+4a\\ a & b+3a & c+4a & d+5a\end{vmatrix}$.

3. 设 $\boldsymbol{A}=\begin{pmatrix}0 & -1 & 2\\ -1 & 1 & -1\\ 2 & -1 & 5\end{pmatrix}$,求解 $\boldsymbol{AX}=\boldsymbol{E}-\boldsymbol{X}$.

4. 设 4 维向量组：$\boldsymbol{\alpha}_1=(1,-1,1,2)^{\mathrm{T}}$，$\boldsymbol{\alpha}_2=(2,-3,1,-1)^{\mathrm{T}}$，$\boldsymbol{\alpha}_3=(1,-1,2,-3)^{\mathrm{T}}$，$\boldsymbol{\alpha}_4=(1,-2,-1,2)^{\mathrm{T}}$. 求其一个极大无关组.

5. 设 $L_1:\dfrac{x}{2}=\dfrac{y-1}{4}=\dfrac{z+2}{-1}$，$L_2:\dfrac{x-3}{1}=\dfrac{y+2}{3}=\dfrac{z-5}{-2}$，求过点(1,1,1)且与这两条直线垂直的直线方程.

6. 设 $\boldsymbol{\alpha}_1,\boldsymbol{\alpha}_2,\boldsymbol{\alpha}_3$ 线性无关，且 $\boldsymbol{\beta}_1=\boldsymbol{\alpha}_1+2\boldsymbol{\alpha}_2+\boldsymbol{\alpha}_3$，$\boldsymbol{\beta}_2=-\boldsymbol{\alpha}_1+\boldsymbol{\alpha}_2+\boldsymbol{\alpha}_3$，$\boldsymbol{\beta}_3=2\boldsymbol{\alpha}_1+3\boldsymbol{\alpha}_2+\boldsymbol{\alpha}_3$，证明 $\boldsymbol{\beta}_1,\boldsymbol{\beta}_2,\boldsymbol{\beta}_3$ 线性无关.

三、完成下列各题(含 2 个小题，每题 15 分，共 30 分)

1. 设线性方程组 $\begin{cases} x_1-2x_2-x_3=-1 \\ x_1+(\lambda-1)x_2+\lambda x_3=2 \\ 5x_1+(\lambda-9)x_2-4x_3=-2 \end{cases}$，问当 λ 取何值时：(1)有唯一解？(2)无解？(3)有无穷多解？并求通解.

2. 设三阶实对称矩阵 $\boldsymbol{A}$ 的特征值为 6，3，3，对应特征值 6 的特征向量 $\boldsymbol{p}_1=(2,1,2)^{\mathrm{T}}$. (1)求正交矩阵 $\boldsymbol{P}$ 及对角矩阵 $\boldsymbol{B}$ 使 $\boldsymbol{P}^{\mathrm{T}}\boldsymbol{A}\boldsymbol{P}=\boldsymbol{B}$；(2)求 $\boldsymbol{A}$.

模拟试卷 4

一、选择题和填空题(含 10 个小题,每小题 4 分,共 40 分)

1. 行列式 D 为零的必要条件是(　　).

A. D 中有两行(或列)元素成比例

B. D 中有一行(或列)元素全为零

C. D 中各行(或列)元素之和为零

D. 以 D 为系数行列式的齐次方程组有非零解

2. 设 $\boldsymbol{A}$ 为 $m\times n$ 矩阵,$\boldsymbol{B}$ 为 n 阶可逆矩阵,若 $\boldsymbol{A}$ 的秩为 r_1,$\boldsymbol{AB}$ 的秩为 r,则 r 和 r_1 的关系是(　　).

A. $r=r_1$　　　B. $r<r_1$　　　C. $r>r_1$　　　D. 不能确定

3. 设 $\boldsymbol{A}$ 为 m 阶矩阵,则存在非零的 $m\times n$ 矩阵 $\boldsymbol{B}$,使 $\boldsymbol{AB}=0$ 的充分且必要条件是(　　).

A. $R(\boldsymbol{A})=n$　　　B. $R(\boldsymbol{A})<n$　　　C. $R(\boldsymbol{A})=m$　　　D. $R(\boldsymbol{A})<m$

4. 设向量组 A:$\boldsymbol{\alpha}_1$, $\boldsymbol{\alpha}_2$, $\cdots$,$\boldsymbol{\alpha}_r$ 可由 B:$\boldsymbol{\beta}_1$, $\boldsymbol{\beta}_2$, $\cdots$,$\boldsymbol{\beta}_s$ 线性表示,则(　　).

A. 当 $r<s$ 时,向量组 A 线性相关　　　B. 当 $r>s$ 时,向量组 A 线性相关

C. 当 $r<s$ 时,向量组 B 线性相关　　　D. 当 $r>s$ 时,向量组 B 线性相关

5. 设齐次方程组 $\boldsymbol{Ax}=\boldsymbol{0}$ 的基础解系为 $\boldsymbol{\xi}_1,\boldsymbol{\xi}_2,\boldsymbol{\xi}_3$,则下列哪个向量组也可以作为 $\boldsymbol{Ax}=\boldsymbol{0}$ 的基础解系(　　).

A. 与 $\boldsymbol{\xi}_1,\boldsymbol{\xi}_2,\boldsymbol{\xi}_3$ 等价的向量组　　　B. 与 $\boldsymbol{\xi}_1,\boldsymbol{\xi}_2,\boldsymbol{\xi}_3$ 等秩的向量组

C. $\boldsymbol{\xi}_1-\boldsymbol{\xi}_2,\boldsymbol{\xi}_2-\boldsymbol{\xi}_3,\boldsymbol{\xi}_3-\boldsymbol{\xi}_1$　　　D. $\boldsymbol{\xi}_1,\boldsymbol{\xi}_1+\boldsymbol{\xi}_2,\boldsymbol{\xi}_1+\boldsymbol{\xi}_2+\boldsymbol{\xi}_3$

6. 设 $\boldsymbol{A}=\begin{pmatrix}1&1&4\\1&x&2\\0&0&1\end{pmatrix}$ 且 $\boldsymbol{A}$ 的特征值为 0,1,2,则 $x=$(　　).

A. 1;　　　B. 2;　　　C. 3;　　　D. 4.

7. 直线 $\dfrac{x-2}{3}=\dfrac{y+2}{2}=\dfrac{z-1}{-5}$ 与平面 $x+y+z=1$ 的位置关系是(　　).

A. 平行;　　　B. 垂直;　　　C. 斜相交;　　　D. 直线在平面内.

8. 设 n 阶实对称矩阵 $\boldsymbol{A}$ 满足 $\boldsymbol{A}^2=\boldsymbol{A}$ 且 $R(\boldsymbol{A})=r$,则 $|2\boldsymbol{E}-\boldsymbol{A}|=$(　　).

9. 设 $\boldsymbol{\xi}_1,\boldsymbol{\xi}_2,\cdots,\boldsymbol{\xi}_s$ 为非齐次方程组 $\boldsymbol{Ax}=\boldsymbol{b}$ 的解,若 $k_1\boldsymbol{\xi}_1+k_2\boldsymbol{\xi}_2+\cdots+k_s\boldsymbol{\xi}_s$ 也是 $\boldsymbol{Ax}=\boldsymbol{b}$ 的解,则 $k_1+k_2+\cdots+k_s=$(　　).

10. 设 $\boldsymbol{A}$ 为三阶矩阵,$|\boldsymbol{A}|=2$,则 $\left|\left(\dfrac{1}{3}\boldsymbol{A}\right)^{-1}-2\boldsymbol{A}^*\right|=$(　　).

二、计算题(含 6 个小题,每小题 5 分,共 30 分)

1. $\begin{vmatrix}a&-1&1&a-1\\a&-1&a+1&-1\\a&a-1&1&-1\\a&-1&1&-1\end{vmatrix}$.

2. 设$\boldsymbol{A},\boldsymbol{B}$均为四阶方阵，若$\boldsymbol{A}=(\alpha,\gamma_2,\gamma_3,\gamma_4)$，$\boldsymbol{B}=(\beta,\gamma_2,\gamma_3,\gamma_4)$，又$|\boldsymbol{A}|=1,|\boldsymbol{B}|=2$，计算方阵$\boldsymbol{A}+\boldsymbol{B}$的行列式.

3. 设$\boldsymbol{A}=\begin{pmatrix}1&0&1\\0&2&0\\0&0&1\end{pmatrix}$，求$(\boldsymbol{A}+3\boldsymbol{E})^{-1}(\boldsymbol{A}^2-9\boldsymbol{E})$.

4. 设$|\boldsymbol{a}|=1,|\boldsymbol{b}|=\sqrt{2}$，$\boldsymbol{a}$与$\boldsymbol{b}$的夹角是$\frac{\pi}{4}$，求$|\boldsymbol{a}+\boldsymbol{b}|$.

5. 设$\boldsymbol{A}=\begin{pmatrix}2&-1&0&0\\-3&2&0&0\\0&0&-3&4\\0&0&2&-3\end{pmatrix}$，求$\boldsymbol{A}^{-1}$.

6. 求过平面$L_1:\frac{x-2}{1}=\frac{y+3}{-5}=\frac{z+1}{-1}$且与平面$L_2:\frac{x-4}{-1}=\frac{y}{3}=\frac{z+5}{5}$平行的平面方程.

三、解答题(共3题，第1,2小题个5分，第3小题10分，共20分)

1. 设$\boldsymbol{\alpha}_1,\boldsymbol{\alpha}_2,\boldsymbol{\alpha}_3$为矩阵$\boldsymbol{A}$的不同特征值对应的特征向量，若$\boldsymbol{\beta}_1=\boldsymbol{\alpha}_1+\boldsymbol{\alpha}_2,\boldsymbol{\beta}_2=\boldsymbol{\alpha}_2+\boldsymbol{\alpha}_3,\boldsymbol{\beta}_3=\boldsymbol{\alpha}_3+\boldsymbol{\alpha}_1$，证明$\boldsymbol{\beta}_1,\boldsymbol{\beta}_2,\boldsymbol{\beta}_3$线性无关.

2. 设$\boldsymbol{\xi}=\begin{pmatrix}1\\1\\-1\end{pmatrix}$是$\boldsymbol{A}=\begin{pmatrix}2&-1&2\\5&a&3\\-1&b&-2\end{pmatrix}$的一个特征向量，求$a,b$及$\boldsymbol{\xi}$对应特征值.

3. 求向量组$\boldsymbol{\alpha}_1=\begin{pmatrix}1\\1\\3\\1\end{pmatrix},\boldsymbol{\alpha}_2=\begin{pmatrix}-1\\1\\-1\\3\end{pmatrix},\boldsymbol{\alpha}_3=\begin{pmatrix}5\\-2\\8\\-9\end{pmatrix},\boldsymbol{\alpha}_4=\begin{pmatrix}-1\\3\\1\\7\end{pmatrix}$的秩和一个极大无关组，并将其余向量用这个极大无关组线性表示.

四、解答题(共2题，每题10分，共20分)

1. 设$\boldsymbol{\alpha}_1=\begin{pmatrix}1\\3\\-1\end{pmatrix},\boldsymbol{\alpha}_2=\begin{pmatrix}3\\2\\4\end{pmatrix},\boldsymbol{\alpha}_3=\begin{pmatrix}1\\3\\\lambda\end{pmatrix},\boldsymbol{\beta}=\begin{pmatrix}0\\-1\\\mu\end{pmatrix}$，问

(1)λ,μ为何值时，$\boldsymbol{\beta}$不能由$\boldsymbol{\alpha}_1,\boldsymbol{\alpha}_2,\boldsymbol{\alpha}_3$线性表示？

(2)λ,μ为何值时，$\boldsymbol{\beta}$可以由$\boldsymbol{\alpha}_1,\boldsymbol{\alpha}_2,\boldsymbol{\alpha}_3$线性表示且表达式唯一？

(3)λ,μ为何值时，$\boldsymbol{\beta}$可以由$\boldsymbol{\alpha}_1,\boldsymbol{\alpha}_2,\boldsymbol{\alpha}_3$线性表示且表达式不唯一？

2. 用正交变换将二次型$f=x_1^2+4x_2^2+4x_3^2-4x_1x_2+4x_1x_3-8x_2x_3$化为标准型.

模拟试卷 5

一、选择题和填空题(含 10 个小题,每小题 4 分,共 40 分)

其中 1—3 题为判断题,对的填√,错的填×;4—10 题为填空题。

1. 两两正交的向量组一定是正交组(　　).

2. 4 个 3 维向量构成的向量组一定线性相关(　　).

3. 向量组$\boldsymbol{\alpha}_1,\boldsymbol{\alpha}_2,\cdots,\boldsymbol{\alpha}_n(n>2)$线性相关等价于方程组 $\lambda_1\boldsymbol{\alpha}_1+\lambda_2\boldsymbol{\alpha}_2+\cdots+\lambda_n\boldsymbol{\alpha}_n=\boldsymbol{0}$ 有解(　　).

4. 设矩阵 $\boldsymbol{A}$ 为 3 阶方阵,其特征值为 3,−1,2,则$|2\boldsymbol{A}^2-3\boldsymbol{A}+\boldsymbol{E}|$等于(　　).

5. 计算$\begin{pmatrix}0&0&1\\0&1&0\\1&0&0\end{pmatrix}^{2008}\begin{pmatrix}1&2&3\\4&5&6\\7&8&9\end{pmatrix}\begin{pmatrix}1&0&0\\0&0&1\\0&1&0\end{pmatrix}^{2009}=(a_{ij})$,则 $a_{23}=$(　　).

6. 若 $\boldsymbol{A}$ 为可逆矩阵且 $\boldsymbol{A}^2-\boldsymbol{A}-2\boldsymbol{E}=\boldsymbol{0}$,则 $\boldsymbol{A}$ 的逆矩阵为(　　).

7. 旋转曲面$\dfrac{x^2}{9}-\dfrac{y^2+z^2}{4}=1$是曲线(　　)绕 x 轴旋转一周得到的.

8. 设向量 $\boldsymbol{a}=\boldsymbol{i}-2\boldsymbol{j}+3\boldsymbol{k},\boldsymbol{b}=4\boldsymbol{j}-5\boldsymbol{k}$,则 $\boldsymbol{a}\times\boldsymbol{b}=$(　　).

9. 设矩阵 $\boldsymbol{A}=\begin{pmatrix}1&-1\\2&3\end{pmatrix}$, $\boldsymbol{B}=\boldsymbol{A}^2-3\boldsymbol{A}+2\boldsymbol{E}$, 则$|\boldsymbol{B}^{-1}|=$(　　).

10. 对于任意 $n\times1$ 矩阵 $\boldsymbol{x}$,均有 $\boldsymbol{A}_{n\times n}\boldsymbol{x}_{n\times1}=\boldsymbol{0}_{n\times1}$,则 $\boldsymbol{A}=$(　　).

二、计算题(含 5 个小题,每小题 5 分,共 25 分)

1. 计算行列式 $\boldsymbol{D}=\begin{vmatrix}-2&-1&1&0\\3&1&-1&-1\\1&2&-1&1\\4&1&3&-1\end{vmatrix}$.

2. 计算行列式$\begin{vmatrix}1+a&1&1\\1&1-a&1\\1&1&1+b\end{vmatrix}(ab\neq0)$.

3. 求向量组的一个极大无关组和秩,$\boldsymbol{\alpha}_1=(1,0,2,1)^{\mathrm{T}},\boldsymbol{\alpha}_2=(1,2,0,1)^{\mathrm{T}},\boldsymbol{\alpha}_3=(2,1,3,0)^{\mathrm{T}},\boldsymbol{\alpha}_4=(2,5,-1,4)^{\mathrm{T}}$.

4. 求过点(1,−1,2)且与直线$\begin{cases}x+y+z=3\\3x-3y+5z=5\end{cases}$平行的直线方程.

5. 解矩阵方程$\begin{pmatrix}1&3&0\\2&4&0\\0&0&1\end{pmatrix}\boldsymbol{X}=\begin{pmatrix}3&2&0\\2&4&0\\0&0&2\end{pmatrix}$.

三、解答题(共 4 题,前 3 题各 10 分,第 4 小题 5 分,共 35 分)

1. 求方程组的通解

$$\begin{cases} x_1-x_2-x_3+x_4=0 \\ x_1-x_2+x_3-3x_4=1 \\ x_1-x_2-2x_3+3x_4=-0.5 \end{cases}.$$

2. 判断下面二次型是否为正定二次型,并给出证明:

$f=x_1{}^2+3x_2{}^2+9x_3{}^2+19x_4{}^2-2x_1x_2+4x_1x_3+2x_1x_4-6x_2x_4-12x_3x_4$.

3. 已知 $\boldsymbol{A}=\begin{bmatrix} 2 & 0 & 0 \\ 0 & 3 & 2 \\ 0 & 2 & 3 \end{bmatrix}$,求正交矩阵 $\boldsymbol{P}$,使得 $\boldsymbol{P}^{-1}\boldsymbol{AP}$ 为对角矩阵;请给出正交矩阵 $\boldsymbol{P}$ 及其相应的对角矩阵的表达式.

4. 证明:若 $|\boldsymbol{Q}_{n\times n}|\neq 0$,则 $R(\boldsymbol{A}_{n\times n}\boldsymbol{Q}_{n\times n})=R(\boldsymbol{A}_{n\times n})$.

参考答案

第 1 章

自测题 1

1. 4，$\frac{(n-1)n}{2}$.

因为 $t(24315)=1+2+1+0=4$，$t(13\cdots(2n-1)24\cdots(2n))=0+1+2+\cdots+(n-1)+0+\cdots+0=\frac{(n-1)n}{2}$.

2. $\frac{(n-1)n}{2}-s$.

$a_1a_2\cdots a_n$ 中共有$\frac{(n-1)n}{2}$对元素.由 $a_1a_2\cdots a_n$ 的逆序数为 s 知，其中有 s 对元素构成逆序，$\frac{(n-1)n}{2}-s$ 对元素不构成逆序；而 $a_na_{n-1}\cdots a_2a_1$ 中构成逆序的元素对恰好是 $a_1a_2\cdots a_n$ 中不构成逆序的元素对，所以 $a_na_{n-1}\cdots a_2a_1$ 的逆序数为$\frac{(n-1)n}{2}-s$.

3. 2，−1.

由行列式的定义知，$f(x)$中只有主对角线上 4 个元素之积含 x^4，因此 $f(x)$中 x^4 的系数为 2；同理，$f(x)$中只有 $a_{12}a_{21}a_{33}a_{44}$ 含 x^3，由此，x^3 的系数为$(-1)^{t(2134)}=-1$.

4. 0.

法 1
$$\begin{vmatrix} a_1 & a_2 & a_3 & a_4 & a_5 \\ b_1 & b_2 & b_3 & b_4 & b_5 \\ c_1 & c_2 & 0 & 0 & 0 \\ d_1 & d_2 & 0 & 0 & 0 \\ e_1 & e_2 & 0 & 0 & 0 \end{vmatrix} \xlongequal[\text{第 1 列与后 3 列依次交换}]{\text{第 2 列与后 3 列依次交换}} (-1)^6 \begin{vmatrix} a_3 & a_4 & a_5 & a_1 & a_2 \\ b_3 & b_4 & b_5 & b_1 & b_2 \\ 0 & 0 & 0 & c_1 & c_2 \\ 0 & 0 & 0 & d_1 & d_2 \\ 0 & 0 & 0 & e_1 & e_2 \end{vmatrix}$$

$$= \begin{vmatrix} a_3 & a_4 \\ b_3 & b_4 \end{vmatrix} \begin{vmatrix} 0 & c_1 & c_2 \\ 0 & d_1 & d_2 \\ 0 & e_1 & e_2 \end{vmatrix}$$

$$=0.$$

法 2　按行列式定义知,此行列式的每一项都一定要取到后三行后三列交叉位置的元素 0,从而行列式值为 0.

5. D.

选项 D 中的行列式的值为

$$(-1)^{t(n23\cdots(n-1)1)}a_{1n}a_{22}a_{33}\cdots a_{(n-1)(n-1)}a_{n1}=(-1)^{(n-1)+1+1\cdots+1}\cdot 1\cdot 1\cdot 1\cdots\cdot 1\cdot 1$$
$$=(-1)^{(n-1)+(n-2)}=-1.$$

6. $a_{11}a_{24}a_{32}a_{43}$ 或 $-a_{11}a_{24}a_{33}a_{42}$.

含 $a_{11}a_{24}$ 的项应是 $(-1)^{t(14xy)}a_{11}a_{24}a_{3x}a_{4y}$,而排列 xy 应为 23 或 32,故含 $a_{11}a_{24}$ 的项应是 $(-1)^{t(1423)}a_{11}a_{24}a_{32}a_{43}=a_{11}a_{24}a_{32}a_{43}$ 或 $(-1)^{t(1432)}a_{11}a_{24}a_{33}a_{42}=-a_{11}a_{24}a_{33}a_{42}$.

自 测 题 2

一、1.
$$\begin{vmatrix}2&1&-5&1\\1&-3&0&-6\\0&2&-1&2\\1&4&-7&6\end{vmatrix}=-\begin{vmatrix}1&-3&0&-6\\2&1&-5&1\\0&2&-1&2\\1&4&-7&6\end{vmatrix}=-\begin{vmatrix}1&-3&0&-6\\0&7&-5&13\\0&2&-1&2\\0&7&-7&12\end{vmatrix}$$
$$=-\begin{vmatrix}1&-3&0&-6\\0&7&-5&13\\0&2&-1&2\\0&0&-2&-1\end{vmatrix}=-\begin{vmatrix}1&-3&0&-6\\0&1&-2&7\\0&2&-1&2\\0&0&-2&-1\end{vmatrix}=-\begin{vmatrix}1&-3&0&-6\\0&1&-2&7\\0&0&3&-12\\0&0&-2&-1\end{vmatrix}$$
$$=-\begin{vmatrix}1&-3&0&-6\\0&1&-2&7\\0&0&1&-13\\0&0&-2&-1\end{vmatrix}=-\begin{vmatrix}1&-3&0&-6\\0&1&-2&7\\0&0&1&-13\\0&0&0&-27\end{vmatrix}$$
$$=27.$$

2.
$$\begin{vmatrix}-ab&ac&ae\\bd&-cd&de\\bf&cf&-ef\end{vmatrix}=adf\begin{vmatrix}-b&c&e\\b&-c&e\\b&c&-e\end{vmatrix}=abcdef\begin{vmatrix}-1&1&1\\1&-1&1\\1&1&-1\end{vmatrix}$$
$$=4abcdef.$$

3.
$$\begin{vmatrix}1&-0.3&0.3&-1\\0.5&0&0&-1\\0&-1.1&0.3&0\\1&1&0.5&0.5\end{vmatrix}=\frac{1}{10\times2\times10\times2}\begin{vmatrix}10&-3&3&-10\\1&0&0&-2\\0&-11&3&0\\2&2&1&1\end{vmatrix}$$

$$=\frac{1}{400}\begin{vmatrix}0&-3&3&10\\1&0&0&-2\\0&-11&3&0\\0&2&1&5\end{vmatrix}=\frac{-1}{400}\begin{vmatrix}1&0&0&-2\\0&-3&3&10\\0&-11&3&0\\0&2&1&5\end{vmatrix}=\frac{-1}{400}\begin{vmatrix}1&0&0&-2\\0&-1&4&15\\0&-1&8&25\\0&2&1&5\end{vmatrix}$$

$$=\frac{-1}{400}\begin{vmatrix}1&0&0&-2\\0&-1&4&15\\0&0&4&10\\0&0&5&35\end{vmatrix}=\frac{-1}{40}\begin{vmatrix}1&0&0&-2\\0&-1&4&15\\0&0&2&5\\0&0&1&5\end{vmatrix}=\frac{1}{40}\begin{vmatrix}1&0&0&-2\\0&-1&4&15\\0&0&1&5\\0&0&2&5\end{vmatrix}$$

$$=\frac{1}{40}\begin{vmatrix}1&0&0&-2\\0&-1&4&15\\0&0&1&5\\0&0&0&-5\end{vmatrix}=\frac{1}{40}\times5=\frac{1}{8}=0.125.$$

4. $$\begin{vmatrix}5&3&-1&2&0\\1&7&2&5&2\\0&-2&3&1&0\\0&-4&-1&4&0\\0&2&3&5&0\end{vmatrix}=(-1)^4\begin{vmatrix}0&5&3&-1&2\\2&1&7&2&5\\0&0&-2&3&1\\0&0&-4&-1&4\\0&0&2&3&5\end{vmatrix}$$

$$=(-1)^4\begin{vmatrix}0&5\\2&1\end{vmatrix}\begin{vmatrix}-2&3&1\\-4&-1&4\\2&3&5\end{vmatrix}=-1080.$$

二、1. $$\begin{vmatrix}a&b&b&b\\b&a&b&b\\b&b&a&b\\b&b&b&a\end{vmatrix}=(a+3b)\begin{vmatrix}1&1&1&1\\b&a&b&b\\b&b&a&b\\b&b&b&a\end{vmatrix}=(a+3b)\begin{vmatrix}1&1&1&1\\0&a-b&0&0\\0&0&a-b&0\\0&0&0&a-b\end{vmatrix}$$

$$=(a+3b)(a-b)^3.$$

2. $$\begin{vmatrix}1&2&3&4\\2&3&4&1\\3&4&1&2\\4&1&2&3\end{vmatrix}=10\begin{vmatrix}1&1&1&1\\2&3&4&1\\3&4&1&2\\4&1&2&3\end{vmatrix}=10\begin{vmatrix}1&0&0&0\\2&1&1&-3\\3&1&-3&1\\4&-3&1&1\end{vmatrix}$$

$$=10\begin{vmatrix}1&1&-3\\1&-3&1\\-3&1&1\end{vmatrix}=160.$$

3. 原式$=\begin{vmatrix} x^2 & 2x+1 & 2x+3 & 2x+5 \\ y^2 & 2y+1 & 2y+3 & 2y+5 \\ z^2 & 2z+1 & 2z+3 & 2z+5 \\ w^2 & 2w+1 & 2w+3 & 2w+5 \end{vmatrix}=\begin{vmatrix} x^2 & 2x+1 & 2 & 2 \\ y^2 & 2y+1 & 2 & 2 \\ z^2 & 2z+1 & 2 & 2 \\ w^2 & 2w+1 & 2 & 2 \end{vmatrix}=0.$

4. $$D_n=\begin{vmatrix} 1 & \cdots & 1 & -n \\ 1 & \cdots & -n & 1 \\ \vdots & & \vdots & \vdots \\ -n & \cdots & 1 & 1 \end{vmatrix} \xlongequal[j=1,\cdots,n]{c_n+c_j} \begin{vmatrix} -1 & \cdots & -1 & -1 \\ 1 & \cdots & -n & 1 \\ \vdots & & \vdots & \vdots \\ -n & \cdots & 1 & 1 \end{vmatrix}$$

$$\xlongequal[i=1,\cdots,n]{r_i+r_1} \begin{vmatrix} -1 & \cdots & -1 & -1 \\ 0 & \cdots & -1-n & 0 \\ \vdots & & \vdots & \vdots \\ -1-n & \cdots & 0 & 0 \end{vmatrix}_{(n)}$$

$$=-1\cdot(-1)^{1+n}\begin{vmatrix} 0 & \cdots & -1-n \\ \vdots & & \vdots \\ -1-n & \cdots & 0 \end{vmatrix}_{(n-1)}$$

$$=-1\cdot(-1)^{1+n}\cdot(-1)^{\frac{(n-2)(n-1)}{2}}(-1-n)^{n-1}$$
$$=(-1)^{\frac{(n-2)(n-1)}{2}+2n-1}(1+n)^{n-1}=(-1)^{\frac{n(n+1)}{2}}(1+n)^{n-1}.$$

注 上述 D_n 来源之一是计算如下行列式遇到的：

$$\begin{vmatrix} 1 & 2 & \cdots & n & n+1 \\ 2 & 3 & \cdots & n+1 & 1 \\ 3 & 4 & \cdots & 1 & 2 \\ \vdots & \vdots & & \vdots & \vdots \\ n+1 & 1 & \cdots & n-1 & n \end{vmatrix}=\frac{(n+1)(n+2)}{2}\begin{vmatrix} 1 & 1 & \cdots & 1 & 1 \\ 2 & 3 & \cdots & n+1 & 1 \\ 3 & 4 & \cdots & 1 & 2 \\ \vdots & \vdots & & \vdots & \vdots \\ n+1 & 1 & \cdots & n-1 & n \end{vmatrix}$$

$$=\frac{(n+1)(n+2)}{2}\begin{vmatrix} 1 & 0 & \cdots & 0 & 0 \\ 2 & 1 & \cdots & 1 & -n \\ 3 & 1 & \cdots & -n & 1 \\ \vdots & \vdots & & \vdots & \vdots \\ n+1 & 1 & \cdots & 1 & 1 \end{vmatrix}$$

$$=\frac{(n+1)(n+2)}{2}\begin{vmatrix} 1 & \cdots & 1 & -n \\ 1 & \cdots & -n & 1 \\ \vdots & & \vdots & \vdots \\ -n & \cdots & 1 & 1 \end{vmatrix}.$$

5. $$\begin{vmatrix} 2-\lambda & 2 & -2 \\ 2 & 5-\lambda & -4 \\ -2 & -4 & 5-\lambda \end{vmatrix} = \begin{vmatrix} 2-\lambda & 2 & 0 \\ 2 & 5-\lambda & 1-\lambda \\ -2 & -4 & 1-\lambda \end{vmatrix} = \begin{vmatrix} 2-\lambda & 2 & 0 \\ 4 & 9-\lambda & 0 \\ -2 & -4 & 1-\lambda \end{vmatrix}$$

$$=(1-\lambda)\begin{vmatrix} 2-\lambda & 2 \\ 4 & 9-\lambda \end{vmatrix}=(1-\lambda)^2(10-\lambda).$$

三、1. $$\begin{vmatrix} a^2 & ab & b^2 \\ 2a & a+b & 2b \\ 1 & 1 & 1 \end{vmatrix} = \begin{vmatrix} 0 & ab-a^2 & b^2-a^2 \\ 0 & b-a & 2b-2a \\ 1 & 1 & 1 \end{vmatrix} = \begin{vmatrix} ab-a^2 & b^2-a^2 \\ b-a & 2b-2a \end{vmatrix}$$

$$=(b-a)^2\begin{vmatrix} a & b+a \\ 1 & 2 \end{vmatrix}=(b-a)^2(a-b)=(a-b)^3.$$

评注 本题与许多含字母的题做法类似，要点是要尽可能地分解出结果中所要的因式，为此只能用性质在行或列中化出这些因子，然后逐行或列提出. 因为本题只有 3 阶，所以做法也很多，另一个可选办法是在最后一行中化零.

2. $$\begin{vmatrix} x_1+y_1 & y_1+z_1 & z_1+x_1 \\ x_2+y_2 & y_2+z_2 & z_2+x_2 \\ x_3+y_3 & y_3+z_3 & z_3+x_3 \end{vmatrix} = \begin{vmatrix} x_1 & y_1+z_1 & z_1+x_1 \\ x_2 & y_2+z_2 & z_2+x_2 \\ x_3 & y_3+z_3 & z_3+x_3 \end{vmatrix} + \begin{vmatrix} y_1 & y_1+z_1 & z_1+x_1 \\ y_2 & y_2+z_2 & z_2+x_2 \\ y_3 & y_3+z_3 & z_3+x_3 \end{vmatrix}$$

$$= \begin{vmatrix} x_1 & y_1+z_1 & z_1 \\ x_2 & y_2+z_2 & z_2 \\ x_3 & y_3+z_3 & z_3 \end{vmatrix} + \begin{vmatrix} y_1 & z_1 & z_1+x_1 \\ y_2 & z_2 & z_2+x_2 \\ y_3 & z_3 & z_3+x_3 \end{vmatrix}$$

$$= \begin{vmatrix} x_1 & y_1 & z_1 \\ x_2 & y_2 & z_2 \\ x_3 & y_3 & z_3 \end{vmatrix} + \begin{vmatrix} y_1 & z_1 & x_1 \\ y_2 & z_2 & x_2 \\ y_3 & z_3 & x_3 \end{vmatrix}$$

$$=2\begin{vmatrix} x_1 & y_1 & z_1 \\ x_2 & y_2 & z_2 \\ x_3 & y_3 & z_3 \end{vmatrix}.$$

评注 依行列式的性质，第一步按第一列折成两个行列式之和，但不能直接折成第三步的两个行列式之和. 当然，也可以按折行求解.

3. $$\begin{vmatrix} x & -1 & 0 & \cdots & 0 & 0 \\ 0 & x & -1 & \cdots & 0 & 0 \\ 0 & 0 & x & & 0 & 0 \\ \vdots & \vdots & \vdots & & \vdots & \vdots \\ 0 & 0 & 0 & \cdots & x & -1 \\ a_n & a_{n-1} & a_{n-2} & \cdots & a_2 & x+a_1 \end{vmatrix} \xlongequal{c_{n-1}+xc_n} \begin{vmatrix} x & -1 & 0 & \cdots & 0 & 0 \\ 0 & x & -1 & \cdots & 0 & 0 \\ 0 & 0 & x & \cdots & 0 & 0 \\ \vdots & \vdots & \vdots & & \vdots & \vdots \\ 0 & 0 & 0 & \cdots & 0 & -1 \\ a_n & a_{n-1} & a_{n-2} & \cdots & x^2+a_1x+a_2 & x+a_1 \end{vmatrix}$$

$$=\cdots$$

$$=\begin{vmatrix} 0 & -1 & 0 & \cdots & 0 & 0 \\ 0 & 0 & -1 & \cdots & 0 & 0 \\ 0 & 0 & 0 & \cdots & 0 & 0 \\ \vdots & \vdots & \vdots & & \vdots & \vdots \\ 0 & 0 & 0 & \cdots & 0 & -1 \\ a_n+a_{n-1}x+\cdots+x^n & a_{n-1}+\cdots+x^{n-1} & a_{n-2}+\cdots+x^{n-2} & \cdots & a_2+a_1x+x^2 & a_1+x \end{vmatrix}$$

$=a_n+a_{n-1}x+\cdots+x^n$.(按第 1 列展开即得)

4. $$\begin{vmatrix} a & 0 & \cdots & 0 & 1 \\ 0 & a & \cdots & 0 & 0 \\ \vdots & \vdots & & \vdots & \vdots \\ 0 & 0 & \cdots & a & 0 \\ 1 & 0 & \cdots & 0 & a \end{vmatrix}_{(n)}=a\cdot(-1)^{1+1}\begin{vmatrix} a & 0 & \cdots & 0 & 0 \\ 0 & a & \cdots & 0 & 0 \\ \vdots & \vdots & & \vdots & \vdots \\ 0 & 0 & \cdots & a & 0 \\ 0 & 0 & \cdots & 0 & a \end{vmatrix}_{(n-1)}+$$

$$1\cdot(-1)^{n+1}\begin{vmatrix} 0 & 0 & \cdots & 0 & 1 \\ a & 0 & \cdots & 0 & 0 \\ 0 & a & \cdots & 0 & 0 \\ \vdots & \vdots & & \vdots & \vdots \\ 0 & 0 & \cdots & a & 0 \end{vmatrix}_{(n-1)}$$

$$=a\cdot a^{n-1}+(-1)^{n+1}\cdot 1\cdot(-1)^{1+(n-1)}\begin{vmatrix} a & 0 & \cdots & 0 \\ 0 & a & \cdots & 0 \\ \vdots & \vdots & & \vdots \\ 0 & 0 & \cdots & a \end{vmatrix}_{(n-2)}$$

$=a^n-a^{n-2}=a^{n-2}(a^2-1)$.

自测题 3

1. $D=25, D_1=75, D_2=-100, D_3=-25, D_4=25$. 计算过程略.

$$x_1=3,\quad x_2=-4,\quad x_3=-1,\quad x_4=1.$$

2. (1) $$D=\begin{vmatrix} \lambda & 1 & 1 \\ 1 & \lambda & -1 \\ 2 & -1 & 1 \end{vmatrix}=\begin{vmatrix} 1+\lambda & 1+\lambda & 0 \\ 1 & \lambda & -1 \\ 3 & \lambda-1 & 0 \end{vmatrix}=(-1)\cdot(-1)^{2+3}\begin{vmatrix} 1+\lambda & 1+\lambda \\ 3 & \lambda-1 \end{vmatrix}$$

$=(1+\lambda)(\lambda-4)$.

所以 $\lambda=-1$ 或 $\lambda=4$ 时方程组有非零解.

$$(2)D=\begin{vmatrix}1-\lambda & -2 & 4\\ 2 & 3-\lambda & 1\\ 1 & 1 & 1-\lambda\end{vmatrix}=\begin{vmatrix}1-\lambda & -3+\lambda & 4-(1-\lambda)^2\\ 2 & 1-\lambda & 1-2(1-\lambda)\\ 1 & 0 & 0\end{vmatrix}$$

$$=\begin{vmatrix}-3+\lambda & -(\lambda-3)(\lambda+1)\\ 1-\lambda & -1+2\lambda\end{vmatrix}$$

$$=(\lambda-3)\begin{vmatrix}1 & -\lambda-1\\ 1-\lambda & -1+2\lambda\end{vmatrix}=(\lambda-3)[-1+2\lambda-(\lambda^2-1)]$$

$$=-\lambda(3-\lambda)(2-\lambda).$$

所以 $\lambda=0$ 或 $\lambda=2$ 或 $\lambda=3$ 时方程组有非零解.

自测题 4

一、1. 0, −23.

法 1 （直接计算）$A_{12}-A_{22}+A_{32}=13-6+(-7)=0$,

$$A_{12}-A_{22}+A_{32}=-2-15+(-6)=-23.$$

法 2 （利用行列式的按行或列展开定理及推论计算）

$$A_{12}-A_{22}+A_{32}=a_{11}A_{12}+a_{21}A_{22}+a_{31}A_{32}=0,$$

（这是第 1 列元素与第 2 列代数余子式积的和，由展开定理的推论知该和等于零）

$$A_{11}-A_{21}+A_{31}=a_{11}A_{11}+a_{21}A_{21}+a_{31}A_{31}=D=\begin{vmatrix}1 & 0 & 3\\ -1 & 2 & 4\\ 1 & 5 & 9\end{vmatrix}=\begin{vmatrix}1 & 0 & 0\\ -1 & 2 & 7\\ 1 & 5 & 6\end{vmatrix}$$

$$=1\cdot\begin{vmatrix}2 & 7\\ 5 & 6\end{vmatrix}=12-35=-23.$$

2. (1) $(a_1a_4-b_1b_4)(a_2a_3-b_2b_3)$.

评注 原式$=\begin{vmatrix}a_1 & 0 & 0 & b_1\\ 0 & a_2 & b_2 & 0\\ 0 & b_3 & a_3 & 0\\ b_4 & 0 & 0 & a_4\end{vmatrix}\xlongequal[\text{第 2 行与后 2 行依次交换}]{\text{第 2 列与后 2 列依次交换}}\begin{vmatrix}a_1 & b_1 & 0 & 0\\ b_4 & a_4 & 0 & 0\\ 0 & 0 & a_2 & b_2\\ 0 & 0 & b_3 & a_3\end{vmatrix}$

$$=\begin{vmatrix}a_1 & b_1\\ b_4 & a_4\end{vmatrix}\begin{vmatrix}a_2 & b_2\\ b_3 & a_3\end{vmatrix}$$

$$=(a_1a_4-b_1b_4)(a_2a_3-b_2b_3).$$

(2)2000.

评注 $\begin{vmatrix}103&100&204\\199&200&395\\301&300&600\end{vmatrix}=\begin{vmatrix}3&100&4\\-1&200&-5\\1&300&0\end{vmatrix}=100\begin{vmatrix}3&1&4\\-1&2&-5\\1&3&0\end{vmatrix}=2000.$

3. A.

评注 先将第 1 列的 -1 倍加到其他各列，再按行列式定义判知.

4. B.

评注 A 正确，因为当 $D\neq0$ 时，方程组有唯一解，故无解（或无穷多解）时，有 $D=0$；B 错误，因为方程组有无穷多解时，必有 $D=0$；

D 的充分性由克莱姆法则给出，而必要性则需用第 5 章的结论.

二、1. $D_n=[a+(n-1)b](a-b)^{n-1}$. **提示**：用归边法.

2. 原式$=[x+(n-2)a]\begin{vmatrix}1&a&\cdots&a\\1&x-a&\cdots&a\\\vdots&\vdots&&\vdots\\1&a&\cdots&x-a\end{vmatrix}$

$$=[x+(n-2)a]\begin{vmatrix}1&0&\cdots&0\\1&x-2a&\cdots&0\\\vdots&\vdots&&\vdots\\1&0&\cdots&x-2a\end{vmatrix}$$

$$=[x+(n-2)a](x-2a)^{n-1}.$$

3.（归边法）$D=\begin{vmatrix}x&-1&1&x-1\\x&-1&x+1&-1\\x&x-1&1&-1\\x&-1&1&-1\end{vmatrix}=x\begin{vmatrix}1&-1&1&x-1\\0&0&x&-x\\0&x&0&-x\\0&0&0&-x\end{vmatrix}$

$$=x\begin{vmatrix}0&x&-x\\x&0&-x\\0&0&-x\end{vmatrix}=x^4.$$

4. 按第 n 行展开：

原式$=a_n\cdot(-1)^{n+1}\begin{vmatrix}-1&&&\\x&\ddots&&\\&\ddots&-1&\\&&x&-1\end{vmatrix}_{(n-1)}+xD_{n-1}=a_n\cdot(-1)^{n+1}\cdot(-1)^{n-1}+xD_{n-1}$

$=a_n+xD_{n-1}=a_n+x(a_{n-1}+xD_{n-2})=a_n+a_{n-1}x+x^2D_{n-2}=\cdots$

$=a_n+a_{n-1}x+\cdots+x^{n-2}D_2=a_n+a_{n-1}x+\cdots+a_1x^{n-1}.$

5.(特定做法,需记住) 由 $a_i\neq 0(i=1,2,\cdots,n)$,得

$$\begin{vmatrix}1+a_1 & 1 & \cdots & 1\\ 1 & 1+a_2 & \cdots & 1\\ \vdots & \vdots & & \vdots\\ 1 & 1 & \cdots & 1+a_n\end{vmatrix}=a_1a_2\cdots a_n\begin{vmatrix}\frac{1}{a_1}+1 & \frac{1}{a_1} & \cdots & \frac{1}{a_1}\\ \frac{1}{a_2} & \frac{1}{a_2}+1 & \cdots & \frac{1}{a_2}\\ \vdots & \vdots & & \vdots\\ \frac{1}{a_n} & \frac{1}{a_n} & \cdots & \frac{1}{a_n}+1\end{vmatrix}$$

$$=a_1a_2\cdots a_n\left(1+\sum_{i=1}^{n}\frac{1}{a_t}\right)\cdot\begin{vmatrix}1 & 1 & \cdots & 1\\ \frac{1}{a_2} & \frac{1}{a_2}+1 & \cdots & \frac{1}{a_2}\\ \vdots & \vdots & & \vdots\\ \frac{1}{a_n} & \frac{1}{a_n} & \cdots & \frac{1}{a_n}+1\end{vmatrix}$$

$$=a_1a_2\cdots a_n\left(1+\sum_{i=1}^{n}\frac{1}{a_t}\right)\cdot\begin{vmatrix}1 & 1 & \cdots & 1\\ 0 & 1 & \cdots & 0\\ \vdots & \vdots & & \vdots\\ 0 & 0 & \cdots & 1\end{vmatrix}$$

$$=a_1a_2\cdots a_n\left(1+\sum_{i=1}^{n}\frac{1}{a_t}\right).$$

第 2 章

自 测 题 1

一、1. C.

分析 选项 A,B 均不正确. 如取 $\boldsymbol{A}=\begin{bmatrix}1&0\\0&0\end{bmatrix}$,$\boldsymbol{B}=\begin{bmatrix}0&0\\0&1\end{bmatrix}$,有 $\boldsymbol{AB}=\boldsymbol{O}$. 但 $\boldsymbol{A}\neq\boldsymbol{O},\boldsymbol{B}\neq\boldsymbol{O};\boldsymbol{A}+\boldsymbol{B}\neq\boldsymbol{O}$.

选项 C 正确. 因 $|\boldsymbol{AB}|=|\boldsymbol{A}|\,|\boldsymbol{B}|=|\boldsymbol{O}|=0$,得到 $|\boldsymbol{A}|=0$,或 $|\boldsymbol{B}|=0$.

选项 D 不正确. 如取 $\boldsymbol{A}=\begin{pmatrix}1&2\\2&1\end{pmatrix}$,$\boldsymbol{B}=\begin{pmatrix}0&0\\0&0\end{pmatrix}$,显然 $\boldsymbol{AB}=\boldsymbol{O}$,但 $|\boldsymbol{A}|+|\boldsymbol{B}|\neq 0$.

2. C.

分析 选项 A 不正确,如取 $\boldsymbol{A}=\begin{pmatrix}1&0\\0&0\end{pmatrix}$;选项 B 不正确,如取 $\boldsymbol{A}=\begin{pmatrix}1&1\\-1&-1\end{pmatrix}$;选项 C 正确,因 $(\boldsymbol{A}^2)^{\mathrm T}=(\boldsymbol{AA})^{\mathrm T}=\boldsymbol{A}^{\mathrm T}\boldsymbol{A}^{\mathrm T}=\boldsymbol{AA}=\boldsymbol{A}^2$;选项 D 不正确,当且仅当 $\boldsymbol{AB}=\boldsymbol{BA}$,即 $\boldsymbol{A}$ 与 $\boldsymbol{B}$ 可换时所给等式才成立.

3. $n-m$.

分析 本题考查行列式的运算性质. 将行列式中每一列均视为向量,则有

$$\begin{aligned}|\boldsymbol{\alpha}_3\quad \boldsymbol{\alpha}_2\quad \boldsymbol{\alpha}_1\quad \boldsymbol{\beta}_1+\boldsymbol{\beta}_2| &= |\boldsymbol{\alpha}_3\quad \boldsymbol{\alpha}_2\quad \boldsymbol{\alpha}_1\quad \boldsymbol{\beta}_1|+|\boldsymbol{\alpha}_3\quad \boldsymbol{\alpha}_2\quad \boldsymbol{\alpha}_1\quad \boldsymbol{\beta}_2|\\ &= -|\boldsymbol{\alpha}_1\quad \boldsymbol{\alpha}_2\quad \boldsymbol{\alpha}_3\quad \boldsymbol{\beta}_1|+|\boldsymbol{\alpha}_1\quad \boldsymbol{\alpha}_2\quad \boldsymbol{\beta}_2\quad \boldsymbol{\alpha}_3|\\ &= n-m.\end{aligned}$$

二、1. 设 $\boldsymbol{A}=(a_{ij})_{m\times n}$,则由 $\boldsymbol{A}\boldsymbol{A}^{\mathrm{T}}=\boldsymbol{O}$,即

$$\boldsymbol{A}\boldsymbol{A}^{\mathrm{T}}=\begin{bmatrix} a_{11}^2+a_{12}^2+\cdots+a_{1n}^2 & \sum_{k=1}^{n}a_{1k}a_{2k} & \cdots & \sum_{k=1}^{n}a_{1k}a_{mk}\\ \sum_{k=1}^{n}a_{1k}a_{2k} & a_{21}^2+a_{22}^2+\cdots+a_{2n}^2 & \cdots & \sum_{k=1}^{n}a_{2k}a_{mk}\\ \vdots & \vdots & & \vdots\\ \sum_{k=1}^{n}a_{1k}a_{mk} & \sum_{k=1}^{n}a_{2k}a_{mk} & \cdots & a_{m1}^2+a_{m2}^2+\cdots+a_{mn}^2\end{bmatrix}=\boldsymbol{O}$$

得

$$a_{11}^2+a_{12}^2+\cdots+a_{1n}^2=0,\quad a_{21}^2+a_{22}^2+\cdots+a_{2n}^2=0,\quad \cdots,\quad a_{m1}^2+a_{m2}^2+\cdots+a_{mn}^2=0,$$

从而 $a_{ij}=0(i=1,2,\cdots,m;j=1,2,\cdots,n)$,故 $\boldsymbol{A}=\boldsymbol{O}$.

2. (1) $\begin{pmatrix}6 & -7 & 8\\ 20 & -5 & -6\end{pmatrix}$;

(2) $a_{11}x_1^2+a_{22}x_2^2+a_{33}x_3^2+2a_{12}x_1x_2+2a_{13}x_1x_3+2a_{23}x_2x_3$.

3. $\boldsymbol{A}^2=\begin{pmatrix}1 & 0\\ -1 & 1\end{pmatrix}\begin{pmatrix}1 & 0\\ -1 & 1\end{pmatrix}=\begin{pmatrix}1 & 0\\ -2 & 1\end{pmatrix}=\begin{pmatrix}2 & 0\\ -2 & 2\end{pmatrix}-\begin{pmatrix}1 & 0\\ 0 & 1\end{pmatrix}=2\boldsymbol{A}-\boldsymbol{E}$,

$$\boldsymbol{A}^3=\begin{pmatrix}1 & 0\\ -1 & 1\end{pmatrix}^2\begin{pmatrix}1 & 0\\ -1 & 1\end{pmatrix}=\begin{pmatrix}1 & 0\\ -2 & 1\end{pmatrix}\begin{pmatrix}1 & 0\\ -1 & 1\end{pmatrix}=\begin{pmatrix}1 & 0\\ -3 & 1\end{pmatrix},$$

……

$$\boldsymbol{A}^{100}=\boldsymbol{A}^{99}\boldsymbol{A}=\begin{pmatrix}1 & 0\\ -99 & 1\end{pmatrix}\begin{pmatrix}1 & 0\\ -1 & 1\end{pmatrix}=\begin{pmatrix}1 & 0\\ -100 & 1\end{pmatrix}.$$

4. 由 $f(x)g(x)=(1-x)(1+x+\cdots+x^{n-1})=1-x^n$,得 $f(\boldsymbol{A})g(\boldsymbol{A})=\boldsymbol{E}-\boldsymbol{A}^n$,因为

$$\boldsymbol{A}^2=\begin{pmatrix}a^2 & 2ab\\ 0 & a^2\end{pmatrix},\quad \boldsymbol{A}^3=\boldsymbol{A}^2\boldsymbol{A}=\begin{pmatrix}a^2 & 2ab\\ 0 & a^2\end{pmatrix}\begin{pmatrix}a & b\\ 0 & a\end{pmatrix}=\begin{pmatrix}a^3 & 3a^2b\\ 0 & a^3\end{pmatrix},\quad \cdots,\quad \boldsymbol{A}^n=\begin{pmatrix}a^n & na^{n-1}b\\ 0 & a^n\end{pmatrix},$$

所以
$$f(\boldsymbol{A})g(\boldsymbol{A})=\boldsymbol{E}-\boldsymbol{A}^n=\begin{pmatrix}1-a^n & -na^{n-1}b\\ 0 & 1-a^n\end{pmatrix}.$$

5. (1)用数学归纳法证 $\boldsymbol{\Lambda}^k=\begin{pmatrix}\lambda_1^k & 0\\ 0 & \lambda_2^k\end{pmatrix}$.

当 $k=2$ 时，$\boldsymbol{\Lambda}^2=\begin{pmatrix}\lambda_1 & 0\\0 & \lambda_2\end{pmatrix}\begin{pmatrix}\lambda_1 & 0\\0 & \lambda_2\end{pmatrix}=\begin{pmatrix}\lambda_1^2 & 0\\0 & \lambda_2^2\end{pmatrix}$成立.

设 $k=n$ 时成立，即 $$\boldsymbol{\Lambda}^n=\begin{pmatrix}\lambda_1^n & 0\\0 & \lambda_2^n\end{pmatrix},$$

当 $k=n+1$ 时， $$\boldsymbol{\Lambda}^{n+1}=\begin{pmatrix}\lambda_1^n & 0\\0 & \lambda_2^n\end{pmatrix}\begin{pmatrix}\lambda_1 & 0\\0 & \lambda_2\end{pmatrix}=\begin{pmatrix}\lambda_1^{n+1} & 0\\0 & \lambda_2^{n+1}\end{pmatrix},$$

所以

$$\boldsymbol{\Lambda}^k=\begin{pmatrix}\lambda_1^k & 0\\0 & \lambda_2^k\end{pmatrix}.$$

设 $f(x)=a_0x^n+a_1x^{n-1}+\cdots+a_{n-1}x+a_n$，再证 $f(\boldsymbol{\Lambda})=\begin{pmatrix}f(\lambda_1) & 0\\0 & f(\lambda_2)\end{pmatrix}$. 事实上，

$$\begin{aligned}f(\boldsymbol{\Lambda})&=a_0\boldsymbol{\Lambda}^n+a_1\boldsymbol{\Lambda}^{n-1}+\cdots+a_{n-1}\boldsymbol{\Lambda}+a_n\boldsymbol{E}\\&=a_0\begin{pmatrix}\lambda_1^n & 0\\0 & \lambda_2^n\end{pmatrix}+a_1\begin{pmatrix}\lambda_1^{n-1} & 0\\0 & \lambda_2^{n-1}\end{pmatrix}+\cdots+a_{n-1}\begin{pmatrix}\lambda_1 & 0\\0 & \lambda_2\end{pmatrix}+a_n\begin{pmatrix}1 & 0\\0 & 1\end{pmatrix}\\&=\begin{pmatrix}a_0\lambda_1^n+a_1\lambda_1^{n-1}+\cdots+a_{n-1}\lambda_1+a_n & 0\\0 & a_0\lambda_2^n+a_1\lambda_2^{n-1}+\cdots+a_{n-1}\lambda_2+a_n\end{pmatrix}\\&=\begin{pmatrix}f(\lambda_1) & 0\\0 & f(\lambda_2)\end{pmatrix}.\end{aligned}$$

(2)$$\begin{aligned}\boldsymbol{A}^k&=\underbrace{(\boldsymbol{P\Lambda P}^{-1})(\boldsymbol{P\Lambda P}^{-1})\cdots(\boldsymbol{P\Lambda P}^{-1})}_{k\text{个}\boldsymbol{P\Lambda P}^{-1}}=\boldsymbol{P\Lambda}(\boldsymbol{P}^{-1}\boldsymbol{P})\boldsymbol{\Lambda}(\boldsymbol{P}^{-1}\boldsymbol{P})\cdots(\boldsymbol{P}^{-1}\boldsymbol{P})\boldsymbol{\Lambda P}^{-1}\\&=\boldsymbol{P\Lambda}^k\boldsymbol{P}^{-1};\end{aligned}$$

$$\begin{aligned}f(\boldsymbol{A})&=a_0\boldsymbol{A}^n+a_1\boldsymbol{A}^{n-1}+\cdots+a_n\boldsymbol{E}=\boldsymbol{P}a_0\boldsymbol{\Lambda}^n\boldsymbol{P}^{-1}+\boldsymbol{P}a_1\boldsymbol{\Lambda}^{n-1}\boldsymbol{P}^{-1}+\cdots+\boldsymbol{P}a_n\boldsymbol{EP}^{-1}\\&=\boldsymbol{P}(a_0\boldsymbol{\Lambda}^n+a_1\boldsymbol{\Lambda}^{n-1}+\cdots+a_{n-1}\boldsymbol{\Lambda}+a_n\boldsymbol{E})\boldsymbol{P}^{-1}\\&=\boldsymbol{P}f(\boldsymbol{\Lambda})\boldsymbol{P}^{-1}.\end{aligned}$$

评注 题(1)考查对角形矩阵的运算性质；题(2)考查矩阵乘法的结合律.

自 测 题 2

一、1. B.

分析 选项 A 不正确，因为$(2\boldsymbol{A})^{-1}=\frac{1}{2}\boldsymbol{A}^{-1}$；

选项 C 不正确，因 A 是可逆方阵，$|\boldsymbol{A}|\neq0$，$\boldsymbol{AA}^*=|\boldsymbol{A}|\boldsymbol{E}$，故$(\boldsymbol{A}^*)^{-1}=\frac{1}{|\boldsymbol{A}|}\boldsymbol{A}$；

选项 D 不正确，因为 左边$=[(\boldsymbol{A}^{-1})^{\mathrm{T}}]^{-1}=[(\boldsymbol{A}^{\mathrm{T}})^{-1}]^{-1}=\boldsymbol{A}^{\mathrm{T}}$，

右边$=[(\boldsymbol{A}^{\mathrm{T}})^{-1}]^{\mathrm{T}}=[(\boldsymbol{A}^{-1})^{\mathrm{T}}]^{\mathrm{T}}=\boldsymbol{A}^{-1}$.

用排除法知选项 B 正确. 或直接判断：因 $\boldsymbol{A}$ 是可逆方阵，故$|\boldsymbol{A}|\neq0$，$\boldsymbol{AA}^*=|\boldsymbol{A}|\boldsymbol{E}\neq\boldsymbol{O}$.

2. D.

分析 考查逆矩阵的定义. 由定义，设 $\boldsymbol{A},\boldsymbol{B}$ 为同阶方阵，且满足 $\boldsymbol{AB}=\boldsymbol{BA}=\boldsymbol{E}$，则 $\boldsymbol{A},\boldsymbol{B}$ 均可逆，且 $\boldsymbol{B}$ 与 $\boldsymbol{A}$ 互为逆矩阵，$\boldsymbol{A}$ 与 $\boldsymbol{B}$ 可交换.

对于本题因 $\boldsymbol{ABC}=\boldsymbol{E}$，因此 $\boldsymbol{A}(\boldsymbol{BC})=\boldsymbol{E}$，从而 $\boldsymbol{A}^{-1}=\boldsymbol{BC}$，因此 $(\boldsymbol{BC})\boldsymbol{A}=\boldsymbol{E}$，即 $\boldsymbol{BCA}=\boldsymbol{E}$，选项 D 正确.

3. $-\dfrac{2^{2n-1}}{3}$.

分析 $|2\boldsymbol{A}^*\boldsymbol{B}^{-1}|=2^n|\boldsymbol{A}^*||\boldsymbol{B}^{-1}|=-\dfrac{2^{2n-1}}{3}$.

4. $\boldsymbol{E}-\dfrac{1}{2}\boldsymbol{A}$.

分析 由 $\boldsymbol{A}^2=\boldsymbol{A}$ 得 $\boldsymbol{A}^2-\boldsymbol{A}-2\boldsymbol{E}=-2\boldsymbol{E}$，即 $(\boldsymbol{A}+\boldsymbol{E})\left[\dfrac{1}{-2}(\boldsymbol{A}-2\boldsymbol{E})\right]=\boldsymbol{E}$，故

$$(\boldsymbol{A}+\boldsymbol{E})^{-1}=-\frac{1}{2}(\boldsymbol{A}-2\boldsymbol{E})=\boldsymbol{E}-\frac{1}{2}\boldsymbol{A}.$$

5. $\begin{pmatrix}1&0&0\\2&0&0\\6&-1&-1\end{pmatrix}$，$\begin{pmatrix}1&0&0\\2&0&0\\6&-1&-1\end{pmatrix}$

分析 由 $\boldsymbol{AP}=\boldsymbol{PB}$ 及 $\boldsymbol{P}$ 可逆得 $\boldsymbol{A}=\boldsymbol{PBP}^{-1}$，而 $\boldsymbol{A}^5=\boldsymbol{PB}^5\boldsymbol{P}^{-1}=\boldsymbol{PBP}^{-1}=\boldsymbol{A}$.

二、1. 法 1 因为 $\boldsymbol{A}^{-1}=\dfrac{1}{|\boldsymbol{A}|}\boldsymbol{A}^*$，所以，$\boldsymbol{A}^*=|\boldsymbol{A}|\boldsymbol{A}^{-1}=\dfrac{1}{2}\boldsymbol{A}^{-1}$，$(3\boldsymbol{A})^{-1}=\dfrac{1}{3}\boldsymbol{A}^{-1}$，从而

$$|(3\boldsymbol{A})^{-1}-2\boldsymbol{A}^*|=\left|\frac{1}{3}\boldsymbol{A}^{-1}-\boldsymbol{A}^{-1}\right|=\left|-\frac{2}{3}\boldsymbol{A}^{-1}\right|=\left(-\frac{2}{3}\right)^3\frac{1}{|\boldsymbol{A}|}=-\frac{16}{27}.$$

法 2 因 $\boldsymbol{A}^{-1}=\dfrac{1}{|\boldsymbol{A}|}\boldsymbol{A}^*$，$(3\boldsymbol{A})^{-1}=\dfrac{1}{3}\boldsymbol{A}^{-1}$，$|\boldsymbol{A}^*|=|\boldsymbol{A}|^2$，从而

$$|(3\boldsymbol{A})^{-1}-2\boldsymbol{A}^*|=\left|\frac{1}{3|\boldsymbol{A}|}\boldsymbol{A}^*-2\boldsymbol{A}^*\right|=\left|-\frac{4}{3}\boldsymbol{A}^*\right|=\left(-\frac{4}{3}\right)^3|\boldsymbol{A}|^2=-\frac{16}{27}.$$

评注 本题考查结论：设 $\boldsymbol{A}$ 是 n 阶可逆方阵，则

$$\boldsymbol{A}^{-1}=\frac{1}{|\boldsymbol{A}|}\boldsymbol{A}^*,\quad (a\boldsymbol{A})^{-1}=\frac{1}{a}\boldsymbol{A}^{-1}(a\neq 0),\quad |k\boldsymbol{A}|=k^n|\boldsymbol{A}|.$$

2. $\boldsymbol{C}^{-1}=\dfrac{1}{2}\begin{pmatrix}1&1\\-1&1\end{pmatrix}$，由 $\boldsymbol{A}=\boldsymbol{C}^{-1}\boldsymbol{BC}$ 及

$$\boldsymbol{B}=\boldsymbol{CAC}^{-1}=\frac{1}{2}\begin{pmatrix}1&-1\\1&1\end{pmatrix}\begin{pmatrix}1&2\\2&1\end{pmatrix}\begin{pmatrix}1&1\\-1&1\end{pmatrix}=\begin{pmatrix}-1&0\\0&3\end{pmatrix},\quad \boldsymbol{B}^{100}=\begin{pmatrix}(-1)^{100}&0\\0&3^{100}\end{pmatrix}=\begin{pmatrix}1&0\\0&3^{100}\end{pmatrix},$$

得 $$\boldsymbol{A}^{100}=\underbrace{(\boldsymbol{C}^{-1}\boldsymbol{BC})(\boldsymbol{C}^{-1}\boldsymbol{BC})\cdots(\boldsymbol{C}^{-1}\boldsymbol{BC})}_{100\text{个}\boldsymbol{C}^{-1}\boldsymbol{BC}}=\boldsymbol{C}^{-1}\boldsymbol{B}^{100}\boldsymbol{C}=\begin{pmatrix}\dfrac{1+3^{100}}{2}&\dfrac{-1+3^{100}}{2}\\\dfrac{-1+3^{100}}{2}&\dfrac{1+3^{100}}{2}\end{pmatrix}.$$

评注 本题中，条件 $\boldsymbol{A}=\boldsymbol{C}^{-1}\boldsymbol{B}\boldsymbol{C}$ 是解题的出发点，注意到 $\boldsymbol{B}=\boldsymbol{C}\boldsymbol{A}\boldsymbol{C}^{-1}=\begin{pmatrix}-1 & 0\\ 0 & 3\end{pmatrix}$ 为对角阵，$\boldsymbol{B}^k=\boldsymbol{C}\boldsymbol{A}^k\boldsymbol{C}^{-1}=\begin{pmatrix}(-1)^k & 0\\ 0 & 3^k\end{pmatrix}$，$\boldsymbol{A}^k=\boldsymbol{C}^{-1}\boldsymbol{B}^k\boldsymbol{C}$，因此，利用 $\boldsymbol{A}=\boldsymbol{C}^{-1}\boldsymbol{B}\boldsymbol{C}$，可使计算简化.

对于二阶方阵 $\boldsymbol{A}=\begin{pmatrix}a & b\\ c & d\end{pmatrix}$，若 $ad-bc\neq 0$，则 $\boldsymbol{A}$ 可逆，且 $\boldsymbol{A}^{-1}=\dfrac{1}{ad-bc}\begin{pmatrix}d & -b\\ -c & a\end{pmatrix}$，这一结论应作为公式加以记忆.

3.(1)由 $\boldsymbol{A}^2-\boldsymbol{A}-2\boldsymbol{E}=\boldsymbol{O}$ 得 $\boldsymbol{A}(\boldsymbol{A}-\boldsymbol{E})=2\boldsymbol{E}$，两边取行列式得

$$|\boldsymbol{A}|\,|\boldsymbol{A}-\boldsymbol{E}|=|2\boldsymbol{E}|\neq 0,$$

所以，$|\boldsymbol{A}|\neq 0$，$|\boldsymbol{A}-\boldsymbol{E}|\neq 0$，从而 $\boldsymbol{A}$ 与 $\boldsymbol{E}-\boldsymbol{A}$ 均可逆. 再由 $\boldsymbol{A}^2-\boldsymbol{A}-2\boldsymbol{E}=\boldsymbol{O}$ 得

$$\frac{1}{2}\boldsymbol{A}(\boldsymbol{A}-\boldsymbol{E})=\boldsymbol{E},$$

得

$$(\boldsymbol{E}-\boldsymbol{A})^{-1}=-\frac{1}{2}\boldsymbol{A}\quad 或\quad \boldsymbol{A}^{-1}=\frac{1}{2}(\boldsymbol{A}-\boldsymbol{E}).$$

(2)由 $\boldsymbol{A}^2-\boldsymbol{A}-2\boldsymbol{E}=\boldsymbol{O}$ 得 $(\boldsymbol{A}-2\boldsymbol{E})(\boldsymbol{A}+\boldsymbol{E})=\boldsymbol{O}$，两边取行列式得 $|\boldsymbol{A}-2\boldsymbol{E}|\,|\boldsymbol{A}+\boldsymbol{E}|=0$，所以 $|\boldsymbol{A}-2\boldsymbol{E}|=0$ 或 $|\boldsymbol{A}+\boldsymbol{E}|=0$，即 $\boldsymbol{A}+\boldsymbol{E}$ 与 $\boldsymbol{A}-2\boldsymbol{E}$ 不可能同时可逆.

评注 本题为考查求逆矩阵的理论问题. 许多情况下需要把已知方程作适当的变形，得到 $\boldsymbol{P}\boldsymbol{Q}=\boldsymbol{E}$ 的形式，则 $\boldsymbol{P}^{-1}=\boldsymbol{Q}$，$\boldsymbol{Q}^{-1}=\boldsymbol{P}$. 典型例题例 2.7 也是同类型的题.

4.(1)分两种情况讨论.

① 设 $\boldsymbol{A}=\boldsymbol{O}$，则 $\boldsymbol{A}^*=\boldsymbol{O}$，从而 $|\boldsymbol{A}^*|=0$；

② 设 $\boldsymbol{A}\neq\boldsymbol{O}$，且 $|\boldsymbol{A}|=0$. 用反证法. 设 $|\boldsymbol{A}^*|\neq 0$，故 $\boldsymbol{A}^*$ 可逆，由 $\boldsymbol{A}\boldsymbol{A}^*=|\boldsymbol{A}|\boldsymbol{E}$，及 $|\boldsymbol{A}|=0$ 得 $\boldsymbol{A}\boldsymbol{A}^*=\boldsymbol{O}$，将 $\boldsymbol{A}\boldsymbol{A}^*=\boldsymbol{O}$ 两边同时右乘 $(\boldsymbol{A}^*)^{-1}$，得 $\boldsymbol{A}=\boldsymbol{O}$，与假设 $\boldsymbol{A}\neq\boldsymbol{O}$ 矛盾，从而 $\boldsymbol{A}^*=\boldsymbol{O}$.

(2)分两种情况讨论.

① 若 $|\boldsymbol{A}|=0$，由(1)得 $|\boldsymbol{A}^*|=0$，从而 $|\boldsymbol{A}^*|=|\boldsymbol{A}|^{n-1}$；

② $|\boldsymbol{A}|\neq 0$，因 $\boldsymbol{A}\boldsymbol{A}^*=|\boldsymbol{A}|\boldsymbol{E}$，两边同时取行列式得 $|\boldsymbol{A}|\,|\boldsymbol{A}^*|=|\boldsymbol{A}|^n$，又 $|\boldsymbol{A}|\neq 0$，从而 $|\boldsymbol{A}^*|=|\boldsymbol{A}|^{n-1}$.

评注 当问题涉及 $\boldsymbol{A}^*$ 时，考虑等式 $\boldsymbol{A}^*\boldsymbol{A}=\boldsymbol{A}\boldsymbol{A}^*=|\boldsymbol{A}|\boldsymbol{E}$ 这个重要结果. 另外，本题(1)用齐次线性方程组理论讨论更加简捷.

5.(1)$\dfrac{1}{ad-bc}\begin{pmatrix}d & -b\\ -c & a\end{pmatrix}$；　(2)$\begin{pmatrix}\cos\theta & \sin\theta\\ -\sin\theta & \cos\theta\end{pmatrix}$；　(3)$\begin{pmatrix}2 & 2 & 1\\ 3 & 2 & 1\\ 3 & 3 & 1\end{pmatrix}$；

(4)$\boldsymbol{A}_{ii}=\lambda_1\lambda_2\cdots\lambda_{i-1}\lambda_{i+1}\cdots\lambda_n\quad(i=1,2,\cdots,n)$，$\boldsymbol{A}_{ij}=0\quad(i\neq j,i=1,2,\cdots,n,j=1,2,\cdots,n)$，所以，由 $\begin{vmatrix}\lambda_1 & & & \\ & \lambda_2 & & \\ & & \ddots & \\ & & & \lambda_n\end{vmatrix}=\lambda_1\lambda_2\cdots\lambda_n\neq 0$，得 $\boldsymbol{A}^{-1}=\dfrac{1}{|\boldsymbol{A}|}\boldsymbol{A}^*=\begin{pmatrix}\lambda_1^{-1} & & & \\ & \lambda_2^{-1} & & \\ & & \ddots & \\ & & & \lambda_n^{-1}\end{pmatrix}$.

6.(1)记 $\boldsymbol{A}=\begin{pmatrix}0&1&0\\1&0&0\\0&0&1\end{pmatrix}$，$\boldsymbol{B}=\begin{pmatrix}1&0&0\\0&0&1\\0&1&0\end{pmatrix}$，$\boldsymbol{C}=\begin{pmatrix}1&-4&3\\2&0&-1\\1&-2&0\end{pmatrix}$，原方程化为 $\boldsymbol{AXB}=\boldsymbol{C}$，$\boldsymbol{A},\boldsymbol{B}$ 均可逆，计算得 $\boldsymbol{A}^{-1}=\boldsymbol{A},\boldsymbol{B}^{-1}=\boldsymbol{B}$，由此，得

$$\boldsymbol{X}=\boldsymbol{A}^{-1}\boldsymbol{C}\boldsymbol{B}^{-1}=\boldsymbol{ACB}=\begin{pmatrix}2&-1&0\\1&3&-4\\1&0&-2\end{pmatrix}.$$

(2)记 $\boldsymbol{A}=\begin{pmatrix}4&2&3\\1&1&0\\-1&2&3\end{pmatrix}$，原方程为 $\boldsymbol{AX}=\boldsymbol{A}+2\boldsymbol{X}$，即 $(\boldsymbol{A}-2\boldsymbol{E})\boldsymbol{X}=\boldsymbol{A}$. 由 $\boldsymbol{A}-2\boldsymbol{E}$ 的伴随矩阵 $(\boldsymbol{A}-2\boldsymbol{E})^*=\begin{pmatrix}-1&4&3\\-1&5&3\\1&-6&-4\end{pmatrix}$，$|\boldsymbol{A}-2\boldsymbol{E}|=\begin{vmatrix}2&2&3\\1&-1&0\\-1&2&1\end{vmatrix}=-1$ 得 $(\boldsymbol{A}-2\boldsymbol{E})^{-1}=\begin{pmatrix}1&-4&-3\\1&-5&-3\\-1&6&4\end{pmatrix}$. 故

$$\boldsymbol{X}=(\boldsymbol{A}-2\boldsymbol{E})^{-1}\boldsymbol{A}=\begin{pmatrix}3&-8&-6\\2&-9&-6\\-2&12&9\end{pmatrix}.$$

自 测 题 3

一、1. $\boldsymbol{X}^{-1}=\begin{pmatrix}\boldsymbol{O}&\boldsymbol{B}^{-1}\\\boldsymbol{A}^{-1}&\boldsymbol{O}\end{pmatrix}$.

分析 （待定分块矩阵法）设 $\boldsymbol{X}^{-1}=\begin{pmatrix}\boldsymbol{X}_{11}&\boldsymbol{X}_{12}\\\boldsymbol{X}_{21}&\boldsymbol{X}_{22}\end{pmatrix}$，则

$\boldsymbol{XX}^{-1}=\begin{pmatrix}\boldsymbol{O}&\boldsymbol{A}\\\boldsymbol{B}&\boldsymbol{O}\end{pmatrix}\begin{pmatrix}\boldsymbol{X}_{11}&\boldsymbol{X}_{12}\\\boldsymbol{X}_{21}&\boldsymbol{X}_{22}\end{pmatrix}=\begin{pmatrix}\boldsymbol{AX}_{21}&\boldsymbol{AX}_{22}\\\boldsymbol{BX}_{11}&\boldsymbol{BX}_{12}\end{pmatrix}$.（注意子块相乘无交换律）

令 $\begin{pmatrix}\boldsymbol{AX}_{21}&\boldsymbol{AX}_{22}\\\boldsymbol{BX}_{11}&\boldsymbol{BX}_{12}\end{pmatrix}=\begin{pmatrix}\boldsymbol{E}&\boldsymbol{O}\\\boldsymbol{O}&\boldsymbol{E}\end{pmatrix}$，即 $\begin{cases}\boldsymbol{AX}_{21}=\boldsymbol{E}\\\boldsymbol{AX}_{22}=\boldsymbol{O}\\\boldsymbol{BX}_{11}=\boldsymbol{O}\\\boldsymbol{BX}_{12}=\boldsymbol{E}\end{cases}$，解得 $\begin{cases}\boldsymbol{X}_{21}=\boldsymbol{A}^{-1}\\\boldsymbol{X}_{22}=\boldsymbol{O}\\\boldsymbol{X}_{11}=\boldsymbol{O}\\\boldsymbol{X}_{12}=\boldsymbol{B}^{-1}\end{cases}$，所以

$$\boldsymbol{X}^{-1}=\begin{pmatrix}\boldsymbol{O}&\boldsymbol{B}^{-1}\\\boldsymbol{A}^{-1}&\boldsymbol{O}\end{pmatrix}.$$

2. 40.

分析 $\boldsymbol{A}+\boldsymbol{B}=(\boldsymbol{\alpha}+\boldsymbol{\beta}\quad 2\boldsymbol{\gamma}_2\quad 2\boldsymbol{\gamma}_3\quad 2\boldsymbol{\gamma}_4)$，$|\boldsymbol{A}+\boldsymbol{B}|=|\boldsymbol{\alpha}+\boldsymbol{\beta}\quad 2\boldsymbol{\gamma}_2\quad 2\boldsymbol{\gamma}_3\quad 2\boldsymbol{\gamma}_4|=$

$8(|\boldsymbol{\alpha}\ \ \boldsymbol{\gamma}_2\ \ \boldsymbol{\gamma}_3\ \ \boldsymbol{\gamma}_4|+|\boldsymbol{\beta}\ \ \boldsymbol{\gamma}_2\ \ \boldsymbol{\gamma}_3\ \ \boldsymbol{\gamma}_4|)=8(4+1)=40$.

3. $(-1)^{mn}ab$, $\begin{pmatrix} \boldsymbol{O} & \boldsymbol{B}^{-1} \\ \boldsymbol{A}^{-1} & \boldsymbol{O} \end{pmatrix}$.

分析 将 $\boldsymbol{C}$ 的后 m 列依次交换到前 m 列，再利用 $\begin{vmatrix} \boldsymbol{A} & \\ & \boldsymbol{B} \end{vmatrix}=|\boldsymbol{A}||\boldsymbol{B}|$ 可以得到 $|\boldsymbol{C}|$（或利用拉普拉斯展开定理更简捷）；而 $\boldsymbol{C}^{-1}$ 的求法同前例.

4. B.

分析 选项 A 错. 如 $\boldsymbol{A}=\begin{pmatrix} 1 & 2 \\ 1 & 2 \end{pmatrix}$, $\boldsymbol{B}=\begin{pmatrix} -2 & 0 \\ 1 & 0 \end{pmatrix}$, $\boldsymbol{C}=\begin{pmatrix} -3 & -6 \\ -1 & -2 \end{pmatrix}$，则 $\boldsymbol{AB}=\boldsymbol{CB}$，但 $\boldsymbol{A}\neq\boldsymbol{C}$；

选项 B 正确，因为可逆矩阵的标准形是单位矩阵；

选项 C 错误. 若改为若干次初等“行”变换，则结论正确；

选项 D 错误. 若改为若干次初等“列”变换，则结论正确.

5. C.

二、1. 记 $\boldsymbol{A}_1=\begin{pmatrix} 3 & 2 \\ 5 & 5 \end{pmatrix}$, $\boldsymbol{A}_2=\begin{pmatrix} 4 & 1 \\ 6 & 2 \end{pmatrix}$，则

$$\boldsymbol{A}=\begin{pmatrix} \boldsymbol{A}_1 & \boldsymbol{O} \\ \boldsymbol{O} & \boldsymbol{A}_2 \end{pmatrix},\quad \boldsymbol{A}_1^{-1}=\frac{1}{5}\begin{pmatrix} 5 & -2 \\ -5 & 3 \end{pmatrix},\quad \boldsymbol{A}_2^{-1}=\frac{1}{2}\begin{pmatrix} 2 & -1 \\ -6 & 4 \end{pmatrix},$$

所以

$$\boldsymbol{A}^{-1}=\begin{pmatrix} \boldsymbol{A}_1^{-1} & \boldsymbol{O} \\ \boldsymbol{O} & \boldsymbol{A}_2^{-1} \end{pmatrix}=\begin{pmatrix} 1 & -2/5 & 0 & 0 \\ -1 & 3/5 & 0 & 0 \\ 0 & 0 & 1 & -1/2 \\ 0 & 0 & -3 & 2 \end{pmatrix}.$$

$$|\boldsymbol{A}^8|=|\boldsymbol{A}|^8=(|\boldsymbol{A}_1||\boldsymbol{A}_2|)^8=5^8\cdot 2^8=10^8.$$

评注 考查分块对角形方阵的运算性质.

2. 7.

3. (1) $\begin{pmatrix} 3 & 0 & 0 & 0 \\ 2 & 0 & 0 & 0 \\ -2 & 0 & 0 & 0 \\ 0 & 19 & 14 & 19 \end{pmatrix}$； (2) $\begin{pmatrix} -4 & 12 & -7 \\ -9 & 5 & -2 \\ -5 & -18 & 13 \\ -12 & 3 & 6 \end{pmatrix}$.

4. (1) $$\begin{pmatrix} 1 & -1 & 2 \\ 3 & -3 & 1 \\ -2 & 2 & 4 \end{pmatrix}\xrightarrow[r_3+2r_1]{r_2+(-3)r_1}\begin{pmatrix} 1 & -1 & 2 \\ 0 & 0 & -5 \\ 0 & 0 & 8 \end{pmatrix}\xrightarrow{r_3+\frac{8}{5}r_2}\begin{pmatrix} 1 & -1 & 2 \\ 0 & 0 & -5 \\ 0 & 0 & 0 \end{pmatrix}=\boldsymbol{B}.$$

$$\boldsymbol{B}\xrightarrow{-\frac{1}{5}r_2}\begin{pmatrix} 1 & -1 & 2 \\ 0 & 0 & 1 \\ 0 & 0 & 0 \end{pmatrix}\xrightarrow{r_1-2r_2}\begin{pmatrix} 1 & -1 & 0 \\ 0 & 0 & 1 \\ 0 & 0 & 0 \end{pmatrix}=\boldsymbol{C}.$$

$\boldsymbol{B}$ 为行阶梯形，$\boldsymbol{C}$ 为行最简形.

评注 利用矩阵的初等行变换化矩阵为行阶梯形,行最简形,不能用初等列变换.

(2) $$\begin{pmatrix}3&1&0&2\\1&-1&2&-1\\1&3&-4&4\end{pmatrix}\xrightarrow{r_1\leftrightarrow r_2}\begin{pmatrix}1&-1&2&-1\\3&1&0&2\\1&3&-4&4\end{pmatrix}\xrightarrow[r_3-r_1]{r_2+(-3)r_1}\begin{pmatrix}1&-1&2&-1\\0&4&-6&5\\0&4&-6&5\end{pmatrix}$$

$$\xrightarrow{r_3-r_2}\begin{pmatrix}1&-1&2&-1\\0&4&-6&5\\0&0&0&0\end{pmatrix}=\boldsymbol{B},$$

$$\boldsymbol{B}\xrightarrow{\frac{1}{4}r_2}\begin{pmatrix}1&-1&2&-1\\0&1&-\frac{3}{2}&\frac{5}{4}\\0&0&0&0\end{pmatrix}\xrightarrow{r_1+r_2}\begin{pmatrix}1&0&\frac{1}{2}&\frac{1}{4}\\0&1&-\frac{3}{2}&\frac{5}{4}\\0&0&0&0\end{pmatrix}=\boldsymbol{C}.$$

$\boldsymbol{B}$ 为行阶梯形,$\boldsymbol{C}$ 为行最简形.

评注 利用矩阵的初等行变换化矩阵为行阶梯形,行最简形,不能用初等列变换.

自测题 4

一、1. C.

评注 考查初等矩阵与初等变换的关系:

$$\boldsymbol{P}_1=\boldsymbol{E}(2,3),\quad \boldsymbol{P}_2=\boldsymbol{E}(3,1(1)),\quad \boldsymbol{B}=\boldsymbol{E}(2,3)\boldsymbol{E}(3,1(1))\boldsymbol{A}=\boldsymbol{P}_2\boldsymbol{P}_1\boldsymbol{A}.$$

2. B.

分析 计算可得 $|\boldsymbol{A}|=[(n-1)a+1](1-a)^{n-1}$,因设 $R(\boldsymbol{A})=n-1$,所以 $|\boldsymbol{A}|=0$,从而 $a=1$ 或 $a=\frac{1}{1-n}$. 若 $a=1$,则 $R(\boldsymbol{A})=1$,矛盾,所以 $a=\frac{1}{1-n}$.

评注 本题考查矩阵的秩的定义. 本题也可以用初等变换来处理.

二、1. $$\boldsymbol{A}\xrightarrow[r_4+2r_1]{\substack{r_2-r_1\\r_3+(-3)r_1}}\begin{pmatrix}1&-1&2&1\\0&-1&-3&1\\0&2&-1&0\\0&0&7&-2\end{pmatrix}\xrightarrow[r_3+2r_2]{r_1-r_2}\begin{pmatrix}1&0&5&0\\0&-1&-3&1\\0&0&-7&2\\0&0&7&-2\end{pmatrix}$$

$$\xrightarrow[r_4+r_3]{\substack{r_1+\frac{5}{7}r_3\\r_2+\left(-\frac{3}{7}\right)r_3}}\begin{pmatrix}1&0&0&\frac{10}{7}\\0&-1&0&\frac{1}{7}\\0&0&-7&2\\0&0&0&0\end{pmatrix}\xrightarrow[\left(-\frac{1}{7}\right)r_3]{(-1)r_2}\begin{pmatrix}1&0&0&\frac{10}{7}\\0&1&0&-\frac{1}{7}\\0&0&1&-\frac{2}{7}\\0&0&0&0\end{pmatrix}$$

$$\xrightarrow[\substack{c_4+\frac{1}{7}c_2 \\ c_4+\frac{2}{7}c_3}]{c_4+\left(-\frac{10}{7}\right)c_1} \begin{pmatrix} 1 & 0 & 0 & 0 \\ 0 & 1 & 0 & 0 \\ 0 & 0 & 1 & 0 \\ 0 & 0 & 0 & 0 \end{pmatrix} = \boldsymbol{C}.$$

$\boldsymbol{C}$ 为矩阵 $\boldsymbol{A}$ 的标准型.

2. 法 1 （利用矩阵的初等变换）

$$\boldsymbol{C}=\begin{pmatrix} a_1 \\ a_2 \\ \vdots \\ a_m \end{pmatrix}(b_1 \quad b_2 \quad \cdots \quad b_n)=\begin{pmatrix} a_1b_1 & a_1b_2 & \cdots & a_1b_n \\ a_2b_1 & a_2b_2 & \cdots & a_2b_n \\ \vdots & \vdots & & \vdots \\ a_mb_1 & a_mb_2 & \cdots & a_mb_n \end{pmatrix},$$

因为 $a_i(i=1,2,\cdots,m)$ 不全为零，$b_j(j=1,2,\cdots,n)$ 不全为零，所以不妨设 $a_1\neq0$ 且 $b_1\neq0$，则

$$\boldsymbol{C}=\begin{pmatrix} a_1b_1 & a_1b_2 & \cdots & a_1b_n \\ a_2b_1 & a_2b_2 & \cdots & a_2b_n \\ \vdots & \vdots & & \vdots \\ a_mb_1 & a_mb_2 & \cdots & a_mb_n \end{pmatrix}\to\begin{pmatrix} b_1 & b_2 & \cdots & b_n \\ a_2b_1 & a_2b_2 & \cdots & a_2b_n \\ \vdots & \vdots & & \vdots \\ a_mb_1 & a_mb_2 & \cdots & a_mb_n \end{pmatrix} \quad \text{（第 1 行乘以}\frac{1}{a_1}\text{）}$$

$$\to\begin{pmatrix} b_1 & b_2 & \cdots & b_n \\ 0 & 0 & \cdots & 0 \\ \vdots & \vdots & & \vdots \\ 0 & 0 & \cdots & 0 \end{pmatrix} \quad \text{（第一行的}-a_i\text{ 倍加到第 }i\text{ 行}(i=2,3,\cdots,m)\text{）},$$

又 $b_1\neq0$，故矩阵 $\boldsymbol{C}$ 的秩为 1.

法 2 （利用矩阵的秩的性质） 令

$$\boldsymbol{A}=\begin{pmatrix} a_1 \\ a_2 \\ \vdots \\ a_m \end{pmatrix}, \quad \boldsymbol{B}=(b_1 \quad b_2 \quad \cdots \quad b_n),$$

一方面，由 $a_i(i=1,2,\cdots,m)$ 不全为零，$b_j(j=1,2,\cdots,n)$ 不全为零，不妨设 $a_1\neq0$ 且 $b_1\neq0$，得 $R(\boldsymbol{A})=R(\boldsymbol{B})=1$. 由 $R(\boldsymbol{AB})\leqslant\min\{R(\boldsymbol{A}),R(\boldsymbol{B})\}$，得 $R(\boldsymbol{AB})\leqslant1$；

另一方面，由 $\boldsymbol{C}=\boldsymbol{AB}=\begin{pmatrix} a_1b_1 & a_1b_2 & \cdots & a_1b_n \\ a_2b_1 & a_2b_2 & \cdots & a_2b_n \\ \vdots & \vdots & & \vdots \\ a_mb_1 & a_mb_2 & \cdots & a_mb_n \end{pmatrix}$ 中元素 a_1b_1 不为零，得 $R(\boldsymbol{AB})\geqslant1$.

综上，$R(\boldsymbol{C})=R(\boldsymbol{AB})=1$.

评注 法 1 是常用的方法,法 2 利用秩的性质更简单.

3.(1)对矩阵进行初等行变换

$$\begin{pmatrix}1&2&3&4\\1&-2&4&5\\1&10&1&2\end{pmatrix}\xrightarrow[r_3-r_1]{r_2-r_1}\begin{pmatrix}1&2&3&4\\0&-4&1&1\\0&8&-2&-2\end{pmatrix}\xrightarrow{r_3+2r_2}\begin{pmatrix}1&2&3&4\\0&-4&1&1\\0&0&0&0\end{pmatrix},$$

秩为 2.

(2)对矩阵进行初等行变换

$$\begin{pmatrix}1&3&5&-1\\2&-1&-3&4\\5&1&-1&7\\-3&-3&1&1\end{pmatrix}\xrightarrow[\substack{r_3-5r_1\\r_4+3r_1}]{r_2-2r_1}\begin{pmatrix}1&3&5&-1\\0&-7&-13&6\\0&-14&-26&12\\0&6&16&-2\end{pmatrix}\xrightarrow[r_4+\frac{6}{7}r_2]{r_3-2r_2}\begin{pmatrix}1&3&5&-1\\0&-7&-13&6\\0&0&0&0\\0&0&\frac{34}{7}&\frac{22}{7}\end{pmatrix}$$

$$\xrightarrow{r_3\leftrightarrow r_4}\begin{pmatrix}1&3&5&-1\\0&-7&-13&6\\0&0&\frac{34}{7}&\frac{22}{7}\\0&0&0&0\end{pmatrix},$$

秩为 3.

$$4.\ \boldsymbol{A}\rightarrow\begin{pmatrix}1&1&4&3\\4&10&1&\lambda\\7&17&3&1\\2&4&3&2\end{pmatrix}\rightarrow\begin{pmatrix}1&1&4&3\\0&6&-15&\lambda-12\\0&10&-25&-20\\0&2&-5&-4\end{pmatrix}\rightarrow\begin{pmatrix}1&1&4&3\\0&0&0&\lambda\\0&0&0&0\\0&2&-5&-4\end{pmatrix}$$

$$\rightarrow\begin{pmatrix}1&1&4&3\\0&2&-5&-4\\0&0&0&\lambda\\0&0&0&0\end{pmatrix}\hat{=}\boldsymbol{B}$$

显然 $2\leqslant R(\boldsymbol{B})\leqslant 3$.

当 $\lambda=0$ 时,$R(\boldsymbol{A})=R(\boldsymbol{B})=2$;当 $\lambda\neq 0$ 时,$R(\boldsymbol{A})=R(\boldsymbol{B})=3$.

自 测 题 5

一、1. $\begin{pmatrix}\boldsymbol{A}^{-1}&\boldsymbol{O}\\-\boldsymbol{B}^{-1}\boldsymbol{C}\boldsymbol{A}^{-1}&\boldsymbol{B}^{-1}\end{pmatrix}$,$\begin{pmatrix}\boldsymbol{A}^{-1}&-\boldsymbol{A}^{-1}\boldsymbol{C}\boldsymbol{B}^{-1}\\\boldsymbol{O}&\boldsymbol{B}^{-1}\end{pmatrix}$,$\begin{pmatrix}-\boldsymbol{B}^{-1}\boldsymbol{C}\boldsymbol{A}^{-1}&\boldsymbol{B}^{-1}\\\boldsymbol{A}^{-1}&\boldsymbol{O}\end{pmatrix}$.

2. $\begin{pmatrix}0&\frac{1}{2}\\-1&-1\end{pmatrix}$.

分析 $\boldsymbol{B}=(\boldsymbol{A}-\boldsymbol{E})(\boldsymbol{A}-2\boldsymbol{E})=\begin{pmatrix}0&-1\\2&2\end{pmatrix}\begin{pmatrix}-1&-1\\2&1\end{pmatrix}=\begin{pmatrix}-2&-1\\2&0\end{pmatrix}$，$\boldsymbol{B}^{-1}=\frac{1}{|\boldsymbol{B}|}\boldsymbol{B}^*=\begin{pmatrix}0&\frac{1}{2}\\-1&-1\end{pmatrix}$.

3. C.

分析 当 $R(\boldsymbol{A}^*)=1$ 时，应有 $R(\boldsymbol{A})=2$. 这是因为：一方面，由 $R(\boldsymbol{A}^*)=1$ 知 $\boldsymbol{A}^*$ 至少有一个非零元 $\boldsymbol{A}_{ij}$，它是 $\boldsymbol{A}$ 的 2 阶非零子式，所以，由秩的定义知 $R(\boldsymbol{A})\geqslant 2$；另一方面，由 $R(\boldsymbol{A}^*)=1$，而 $\boldsymbol{A}^*$ 是 3 阶矩阵知 $|\boldsymbol{A}^*|=0$，又 $|\boldsymbol{A}^*|=|\boldsymbol{A}|^{3-1}=|\boldsymbol{A}|^2$，所以 $|\boldsymbol{A}|=0$，由秩的定义知 $R(\boldsymbol{A})\leqslant 2$. 于是由 $R(\boldsymbol{A})=2$ 及 $|\boldsymbol{A}|=(a+2b)(a-b)^2$ 知，当 $a\neq b$，且 $a+2b=0$ 时 $|\boldsymbol{A}|=0$，使 $R(\boldsymbol{A})=2$.

评注 由第 5 章齐次线性方程组理论：当 $R(\boldsymbol{A}^*)=1$ 时，由 $\boldsymbol{A}^*\boldsymbol{A}=|\boldsymbol{A}|\boldsymbol{E}$ 立得 $R(\boldsymbol{A})=2$.

4. D.

分析 逐个代入法，验证 $\boldsymbol{CC}^*=|\boldsymbol{C}|\boldsymbol{E}=|\boldsymbol{A}||\boldsymbol{B}|\boldsymbol{E}$ 即可.

二、1. 由 $\boldsymbol{AB}=2\boldsymbol{A}+\boldsymbol{B}$ 得 $\boldsymbol{AB}-\boldsymbol{B}-2\boldsymbol{A}+2\boldsymbol{E}=2\boldsymbol{E}$，分解因式并整理得

$$(\boldsymbol{A}-\boldsymbol{E})\left(\frac{\boldsymbol{B}}{2}-\boldsymbol{E}\right)=\boldsymbol{E},$$

因此，$\boldsymbol{A}-\boldsymbol{E}$ 可逆，且 $(\boldsymbol{A}-\boldsymbol{E})^{-1}=\frac{\boldsymbol{B}}{2}-\boldsymbol{E}=\begin{pmatrix}0&0&1\\0&1&0\\1&0&0\end{pmatrix}$.

2. 因为 $|\boldsymbol{A}+\boldsymbol{E}|=|\boldsymbol{A}+\boldsymbol{AA}^{\mathrm{T}}|=|\boldsymbol{A}(\boldsymbol{E}+\boldsymbol{A}^{\mathrm{T}})|=|\boldsymbol{A}||(\boldsymbol{E}+\boldsymbol{A})^{\mathrm{T}}|=|\boldsymbol{A}||\boldsymbol{E}+\boldsymbol{A}|$，所以

$$|\boldsymbol{A}+\boldsymbol{E}|(1-|\boldsymbol{A}|)=0,$$

又 $|\boldsymbol{A}|<0$，从而 $1-|\boldsymbol{A}|\neq 0$，得 $|\boldsymbol{A}+\boldsymbol{E}|=0$.

评注 本题利用了方阵的行列式的性质.

3. 由题意可得 $\boldsymbol{B}=\boldsymbol{E}(i,j)\boldsymbol{A}$，其中 $\boldsymbol{E}(i,j)$ 为 n 阶初等互换矩阵，所以，

(1)由 $\boldsymbol{A}$，$\boldsymbol{E}(i,j)$ 可逆，得 $\boldsymbol{B}$ 可逆；

(2)$\boldsymbol{AB}^{-1}=\boldsymbol{A}(\boldsymbol{E}(i,j)\boldsymbol{A})^{-1}=\boldsymbol{AA}^{-1}(\boldsymbol{E}(i,j))^{-1}=\boldsymbol{E}(i,j)$.

评注 考查初等矩阵的性质.

4. 由 $\boldsymbol{\beta\alpha}^{\mathrm{T}}=\left(1,\frac{1}{2},\frac{1}{3}\right)\begin{pmatrix}1\\\frac{1}{2}\\\frac{1}{3}\end{pmatrix}=3$，得

$$\boldsymbol{A}^n=\underbrace{(\boldsymbol{\alpha}^{\mathrm{T}}\boldsymbol{\beta})(\boldsymbol{\alpha}^{\mathrm{T}}\boldsymbol{\beta})\cdots(\boldsymbol{\alpha}^{\mathrm{T}}\boldsymbol{\beta})}_{n}=\boldsymbol{\alpha}^{\mathrm{T}}\underbrace{(\boldsymbol{\beta\alpha}^{\mathrm{T}})(\boldsymbol{\beta\alpha}^{\mathrm{T}})\cdots(\boldsymbol{\beta\alpha}^{\mathrm{T}})}_{n-1}\boldsymbol{\beta}=\boldsymbol{\alpha}^{\mathrm{T}}(\boldsymbol{\beta\alpha}^{\mathrm{T}})^{n-1}\boldsymbol{\beta}$$

$$=\boldsymbol{\alpha}^{\mathrm{T}}(3)^{n-1}\boldsymbol{\beta}=3^{n-1}\boldsymbol{\alpha}^{\mathrm{T}}\boldsymbol{\beta}=\begin{pmatrix}1\\2\\3\end{pmatrix}\begin{pmatrix}1&\frac{1}{2}&\frac{1}{3}\end{pmatrix}=3^{n-1}\begin{pmatrix}1&\frac{1}{2}&\frac{1}{3}\\2&1&\frac{2}{3}\\3&\frac{3}{2}&1\end{pmatrix}.$$

*5. 设 $R(\boldsymbol{A})=r$. 由矩阵的初等变换的性质知,存在 n 阶可逆矩阵 $\boldsymbol{P},\boldsymbol{Q}$ 使

$$\boldsymbol{PAQ}=\begin{bmatrix}\boldsymbol{E}_r & \boldsymbol{O}\\ \boldsymbol{O} & \boldsymbol{O}\end{bmatrix}_{n\times n},\quad 或\quad \boldsymbol{PA}=\begin{bmatrix}\boldsymbol{E}_r & \boldsymbol{O}\\ \boldsymbol{O} & \boldsymbol{O}\end{bmatrix}\boldsymbol{Q}^{-1},$$

从而

$$\boldsymbol{PAB}=\begin{bmatrix}\boldsymbol{E}_r & \boldsymbol{O}\\ \boldsymbol{O} & \boldsymbol{O}\end{bmatrix}(\boldsymbol{Q}^{-1}\boldsymbol{B})=\begin{bmatrix}\boldsymbol{E}_r & \boldsymbol{O}\\ \boldsymbol{O} & \boldsymbol{O}\end{bmatrix}\begin{bmatrix}\boldsymbol{C}_1\\ \boldsymbol{C}_2\end{bmatrix}=\begin{bmatrix}\boldsymbol{C}_1\\ \boldsymbol{O}\end{bmatrix},$$

其中,$\boldsymbol{C}_1$ 为 $r\times n$ 矩阵,$\boldsymbol{C}_2$ 为 $(n-r)\times n$ 矩阵. 由 $R(\boldsymbol{C}_2)\leqslant(n-r)$,$R\left(\begin{bmatrix}\boldsymbol{C}_1\\ \boldsymbol{C}_2\end{bmatrix}\right)\leqslant R(\boldsymbol{C}_1)+R(\boldsymbol{C}_2)$,有

$$\begin{aligned}R(\boldsymbol{AB})=R(\boldsymbol{PAB})=R(\boldsymbol{C}_1)&\geqslant R\begin{bmatrix}\boldsymbol{C}_1\\ \boldsymbol{C}_2\end{bmatrix}-R(\boldsymbol{C}_2)\geqslant R\begin{bmatrix}\boldsymbol{C}_1\\ \boldsymbol{C}_2\end{bmatrix}-(n-r)\\ &=R(\boldsymbol{B})+r-n=R(\boldsymbol{A})+R(\boldsymbol{B})-n.\end{aligned}$$

第 3 章

自测题 1

1. (1)$\overrightarrow{AB}=(-2,2,5)$,$\overrightarrow{BA}=(2,-2,-5)$. (2)$|\overrightarrow{AB}|=\sqrt{33}$. (3)$\left(-2,3,\frac{5}{2}\right)$.

(4)$\cos\alpha=\frac{2}{\sqrt{33}}$,$\cos\beta=\frac{-2}{\sqrt{33}}$,$\cos\gamma=\frac{-5}{\sqrt{33}}$.

2. $\gamma=\frac{\pi}{4}$或 $\gamma=\frac{3\pi}{4}$.

自测题 2

一、1. B. 2. A. 3. B.

提示:根据两非零向量垂直关系 $\boldsymbol{a}\perp\boldsymbol{b}\Leftrightarrow\boldsymbol{a}\cdot\boldsymbol{b}=0$ 得到

$$(\boldsymbol{a}+\lambda\boldsymbol{b})\perp\boldsymbol{b}\Leftrightarrow(\boldsymbol{a}+\lambda\boldsymbol{b})\cdot\boldsymbol{b}=0\Leftrightarrow\boldsymbol{a}\cdot\boldsymbol{b}+\lambda|\boldsymbol{b}|^2=0\Leftrightarrow\lambda=-\frac{\boldsymbol{a}\cdot\boldsymbol{b}}{|\boldsymbol{b}|^2}.$$

二、1. $\boldsymbol{b}=(2,-4,6)$.

2. 因为

$$\begin{aligned}[(\boldsymbol{b}\cdot\boldsymbol{c})\boldsymbol{a}-(\boldsymbol{a}\cdot\boldsymbol{c})\boldsymbol{b}]\cdot\boldsymbol{c}&=[(\boldsymbol{b}\cdot\boldsymbol{c})\boldsymbol{a}]\cdot\boldsymbol{c}-[(\boldsymbol{a}\cdot\boldsymbol{c})\boldsymbol{b}]\cdot\boldsymbol{c}\\&=(\boldsymbol{b}\cdot\boldsymbol{c})(\boldsymbol{a}\cdot\boldsymbol{c})-(\boldsymbol{a}\cdot\boldsymbol{c})(\boldsymbol{b}\cdot\boldsymbol{c})=0,\end{aligned}$$

所以向量$(\boldsymbol{b}\cdot\boldsymbol{c})\boldsymbol{a}-(\boldsymbol{a}\cdot\boldsymbol{c})\boldsymbol{b}$ 与向量 $\boldsymbol{c}$ 垂直.

评注 用数量积研究向量的垂直关系,用数量积的运算规律进行化简计算数量积.

3. -7.

4. (1)24;(2)60.

5. $\boldsymbol{c}=(4,-4,2)$ 或 $\boldsymbol{c}=(-4,4,-2)$.

6. $S_{\triangle ABC}=\dfrac{\sqrt{11}}{2}$.

7. $\boldsymbol{a}\times\boldsymbol{b}=\boldsymbol{i}\times(\boldsymbol{j}-2\boldsymbol{k})=\boldsymbol{i}\times\boldsymbol{j}-2\boldsymbol{i}\times\boldsymbol{k}=\boldsymbol{k}-2(-\boldsymbol{j})=2\boldsymbol{j}+\boldsymbol{k}$ 设 $\boldsymbol{\alpha}=(x,y,z)$.

由 $\boldsymbol{\alpha},\boldsymbol{a},\boldsymbol{b}$ 共面且 $\boldsymbol{\alpha}\perp\boldsymbol{c}$ 可得 $\boldsymbol{\alpha}\cdot\boldsymbol{c}=0$，$\boldsymbol{\alpha}\cdot(\boldsymbol{a}\times\boldsymbol{b})=0$，因此

$$\begin{cases}2x-2y+z=0\\0\cdot x+2y+z=0\end{cases}\Rightarrow\begin{cases}x=2y\\z=-2y\end{cases},$$

取 $y=\pm\dfrac{1}{3}$，得所求单位向量 $\boldsymbol{\alpha}=\pm\dfrac{1}{3}(2,1,-2)$.

评注 本题解法较多，如：由 $\boldsymbol{\alpha}\perp\boldsymbol{c}$ 且 $\boldsymbol{\alpha},\boldsymbol{a},\boldsymbol{b}$ 共面，可设 $\boldsymbol{\alpha}=\lambda_1\boldsymbol{a}+\lambda_2\boldsymbol{b}$，且 $\boldsymbol{\alpha}\cdot\boldsymbol{c}=0$，则 $(\lambda_1\boldsymbol{a}+\lambda_2\boldsymbol{b})\cdot\boldsymbol{c}=0$，即 $2\lambda_1-4\lambda_2=0$，$\lambda_1=2\lambda_2$，故 $\boldsymbol{\alpha}=2\lambda_2\boldsymbol{i}+\lambda_2(\boldsymbol{j}-2\boldsymbol{k})$.

又要求 $\boldsymbol{\alpha}$ 是一单位向量，须满足 $(2\lambda_2)^2+{}^2\lambda_2+(-2\lambda_2)^2=1$，解得 $\lambda_2=\pm\dfrac{1}{3}$，从而 $\lambda_1=\pm\dfrac{2}{3}$.

评注 根据题目中的要求，$\boldsymbol{\alpha},\boldsymbol{a},\boldsymbol{b}$ 共面，将 $\boldsymbol{\alpha}$ 设为 $\boldsymbol{a},\boldsymbol{b}$ 的线性组合，$\boldsymbol{\alpha}$ 与 $\boldsymbol{c}$ 垂直，想到数量积运算，再注意所求向量是单位向量，其模或范数为 1. 因此要熟悉共面、垂直、平行、单位化等相关的概念和向量运算的关系.

自 测 题 3

一、1. C. 2. C. 3. B. 4. D.

分析 A,B,C 错误的一个反例：设 $\boldsymbol{\alpha}_1=(1,0,0)$，$\boldsymbol{\alpha}_2=(0,1,0)$；$\boldsymbol{\beta}_1=(1,0,0)$，$\boldsymbol{\beta}_2=(1,1,1)$，则 $\boldsymbol{\alpha}_1,\boldsymbol{\alpha}_2$ 线性无关，$\boldsymbol{\beta}_1,\boldsymbol{\beta}_2$ 线性无关，但它们不能相互表示，也就不等价.

D 正确. $\boldsymbol{A}$ 与 $\boldsymbol{B}$ 等价是指 $\boldsymbol{A}$ 经初等变换化为 $\boldsymbol{B}$，可以知道 $\boldsymbol{A}$ 与 $\boldsymbol{B}$ 的秩是相等的. $\boldsymbol{A}$ 的秩为 m，则 $\boldsymbol{B}$ 的秩也为 m，所以 $\boldsymbol{\beta}_1,\boldsymbol{\beta}_2,\cdots,\boldsymbol{\beta}_m$ 线性无关.

评注 注意理解线性表示、线性无关的基本概念；理解向量组等价与矩阵等价是不同的概念.

5. (1)×. (2)√. (3)×. (4)×. (5)×.

(6)×. 原题只能说明 $\boldsymbol{\alpha}_1+\boldsymbol{\beta}_1,\boldsymbol{\alpha}_2+\boldsymbol{\beta}_2,\cdots,\boldsymbol{\alpha}_m+\boldsymbol{\beta}_m$ 线性无关.

反例：$\boldsymbol{\alpha}_1=(1,0)$，$\boldsymbol{\alpha}_2=(0,1)$ 线性无关；$\boldsymbol{\beta}_1=(0,0)$，$\boldsymbol{\beta}_2=(0,1)$ 线性相关.

(7)√.

法 1 记 A：$\boldsymbol{\alpha}_1+\boldsymbol{\alpha}_2,\boldsymbol{\alpha}_2+\boldsymbol{\alpha}_3,\cdots,\boldsymbol{\alpha}_{n-1}+\boldsymbol{\alpha}_n,\boldsymbol{\alpha}_n+\boldsymbol{\alpha}_1$，$B$：$\boldsymbol{\alpha}_1,\boldsymbol{\alpha}_2,\cdots,\boldsymbol{\alpha}_n$.

A 组可以由 B 组线性表示，所以 A 组的秩 $\leqslant B$ 组的秩. 而 B 组的秩 $<n$，所以 A 组的极大无关组中所含向量的个数 $<n$，于是 A 组线性相关.

法 2 当 n 为偶数时，因为有 $(\boldsymbol{\alpha}_1+\boldsymbol{\alpha}_2)-(\boldsymbol{\alpha}_2+\boldsymbol{\alpha}_3)+(\boldsymbol{\alpha}_3+\boldsymbol{\alpha}_4)+\cdots-(\boldsymbol{\alpha}_n+\boldsymbol{\alpha}_1)=0$，所以当 n 为偶数时，不论 $\boldsymbol{\alpha}_1,\boldsymbol{\alpha}_2,\cdots,\boldsymbol{\alpha}_n$ 是否线性相关，总有 A 组线性相关.

当 n 为奇数时，设有一组数 $k_1,k_2,\cdots,k_n$，使得

$$k_1(\boldsymbol{\alpha}_1+\boldsymbol{\alpha}_2)+k_2(\boldsymbol{\alpha}_2+\boldsymbol{\alpha}_3)+\cdots+k_n(\boldsymbol{\alpha}_n+\boldsymbol{\alpha}_1)=0,$$

即

$$(k_1+k_n)\boldsymbol{\alpha}_1+(k_1+k_2)\boldsymbol{\alpha}_2+\cdots+(k_{n-1}+k_n)\boldsymbol{\alpha}_n=0.$$

由于 $\boldsymbol{\alpha}_1,\boldsymbol{\alpha}_2,\cdots,\boldsymbol{\alpha}_n$ 线性相关，所以存在一组不全为零的数 $a_1,a_2,\cdots,a_n$，可令

$$\begin{cases}k_1+k_n=a_1\\k_1+k_2=a_2\\\cdots\cdots\\k_{n-1}+k_n=a_n\end{cases},$$

经过计算其系数矩阵的行列式为 2，故此方程组有唯一解，且是非零解，即有一组不全为零的数 $k_1,k_2,\cdots,k_n$，使得

$$k_1(\boldsymbol{\alpha}_1+\boldsymbol{\alpha}_2)+k_2(\boldsymbol{\alpha}_2+\boldsymbol{\alpha}_3)+\cdots+k_n(\boldsymbol{\alpha}_n+\boldsymbol{\alpha}_1)=0$$

所以 A 组线性相关.

评注 首先注意如果命题正确，要给出严格证明，若不正确，举出反例说明即可.

法 2 是从定义出发来说明 A 组线性相关的思路直接，但过程中需要计算一个 n 阶行列式来说明有一组不全为零的数，这应用了克莱姆法则. 法 1 看起来简单，但是需要熟悉向量组的秩，极大无关组，线性相关性的一些结论.

(8)×. (9)√.

二、1. 设 $\lambda_1\boldsymbol{\alpha}_1+\lambda_2\boldsymbol{\alpha}_2+\lambda_3\boldsymbol{\alpha}_3+\lambda_4\boldsymbol{\alpha}_4=0$，即 $\begin{cases}\lambda_1+2\lambda_2+2\lambda_3=0\\-\lambda_1-2\lambda_2+3\lambda_4=0\\2\lambda_1+4\lambda_2+6\lambda_3=0\\\lambda_1-\lambda_2-2\lambda_3=0\end{cases}$. 由克莱姆法则：因

$$D=\begin{vmatrix}1&2&2&0\\-1&-2&0&3\\2&4&6&0\\1&-1&-2&0\end{vmatrix}=3\cdot(-1)^{2+4}\begin{vmatrix}1&2&2\\2&4&6\\1&-1&2\end{vmatrix}=3\begin{vmatrix}1&2&2\\0&0&2\\0&-3&0\end{vmatrix}=18\neq0,$$

所以齐次线性方程组有唯一零解 $\lambda_1=\lambda_2=\lambda_3=\lambda_4=0$，因此向量组线性无关.

2. 类似上题，解得齐次线性方程组有非零解，得到 $\boldsymbol{\alpha}_1,\boldsymbol{\alpha}_2,\boldsymbol{\alpha}_3,\boldsymbol{\alpha}_4$ 线性相关.

3. 由 $\boldsymbol{\alpha}_1=-\dfrac{\lambda_2}{\lambda_1}\boldsymbol{\alpha}_2-\dfrac{\lambda_3}{\lambda_1}\boldsymbol{\alpha}_3$，$\boldsymbol{\alpha}_2=1\boldsymbol{\alpha}_2+0\boldsymbol{\alpha}_3$ 知，$\boldsymbol{\alpha}_1,\boldsymbol{\alpha}_2$ 可由 $\boldsymbol{\alpha}_2,\boldsymbol{\alpha}_3$ 线性表示；

又由 $\boldsymbol{\alpha}_2=0\boldsymbol{\alpha}_1+1\boldsymbol{\alpha}_2$，$\boldsymbol{\alpha}_3=-\dfrac{\lambda_1}{\lambda_3}\boldsymbol{\alpha}_1-\dfrac{\lambda_2}{\lambda_3}\boldsymbol{\alpha}_2$ 知，$\boldsymbol{\alpha}_2,\boldsymbol{\alpha}_3$ 可由 $\boldsymbol{\alpha}_1,\boldsymbol{\alpha}_2$ 线性表示. 故两组等价.

4. 法 1 ⇒. 设有一组数 $\lambda_1,\lambda_2,\cdots,\lambda_r$，使得 $\lambda_1\boldsymbol{\beta}_1+\lambda_2\boldsymbol{\beta}_2+\cdots+\lambda_r\boldsymbol{\beta}_r=\mathbf{0}$，即

$$(\lambda_1+\lambda_2+\cdots+\lambda_r)\boldsymbol{\alpha}_1+(\lambda_2+\cdots+\lambda_r)\boldsymbol{\alpha}_2+\cdots+(\lambda_{r-1}+\lambda_r)\boldsymbol{\alpha}_{r-1}+\lambda_r\boldsymbol{\alpha}_r=\mathbf{0},$$

因 $\boldsymbol{\alpha}_1,\boldsymbol{\alpha}_2,\cdots,\boldsymbol{\alpha}_r$ 线性无关，故只有

$$\lambda_1+\lambda_2+\cdots+\lambda_r=0,\quad \lambda_2+\cdots+\lambda_r=0,\quad \cdots,\quad \lambda_{r-1}+\lambda_r=0,\quad \lambda_r=0,$$

解得 $\lambda_1=\lambda_2=\cdots=\lambda_r=0$，从而 $\boldsymbol{\beta}_1,\boldsymbol{\beta}_2,\cdots,\boldsymbol{\beta}_r$ 线性无关.

⇐. 设有一组数 $\lambda_1,\lambda_2,\cdots,\lambda_r$，使得

$$\lambda_1\boldsymbol{\alpha}_1+\lambda_2\boldsymbol{\alpha}_2+\cdots+\lambda_r\boldsymbol{\alpha}_r=\mathbf{0},$$

因 $\boldsymbol{\alpha}_1=\boldsymbol{\beta}_1,\boldsymbol{\alpha}_2=\boldsymbol{\beta}_2-\boldsymbol{\beta}_1,\cdots,\boldsymbol{\alpha}_r=\boldsymbol{\beta}_r-\boldsymbol{\beta}_{r-1}$，代入上式化简得

$$(\lambda_1-\lambda_2)\boldsymbol{\beta}_1+(\lambda_2-\lambda_3)\boldsymbol{\beta}_2+\cdots+(\lambda_{r-1}-\lambda_r)\boldsymbol{\beta}_{r-1}+\lambda_r\boldsymbol{\beta}_r=\mathbf{0},$$

由于 $\boldsymbol{\beta}_1,\boldsymbol{\beta}_2,\cdots,\boldsymbol{\beta}_r$ 线性无关，故只有

$$\lambda_1-\lambda_2=0,\quad \lambda_2-\lambda_3=0,\quad \cdots,\quad \lambda_{r-1}-\lambda_r=0,\quad \lambda_r=0,$$

解得 $\lambda_1=\lambda_2=\cdots=\lambda_r=0$，从而 $\boldsymbol{\alpha}_1,\boldsymbol{\alpha}_2,\cdots,\boldsymbol{\alpha}_r$ 线性无关.

法 2　$\boldsymbol{\beta}_1,\boldsymbol{\beta}_2,\cdots,\boldsymbol{\beta}_r$ 可由 $\boldsymbol{\alpha}_1,\boldsymbol{\alpha}_2,\cdots,\boldsymbol{\alpha}_r$ 线性表示，注意到

$$\boldsymbol{\alpha}_1=\boldsymbol{\beta}_1,\quad \boldsymbol{\alpha}_2=\boldsymbol{\beta}_2-\boldsymbol{\beta}_1,\quad \cdots,\quad \boldsymbol{\alpha}_r=\boldsymbol{\beta}_r-\boldsymbol{\beta}_{r-1},$$

即 $\boldsymbol{\alpha}_1,\boldsymbol{\alpha}_2,\cdots,\boldsymbol{\alpha}_r$ 可由 $\boldsymbol{\beta}_1,\boldsymbol{\beta}_2,\cdots,\boldsymbol{\beta}_r$ 线性表示，得到 $\boldsymbol{\beta}_1,\boldsymbol{\beta}_2,\cdots,\boldsymbol{\beta}_r$ 与 $\boldsymbol{\alpha}_1,\boldsymbol{\alpha}_2,\cdots,\boldsymbol{\alpha}_r$ 等价，则它们的秩相等，因此 $\boldsymbol{\alpha}_1,\boldsymbol{\alpha}_2,\cdots,\boldsymbol{\alpha}_r$ 线性无关$\Leftrightarrow\boldsymbol{\beta}_1,\boldsymbol{\beta}_2,\cdots,\boldsymbol{\beta}_r$ 线性无关.

评注　法 1 是用线性无关的定义证明，思路直接且清楚，要深刻理解线性相关，线性无关的概念.

法 2 中，注意两组向量相互表示时，它们的线性相关性的关系：向量组 $\boldsymbol{\alpha}_1,\boldsymbol{\alpha}_2,\cdots,\boldsymbol{\alpha}_s$ 与向量组 $\boldsymbol{\beta}_1,\boldsymbol{\beta}_2,\cdots,\boldsymbol{\beta}_t$ 等价，$s=t$，向量组 $\boldsymbol{\alpha}_1,\boldsymbol{\alpha}_2,\cdots,\boldsymbol{\alpha}_s$ 线性无关$\Leftrightarrow\boldsymbol{\beta}_1,\boldsymbol{\beta}_2,\cdots,\boldsymbol{\beta}_t$ 线性无关；

自测题 4

一、1. 3.

分析　法 1

$$\boldsymbol{A}=\begin{pmatrix}\boldsymbol{\alpha}_1\\ \boldsymbol{\alpha}_2\\ \boldsymbol{\alpha}_3\end{pmatrix}=\begin{pmatrix}1&2&-1&1\\2&0&t&0\\0&-4&5&-2\end{pmatrix}\to\begin{pmatrix}1&2&-1&1\\0&-4&t+2&-2\\0&-4&5&-2\end{pmatrix}\to\begin{pmatrix}1&2&-1&1\\0&0&t-3&0\\0&-4&5&-2\end{pmatrix},$$

$\boldsymbol{A}$ 的秩为 2，所以 $t=3$.

法 2　显然 $\boldsymbol{\alpha}_1,\boldsymbol{\alpha}_2$ 线性无关，已知 $\boldsymbol{\alpha}_1,\boldsymbol{\alpha}_2,\boldsymbol{\alpha}_3$ 的秩为 2，所以 $\boldsymbol{\alpha}_1,\boldsymbol{\alpha}_2,\boldsymbol{\alpha}_3$ 线性相关. 故方程组 $\boldsymbol{\alpha}_2=k_1\boldsymbol{\alpha}_1+k_3\boldsymbol{\alpha}_3$ 需有解，于是得到 $t=3$.

评注　注意掌握求向量组的秩的方法及求其一个极大无关组的方法.

求向量组的秩时，可对 $\boldsymbol{A}$ 实施初等行变换或初等列变换. 但求向量组的一个极大无关组时，需注意：$\boldsymbol{A}$ 经**初等行变换**化为 $\boldsymbol{B}$ 时，$\boldsymbol{A}$ 与 $\boldsymbol{B}$ 的列秩相同，且 $\boldsymbol{A}$ 与 $\boldsymbol{B}$ 对应的**列向量组**的线性相关性相同. 例如：

$$\text{记 }\boldsymbol{A}=(\boldsymbol{\alpha}_1,\boldsymbol{\alpha}_2,\boldsymbol{\alpha}_3)=\begin{pmatrix}1&2&0\\2&0&-4\\-1&3&5\\1&0&-2\end{pmatrix}\xrightarrow{\text{初等行}}\begin{pmatrix}1&2&0\\0&-4&-4\\0&0&0\\0&0&0\end{pmatrix}=(\boldsymbol{\beta}_1\quad\boldsymbol{\beta}_2\quad\boldsymbol{\beta}_3)=\boldsymbol{B},$$

易见 $\boldsymbol{\beta}_1,\boldsymbol{\beta}_2,\boldsymbol{\beta}_3$ 的秩为 2，$\boldsymbol{\beta}_1$ 与 $\boldsymbol{\beta}_2$、$\boldsymbol{\beta}_1$ 与 $\boldsymbol{\beta}_3$ 及 $\boldsymbol{\beta}_2$ 与 $\boldsymbol{\beta}_3$ 均为 $\boldsymbol{\beta}_1,\boldsymbol{\beta}_2,\boldsymbol{\beta}_3$ 的一个极大无关组，所以 $\boldsymbol{\alpha}_1$ 与 $\boldsymbol{\alpha}_2$、$\boldsymbol{\alpha}_1$ 与 $\boldsymbol{\alpha}_3$ 及 $\boldsymbol{\alpha}_2$ 与 $\boldsymbol{\alpha}_3$ 也均为向量组 $\boldsymbol{\alpha}_1,\boldsymbol{\alpha}_2,\boldsymbol{\alpha}_3$ 的一个极大无关组.

2. 2.

分析 因为 $A=\begin{pmatrix}\boldsymbol{\alpha}_1\\ \boldsymbol{\alpha}_2\\ \boldsymbol{\alpha}_3\end{pmatrix}=\begin{pmatrix}1&1&1\\2&3&4\\5&7&9\end{pmatrix}\to\begin{pmatrix}1&1&1\\0&1&2\\0&2&4\end{pmatrix}\to\begin{pmatrix}1&1&1\\0&1&2\\0&0&0\end{pmatrix}$,
$R(\boldsymbol{\alpha}_1,\boldsymbol{\alpha}_2,\boldsymbol{\alpha}_3)=2$,故由 $\boldsymbol{\alpha}_1=(1,1,1),\boldsymbol{\alpha}_2=(2,3,4),\boldsymbol{\alpha}_3=(5,7,9)$所生成的向量空间的维数为2.

评注 注意理解向量的维数是此向量的分量的个数,向量空间的维数是向量空间的一组基中所含向量的个数,这是两个不同的概念.此题 $\boldsymbol{\alpha}_1=(1,1,1),\boldsymbol{\alpha}_2=(2,3,4),\boldsymbol{\alpha}_3=(5,7,9)$是3维向量,但它们生成的向量空间是2维的,这个向量空间在几何上表示的是一个平面.

二、1.(1)秩为3,$\boldsymbol{\alpha}_1,\boldsymbol{\alpha}_2,\boldsymbol{\alpha}_3$ 为其一个极大无关组.

(2)秩为2,$\boldsymbol{\alpha}_1,\boldsymbol{\alpha}_2$ 为其一个极大无关组.

2. 不妨设向量组 A,B,C 的极大无关组分别为

$$A_1:\boldsymbol{\alpha}_1,\boldsymbol{\alpha}_2,\cdots,\boldsymbol{\alpha}_{r_1};\quad B_1:\boldsymbol{\beta}_1,\boldsymbol{\beta}_2,\cdots,\boldsymbol{\beta}_{r_2};\quad C_1:\boldsymbol{\gamma}_1,\boldsymbol{\gamma}_2,\cdots,\boldsymbol{\gamma}_{r_3},$$

则由 A 组可由 C 组线性表示得 $r_1\leqslant r_3$,由 B 组可由 C 组线性表示又得 $r_2\leqslant r_3$,所以 $\max\{r_1,r_2\}\leqslant r_3$.

又由于 C 组可由 A 组和 B 组两组线性表示,故由等价向量组的传递性知,C_1 可由 A_1 和 B_1 两向量组线性表示,而 C_1 为线性无关组,故有 $r_3\leqslant r_1+r_2$.

综上,有
$$\max\{r_1,r_2\}\leqslant r_3\leqslant r_1+r_2.$$

评注 熟悉向量组的极大线性无关组和它的秩的定义.

熟悉结论:设向量组(Ⅱ)$\boldsymbol{\beta}_1,\boldsymbol{\beta}_2,\cdots,\boldsymbol{\beta}_s$ 能由向量组(Ⅰ)$\boldsymbol{\alpha}_1,\boldsymbol{\alpha}_2,\cdots,\boldsymbol{\alpha}_m$ 线性表示,则
$$r(\boldsymbol{\beta}_1,\boldsymbol{\beta}_2,\cdots,\boldsymbol{\beta}_s)\leqslant r(\boldsymbol{\alpha}_1,\boldsymbol{\alpha}_2,\cdots,\boldsymbol{\alpha}_m),$$
其中 $r(\boldsymbol{\beta}_1,\boldsymbol{\beta}_2,\cdots,\boldsymbol{\beta}_s)$与 $r(\boldsymbol{\alpha}_1,\boldsymbol{\alpha}_2,\cdots,\boldsymbol{\alpha}_m)$均表示向量组的秩.

与此题类似的题:设两矩阵 $\boldsymbol{A}_{m\times n},\boldsymbol{B}_{m\times n}$,证明:$r(\boldsymbol{A}\pm\boldsymbol{B})\leqslant r(\boldsymbol{A})+r(\boldsymbol{B})$.

这是因为:矩阵的秩与其列向量组的秩相等,设 $\boldsymbol{A}$ 的列向量组的极大无关组为 $\boldsymbol{\alpha}_1,\boldsymbol{\alpha}_2,\cdots,\boldsymbol{\alpha}_{r_1}$,$\boldsymbol{B}$ 的列向量组的极大无关组为 $\boldsymbol{\beta}_1,\boldsymbol{\beta}_2,\cdots,\boldsymbol{\beta}_{r_2}$,则 $\boldsymbol{A}\pm\boldsymbol{B}$ 的列向量组均可由 $\boldsymbol{\alpha}_1,\boldsymbol{\alpha}_2,\cdots,\boldsymbol{\alpha}_{r_1},\boldsymbol{\beta}_1,\boldsymbol{\beta}_2,\cdots,\boldsymbol{\beta}_{r_2}$ 线性表示,故 $r(\boldsymbol{A}\pm\boldsymbol{B})\leqslant r(\boldsymbol{A})+r(\boldsymbol{B})$.

*3. 记 $\boldsymbol{A}=(\boldsymbol{\alpha}_1,\boldsymbol{\alpha}_2,\boldsymbol{\alpha}_3)=\begin{pmatrix}1&3&2\\1&-1&0\\2&0&-1\end{pmatrix}$,则 $|\boldsymbol{A}|=8\neq0$,因此 $\boldsymbol{\alpha}_1,\boldsymbol{\alpha}_2,\boldsymbol{\alpha}_3$ 线性无关,从而是 $\mathbf{R}^3$ 的一个基.

设 $\boldsymbol{\beta}=k_1\boldsymbol{\alpha}_1+k_2\boldsymbol{\alpha}_2+k_3\boldsymbol{\alpha}_3$,即

$$\begin{pmatrix}2\\0\\7\end{pmatrix}=k_1\begin{pmatrix}1\\1\\2\end{pmatrix}+k_2\begin{pmatrix}3\\-1\\0\end{pmatrix}+k_3\begin{pmatrix}2\\0\\-1\end{pmatrix},\quad\begin{cases}k_1+3k_2+2k_3=2\\k_1-k_2=0\\2k_1-k_3=7\end{cases},$$

解得 $k_1=2,k_2=2,k_3=-3$.所以 $\boldsymbol{\beta}$ 在该基下的坐标为$(2,2,-3)^{\mathrm{T}}$.

自测题 5

一、1. $abc\neq0$.

2. (1,1,−1).

设 $\boldsymbol{\beta}=x_1\boldsymbol{\alpha}_1+x_2\boldsymbol{\alpha}_2+x_3\boldsymbol{\alpha}_3$,这是一个非齐次线性方程组,由

$$(\boldsymbol{\alpha}_1^{\mathrm{T}}\quad \boldsymbol{\alpha}_1^{\mathrm{T}}\quad \boldsymbol{\alpha}_1^{\mathrm{T}}\quad \boldsymbol{\beta}^{\mathrm{T}})=\begin{pmatrix}1&1&0&2\\1&0&1&0\\0&1&1&0\end{pmatrix}\to\begin{pmatrix}1&1&0&2\\0&-1&1&-2\\0&1&1&0\end{pmatrix}\to\begin{pmatrix}1&1&0&2\\0&-1&1&-2\\0&0&2&-2\end{pmatrix}$$

$$\to\begin{pmatrix}1&1&0&2\\0&-1&0&-1\\0&0&1&-1\end{pmatrix}\to\begin{pmatrix}1&0&0&1\\0&1&0&1\\0&0&1&-1\end{pmatrix}.$$

得方程组的解 $x_1=1,x_2=1,x_3=-1$.

评注 注意理解基底、坐标的基本概念.

3. B.

4. D.

分析 由 $a_i^2+b_i^2\neq 0(i=1,2,3)$ 知 $\boldsymbol{\alpha}_1,\boldsymbol{\alpha}_2$ 均为非零向量. 于是三条直线交于一点(x,y)

$\Leftrightarrow\begin{cases}a_1x+b_1y+c_1=0\\a_2x+b_2y+c_2=0\\a_3x+b_3y+c_3=0\end{cases}$有唯一解$(x,y)\Leftrightarrow x\boldsymbol{\alpha}_1+y\boldsymbol{\alpha}_2+\boldsymbol{\alpha}_3=0$ 有唯一解$(x,y)\Leftrightarrow\boldsymbol{\alpha}_1,\boldsymbol{\alpha}_2$ 不平行,且 $\alpha_3=-x\boldsymbol{\alpha}_1-y\boldsymbol{\alpha}_2\Leftrightarrow$D 成立.

据此可知 A 不全面,B 不正确,而 C 也不正确是因为:秩$(\boldsymbol{\alpha}_1,\boldsymbol{\alpha}_2)$可能为 1 而导致 3 条直线重合,从而有无穷多个交点.

评注 方程组$\begin{cases}a_1x+b_1y+c_1=0\\a_2x+b_2y+c_2=0\\a_3x+b_3y+c_3=0\end{cases}\Leftrightarrow x\boldsymbol{\alpha}_1+y\boldsymbol{\alpha}_2+\boldsymbol{\alpha}_3=0$,即向量的线性组合等于 0. 熟悉方程组的向量形式.

二、1. $(\boldsymbol{\alpha}_1,\boldsymbol{\alpha}_2,\boldsymbol{\alpha}_3)=\begin{pmatrix}1&1&1\\0&1&-1\\2&3&a+2\end{pmatrix}\to\begin{pmatrix}1&1&1\\0&1&-1\\0&0&a+1\end{pmatrix}$,

$$(\boldsymbol{\beta}_1,\boldsymbol{\beta}_2,\boldsymbol{\beta}_3)=\begin{pmatrix}1&2&2\\2&1&1\\a+3&a+b&a+4\end{pmatrix}\to\begin{pmatrix}1&2&2\\0&1&1\\0&0&4-b\end{pmatrix}.$$

当 $a\neq -1$ 与 $b\neq 4$ 同时成立时,$\boldsymbol{\alpha}_1,\boldsymbol{\alpha}_2,\boldsymbol{\alpha}_3$ 线性无关,且 $\boldsymbol{\beta}_1,\boldsymbol{\beta}_2,\boldsymbol{\beta}_3$ 线性无关,从而均是 $\mathbf{R}^3$ 的基. (Ⅰ)与(Ⅱ)等价.

当 $a\neq -1$ 与 $b\neq 4$ 不同时成立时,(Ⅰ)与(Ⅱ)不等价. 这是因为:

当 $a\neq -1$ 与 $b\neq 4$ 有且仅有一个成立时,(Ⅰ)与(Ⅱ)的秩不相等,从而不等价.

当 $a\neq -1$ 与 $b\neq 4$ 都不成立时,即 $a=-1,b=4$ 时,$\boldsymbol{\alpha}_1,\boldsymbol{\alpha}_2,\boldsymbol{\alpha}_3$ 线性相关,$\boldsymbol{\alpha}_1,\boldsymbol{\alpha}_2$ 为其极大无关组. 但

$$(\boldsymbol{\alpha}_1,\boldsymbol{\alpha}_2,\boldsymbol{\beta}_1)=\begin{pmatrix}1&1&1\\0&1&2\\2&3&2\end{pmatrix}\to\begin{pmatrix}1&1&1\\0&1&2\\0&0&-2\end{pmatrix},$$

所以 $\boldsymbol{\alpha}_1,\boldsymbol{\alpha}_2,\boldsymbol{\beta}_1$ 线性无关，$\boldsymbol{\beta}_1$ 不能由 $\boldsymbol{\alpha}_1,\boldsymbol{\alpha}_2$ 线性表示，从而（Ⅱ）不能由（Ⅰ）表示，（Ⅰ）与（Ⅱ）不等价.

2. 设

$$x_1\boldsymbol{\beta}_1+x_2\boldsymbol{\beta}_2+\cdots+x_s\boldsymbol{\beta}_s=\mathbf{0} \tag{1}$$

即

$$x_1(\boldsymbol{\alpha}_1+\boldsymbol{\alpha}_2)+x_2(\boldsymbol{\alpha}_2+\boldsymbol{\alpha}_3)+\cdots+x_s(\boldsymbol{\alpha}_s+\boldsymbol{\alpha}_1)=\mathbf{0},$$

整理得

$$(x_1+x_s)\boldsymbol{\alpha}_1+(x_1+x_2)\boldsymbol{\alpha}_2+\cdots+(x_{s-1}+x_s)\boldsymbol{\alpha}_s=\mathbf{0}. \tag{2}$$

由 $\boldsymbol{\alpha}_1,\boldsymbol{\alpha}_2,\cdots,\boldsymbol{\alpha}_s$ 线性无关，得上式系数只能全为零，即

$$\begin{cases}x_1 \qquad\qquad +x_s=0\\ x_1+x_2 \qquad\qquad =0\\ \quad\cdots\cdots\\ \qquad\qquad x_{s-1}+x_s=0\end{cases}. \tag{3}$$

其系数行列式

$$D=\begin{vmatrix}1&&&&1\\1&1&&&\\&\ddots&\ddots&&\\&&1&1&\\&&&1&1\end{vmatrix}=\begin{vmatrix}1&&&&1\\1&1&&&\\&\ddots&\ddots&&\\&&1&1&\\&&&1&1\end{vmatrix}$$

$$=1\cdot\begin{vmatrix}1&&&\\1&1&&\\&\ddots&\ddots&\\&&1&1\end{vmatrix}_{(s-1)}+(-1)^{s+1}\begin{vmatrix}1&1&&\\&1&\ddots&\\&&\ddots&1\\&&&1\end{vmatrix}_{(s-1)}$$

$$=1+(-1)^{s+1}.$$

当 s 为奇数时 $D=2\neq0$，方程组(3)只有零解，从而式(1)的系数只能全为零，此时 $\boldsymbol{\beta}_1,\boldsymbol{\beta}_2,\cdots,\boldsymbol{\beta}_s$ 线性无关；

当 s 为偶数时 $D=0$，方程组(3)有非零解，即式(1)中系数可以不全为零，此时 $\boldsymbol{\beta}_1,\boldsymbol{\beta}_2,\cdots,\boldsymbol{\beta}_s$ 线性相关.

注 当 $\boldsymbol{\alpha}_1,\boldsymbol{\alpha}_2,\cdots,\boldsymbol{\alpha}_s$ 线性相关时，因为 $R(\boldsymbol{\beta}_1,\boldsymbol{\beta}_2,\cdots,\boldsymbol{\beta}_s)\leqslant R(\boldsymbol{\alpha}_1,\boldsymbol{\alpha}_2,\cdots,\boldsymbol{\alpha}_s)<s$，所以，此时 $\boldsymbol{\beta}_1,\boldsymbol{\beta}_2,\cdots,\boldsymbol{\beta}_s$ 总是线性相关的.

3. 因为 $\boldsymbol{A}=\boldsymbol{E}-\boldsymbol{\xi}\boldsymbol{\xi}^{\mathrm{T}}$，所以

$$\boldsymbol{A}^2=(\boldsymbol{E}-\boldsymbol{\xi}\boldsymbol{\xi}^{\mathrm{T}})^2=\boldsymbol{E}-2\boldsymbol{\xi}\boldsymbol{\xi}^{\mathrm{T}}+(\boldsymbol{\xi}\boldsymbol{\xi}^{\mathrm{T}})(\boldsymbol{\xi}\boldsymbol{\xi}^{\mathrm{T}})=\boldsymbol{E}-2\boldsymbol{\xi}\boldsymbol{\xi}^{\mathrm{T}}+\boldsymbol{\xi}(\boldsymbol{\xi}^{\mathrm{T}}\boldsymbol{\xi})\boldsymbol{\xi}^{\mathrm{T}}\cdots\cdots \quad (*)$$

(1)$\Rightarrow$. 若 $\boldsymbol{A}^2=\boldsymbol{A}$，得 $\boldsymbol{E}-2\boldsymbol{\xi\xi}^{\mathrm{T}}+\boldsymbol{\xi}(\boldsymbol{\xi}^{\mathrm{T}}\boldsymbol{\xi})\boldsymbol{\xi}^{\mathrm{T}}=\boldsymbol{E}-\boldsymbol{\xi\xi}^{\mathrm{T}}$，即 $\boldsymbol{\xi}(1-\boldsymbol{\xi}^{\mathrm{T}}\boldsymbol{\xi})\boldsymbol{\xi}^{\mathrm{T}}=\boldsymbol{O}$，其中 $1-\boldsymbol{\xi}^{\mathrm{T}}\boldsymbol{\xi}$ 是数，于是有 $(1-\boldsymbol{\xi}^{\mathrm{T}}\boldsymbol{\xi})\boldsymbol{\xi\xi}^{\mathrm{T}}=0$，因为 $\boldsymbol{\xi}\neq 0$，所以，矩阵 $\boldsymbol{\xi\xi}^{\mathrm{T}}\neq O$，于是 $1-\boldsymbol{\xi}^{\mathrm{T}}\boldsymbol{\xi}=0$.

$\Leftarrow$. 若 $\boldsymbol{\xi}^{\mathrm{T}}\boldsymbol{\xi}=1$，则由(*)得 $\boldsymbol{A}^2=\boldsymbol{E}-2\boldsymbol{\xi\xi}^{\mathrm{T}}+\boldsymbol{\xi\xi}^{\mathrm{T}}=\boldsymbol{E}-\boldsymbol{\xi\xi}^{\mathrm{T}}=\boldsymbol{A}$.

(2)由(1)知 $\boldsymbol{\xi}^{\mathrm{T}}\boldsymbol{\xi}=1\Leftrightarrow\boldsymbol{A}(\boldsymbol{A}-\boldsymbol{E})=\boldsymbol{O}$. 若 $\boldsymbol{A}$ 可逆，则有 $\boldsymbol{A}-\boldsymbol{E}=\boldsymbol{O}$，即 $\boldsymbol{A}=\boldsymbol{E}$，从而 $\boldsymbol{\xi\xi}^{\mathrm{T}}=\boldsymbol{O}$ 与 $\boldsymbol{\xi}\neq\boldsymbol{0}$ 矛盾，于是 $\boldsymbol{A}$ 是不可逆矩阵.

或者，由于 $\boldsymbol{A\xi}=\boldsymbol{\xi}-\boldsymbol{\xi\xi}^{\mathrm{T}}\boldsymbol{\xi}=\boldsymbol{0}$，$\boldsymbol{\xi}$ 是非零的向量，有 $|\boldsymbol{A}|=0$，故 $\boldsymbol{A}$ 不可逆.

评注 做此题应熟悉矩阵、向量运算、$\boldsymbol{A}$ 可逆的充要条件等. 一般证明 $\boldsymbol{A}$ 不可逆，可以想到反证法，假设 $\boldsymbol{A}$ 可逆有什么矛盾；或者要想到证 $\boldsymbol{A}$ 的行列式等于零；或者与线性方程组的解的情况联系起来. 另外，$\boldsymbol{\xi}$ 是 n 维非零列向量，注意 $\boldsymbol{\xi}^{\mathrm{T}}\boldsymbol{\xi}$ 是数，而 $\boldsymbol{\xi\xi}^{\mathrm{T}}$ 是 n 阶方阵，思考矩阵 $\boldsymbol{\xi\xi}^{\mathrm{T}}$ 的秩是多少？

第 4 章

自测题 1

一、1. D.

分析 选项 A 不正确，因为一组向量 $\boldsymbol{\xi}_1,\boldsymbol{\xi}_2,\boldsymbol{\xi}_3,\boldsymbol{\xi}_4$ 构成 $\boldsymbol{Ax}=\boldsymbol{0}$ 的基础解系需要它们线性无关. 而这里它们线性相关；选项 B 中向量组所含向量个数不一定是 4；选项 C 中向量组不一定是 $\boldsymbol{Ax}=\boldsymbol{0}$ 的解. 出错较多的是选 B，与基础解系等价的向量组必定构成方程组的解，但是不一定线性无关，因此不一定构成基础解系.

评注 题目考大家对于基础解系和等价、等秩概念的掌握.

2. C.

分析 选项 A，B 不正确，因为当 $\lambda=-2$ 时，$|\boldsymbol{A}|\neq 0$，即 $R(\boldsymbol{A})=3$，$\boldsymbol{Ax}=\boldsymbol{0}$ 只有零解，因此使 $\boldsymbol{AB}=\boldsymbol{O}$ 的 $\boldsymbol{B}$ 只能为零矩阵；

D 不正确，因为当 $\lambda=1$ 时，$R(\boldsymbol{A})=1$，从而满足 $\boldsymbol{AB}=\boldsymbol{O}$ 的非零阵 $\boldsymbol{B}$ 不可逆，故 $|\boldsymbol{B}|=0$.

3. A.

分析 $\boldsymbol{Ax}=\boldsymbol{0}$ 的向量形式为 $x_1\boldsymbol{\alpha}_1+x_2\boldsymbol{\alpha}_2+\cdots+x_n\boldsymbol{\alpha}_n=\boldsymbol{0}$，其中 $\boldsymbol{\alpha}_j(j=1,2,\cdots,n)$ 是 $\boldsymbol{A}$ 的列向量. $\boldsymbol{Ax}=\boldsymbol{0}$ 仅有零解的充分必要条件是 $\boldsymbol{\alpha}_1,\boldsymbol{\alpha}_2,\cdots,\boldsymbol{\alpha}_n$ 线性无关.

评注 出错较多的是选 C，没有理解方程组的等价形式.

4. $r(\boldsymbol{A})<n$； $n-r$.

5. $\boldsymbol{O}$.

分析 由已知，$\boldsymbol{Ax}=\boldsymbol{0}$ 的基础解系含有 n 个解向量，故 $R(\boldsymbol{A})=n-n=0$.

6. $k(1,1,\cdots,1)^{\mathrm{T}}$，$k$ 为任意常数.

分析 由已知 $\boldsymbol{A}$ 的各行元素之和为 0，相当于 $(1,1,\cdots,1)^{\mathrm{T}}$ 是 $\boldsymbol{Ax}=\boldsymbol{0}$ 的一个解，又 $R(\boldsymbol{A})=n-1$，故 $\boldsymbol{\xi}=(1,1,\cdots,1)^{\mathrm{T}}$ 即为 $\boldsymbol{Ax}=\boldsymbol{0}$ 的基础解系.

二、1. (1)$\boldsymbol{A}=\begin{pmatrix}1&2&-3&-1\\2&3&1&3\\-1&-2&4&-5\\2&3&2&-3\end{pmatrix}\rightarrow\begin{pmatrix}1&2&-3&-1\\0&1&-7&-5\\0&0&1&-6\\0&0&0&0\end{pmatrix}\rightarrow\begin{pmatrix}1&0&0&75\\0&1&0&-47\\0&0&1&-6\\0&0&0&0\end{pmatrix}$.

所以$\begin{cases}x_1=-75x_4\\x_2=47x_4\\x_3=6x_4\end{cases}$，通解为$\begin{pmatrix}x_1\\x_2\\x_3\\x_4\end{pmatrix}=k\begin{pmatrix}-75\\47\\6\\1\end{pmatrix}$ $(k\in\mathbf{R})$.

(2)$\boldsymbol{A}=\begin{pmatrix}1&2&1&1&1\\2&4&3&1&1\\-1&-2&1&3&-3\\0&0&2&5&-2\end{pmatrix}\rightarrow\begin{pmatrix}1&2&1&1&1\\0&0&1&-1&-1\\0&0&0&6&0\\0&0&0&0&0\end{pmatrix}\rightarrow\begin{pmatrix}1&2&0&0&2\\0&0&1&0&-1\\0&0&0&1&0\\0&0&0&0&0\end{pmatrix}$.

所以$\begin{cases}x_1=-2x_2-x_5\\x_3=x_5\\x_4=0\end{cases}$，通解为$\begin{pmatrix}x_1\\x_2\\x_3\\x_4\\x_5\end{pmatrix}=k_1\begin{pmatrix}-2\\1\\0\\0\\0\end{pmatrix}+k_2\begin{pmatrix}-2\\0\\1\\0\\1\end{pmatrix}$ $(k_1,k_2\in\mathbf{R})$

2. 法 1(用系数矩阵)$\boldsymbol{A}=\begin{pmatrix}1&1&1\\1&\lambda^2&1\\1&1&\lambda\end{pmatrix}\rightarrow\begin{pmatrix}1&1&1\\0&\lambda^2-1&0\\0&0&\lambda-1\end{pmatrix}\rightarrow\begin{pmatrix}1&1&1\\0&(\lambda-1)(\lambda+1)&0\\0&0&\lambda-1\end{pmatrix}$.

当$\lambda\neq1$且$\lambda\neq-1$时$R(\mathbf{A})=3=n$方程组只有零解；

当$\lambda=1$时$R(\mathbf{A})=1<3=n$，当$\lambda=-1$时$R(\mathbf{A})=2<3=n$，方程组有无穷多解.

对应$\lambda=1$，同解方程组为$x_1+x_2+x_3=0$，通解为$\begin{pmatrix}x_1\\x_2\\x_3\end{pmatrix}=k_1\begin{pmatrix}-1\\1\\0\end{pmatrix}+k_2\begin{pmatrix}-1\\0\\1\end{pmatrix}$ $(k_1,k_2\in\mathbf{R})$.

对应$\lambda=-1$时，同解方程组为$\begin{cases}x_1+x_2+x_3=0\\x_3=0\end{cases}$，通解为$\begin{pmatrix}x_1\\x_2\\x_3\end{pmatrix}=k\begin{pmatrix}-1\\1\\0\end{pmatrix}$ $(k\in\mathbf{R})$.

法 2 (用系数行列式) $D=\begin{vmatrix}1&1&1\\1&\lambda^2&1\\1&1&\lambda\end{vmatrix}=(\lambda+1)(\lambda-1)^2$.

(略)当$D\neq0$时，方程组只有零解；当$D=0$时，方程组有无穷多解.

注意 当齐次线性方程组的未知数的系数含有参数时，求解的基本原理与方法同前面讨论.不同的是要讨论参数的各个不同取值对方程组解的影响.

当方程个数与未知量的个数相同时，直接计算系数行列式，用克莱姆法则也很方便.

3. 设$R(\mathbf{A})=r$.记$B=(\boldsymbol{\beta}_1,\boldsymbol{\beta}_2,\cdots,\boldsymbol{\beta}_s)$，则由$\boldsymbol{AB}=(\boldsymbol{A\beta}_1,\boldsymbol{A\beta}_2,\cdots,\boldsymbol{A\beta}_s)=\boldsymbol{O}$得

$\boldsymbol{A\beta}_i=\mathbf{0},i=1,2,\cdots,s.$ (即$\boldsymbol{\beta}_i(i=1,2,\cdots,s)$都是$\boldsymbol{Ax}=\mathbf{0}$的解.)

若 $r=n$，则 $\boldsymbol{Ax}=\boldsymbol{0}$ 只有零解，故 $\boldsymbol{B}=\boldsymbol{O}$，$R(\boldsymbol{B})=0$，因此 $R(\boldsymbol{A})+R(\boldsymbol{B})\leqslant n$；

若 $r<n$，则 $\boldsymbol{Ax}=\boldsymbol{0}$ 存在 $n-r$ 个线性无关解，而 $\boldsymbol{B}$ 的列均为解，故 $R(\boldsymbol{B})\leqslant n-r$，即

$$R(\boldsymbol{A})+R(\boldsymbol{B})\leqslant n.$$

4. 当 $R(\boldsymbol{A})=n$，即 $|\boldsymbol{A}|\neq 0$ 时，$|\boldsymbol{A}^*|=|\boldsymbol{A}|^{n-1}\neq 0$，故 $R(\boldsymbol{A}^*)=n$；

当 $R(\boldsymbol{A})=n-1$ 时，$|\boldsymbol{A}|=0$. 由 $\boldsymbol{A}^*\boldsymbol{A}=|\boldsymbol{A}|\boldsymbol{E}=\boldsymbol{O}$ 知 $\boldsymbol{A}$ 的列向量都是 $\boldsymbol{A}^*\boldsymbol{x}=\boldsymbol{0}$ 的解，从而 $\boldsymbol{A}^*\boldsymbol{x}=0$ 的基础解系中至少有 $n-1$ 个解向量，即 $n-R(\boldsymbol{A}^*)\geqslant n-1$，$R(\boldsymbol{A}^*)\leqslant 1$，而 $\boldsymbol{A}^*$ 至少有一个非零元，即 $R(\boldsymbol{A}^*)\geqslant 1$，故 $R(\boldsymbol{A}^*)=1$；

当 $R(\boldsymbol{A})<n-1$ 时，$\boldsymbol{A}^*$ 中没有非零元，即 $\boldsymbol{A}^*=\boldsymbol{O}$，故 $R(\boldsymbol{A}^*)=0$.

自 测 题 2

一、1. $R(\boldsymbol{A})\neq R(\boldsymbol{B})$，$R(\boldsymbol{A})=R(\boldsymbol{B})=n$，$R(\boldsymbol{A})=R(\boldsymbol{B})=r<n$，$\boldsymbol{\eta}+c_1\boldsymbol{\xi}_1+c_2\boldsymbol{\xi}_2+\cdots+c_{n-r}\boldsymbol{\xi}_{n-r}$（$c_1,c_2,\cdots,c_{n-r}$ 为任意常数），

2. $a_1+a_2+a_3+a_4=0$.

3. A.

分析 此时 $\boldsymbol{A}$ 为 m 行 n 列的矩阵，故 $R(\boldsymbol{A})\leqslant\min\{m,n\}$；而增广矩阵 $\boldsymbol{B}=(\boldsymbol{A},\boldsymbol{\beta})$ 为 m 行 $n+1$ 列的矩阵，$R(\boldsymbol{B})\leqslant\min\{m,n+1\}$ 且有 $R(\boldsymbol{A})\leqslant R(\boldsymbol{B})$. 选项 A 中 $r=m$ 时，即 $R(\boldsymbol{A})=m$，此时必有 $R(\boldsymbol{B})=R(\boldsymbol{A})=m$，故方程组有解；选项 B 中 $r=n$，不能保证 $R(\boldsymbol{B})=n$，可能 $R(\boldsymbol{B})=n+1$；选项 C 中 $m=n$ 时，也不能保证 $R(\boldsymbol{B})=R(\boldsymbol{A})$；选项 D 中 $r<n$ 时，也不能保证 $R(\boldsymbol{B})=R(\boldsymbol{A})$.

评注 题目考大家对方程组解的结构的掌握，很多同学选 B，是将非齐次方程组的结论与齐次的混淆了.

4. D.

分析 选项 A 中 $\boldsymbol{Ax}=\boldsymbol{0}$ 仅有零解，即 $R(\boldsymbol{A})=n$，但 $R(\boldsymbol{B})=n+1$ 时，$\boldsymbol{Ax}=\boldsymbol{b}$ 依然无解；选项 B 中 $\boldsymbol{Ax}=\boldsymbol{0}$ 有非零解，$\boldsymbol{A}$ 的行、列数不一定相等，不存在行列式；选项 C 中 $R(\boldsymbol{A})=n$ 时，可能 $R(\boldsymbol{B})=n+1$，此时无解.

评注 许多同学选 A，忽略了结论成立必须在方程组有解的前提下.

5. D.

分析 $\boldsymbol{Ax}=\boldsymbol{0}$ 有无非零解，只与 $R(\boldsymbol{A})$ 有关，不能保证 $R(\boldsymbol{B})=R(\boldsymbol{A})$，即不能给出 $\boldsymbol{Ax}=\boldsymbol{b}$ 解的存在性，故 A，B 都不对；又当 $\boldsymbol{Ax}=\boldsymbol{b}$ 有无穷多解时，$R(\boldsymbol{A})<n$，故 $\boldsymbol{Ax}=\boldsymbol{0}$ 有非零解.

二、1. (1)

$$\boldsymbol{B}=\begin{pmatrix}1&1&1&0&0&0\\1&1&-1&-1&-2&1\\2&2&0&-1&-2&1\\5&5&-3&-4&-8&4\end{pmatrix}\to\begin{pmatrix}1&1&1&0&0&0\\0&0&-2&-1&-2&1\\0&0&0&0&0&0\\0&0&0&0&0&0\end{pmatrix}$$

$$\to\begin{pmatrix}1&1&0&-1/2&-1&1/2\\0&0&1&1/2&1&-1/2\\0&0&0&0&0&0\\0&0&0&0&0&0\end{pmatrix}.$$

同解方程组$\begin{cases} x_1=-x_2+\dfrac{1}{2}x_4+x_5+\dfrac{1}{2} \\ x_3=-\dfrac{1}{2}x_4-x_5-\dfrac{1}{2} \end{cases}$，一个特解为$\boldsymbol{\eta}=\left(\dfrac{1}{2},0,-\dfrac{1}{2},0,0\right)^{\mathrm{T}}$，

对应齐次方程组的基础解系为$\boldsymbol{\xi}_1=\begin{pmatrix}-1\\1\\0\\0\\0\end{pmatrix}$，$\boldsymbol{\xi}_2=\begin{pmatrix}1/2\\0\\-1/2\\1\\0\end{pmatrix}$，$\boldsymbol{\xi}_3=\begin{pmatrix}1\\0\\-1\\0\\1\end{pmatrix}$，

方程组的通解为$\begin{pmatrix}x_1\\x_2\\x_3\\x_4\\x_5\end{pmatrix}=k_1\begin{pmatrix}-1\\1\\0\\0\\0\end{pmatrix}+k_2\begin{pmatrix}1/2\\0\\-1/2\\1\\0\end{pmatrix}+k_3\begin{pmatrix}1\\0\\-1\\0\\1\end{pmatrix}+\begin{pmatrix}1/2\\0\\-1/2\\0\\0\end{pmatrix}$.

(2)$\boldsymbol{B}=\begin{pmatrix}4&-1&-1&0&0\\-1&4&0&-1&6\\-1&0&4&-1&6\\0&1&1&-4&0\end{pmatrix}\to\begin{pmatrix}1&0&-4&1&-6\\0&1&1&-4&0\\0&0&1&-2&0\\0&0&0&1&1\end{pmatrix}\to\begin{pmatrix}1&0&0&0&1\\0&1&0&0&2\\0&0&1&0&2\\0&0&0&1&1\end{pmatrix}$，

所以$R(\boldsymbol{B})=R(\boldsymbol{A})=4,x_1=1,x_2=2,x_3=2,x_4=1$.

2.(1)$\boldsymbol{B}=\begin{pmatrix}-2&1&1&0&-2\\1&-2&1&0&\lambda\\1&1&-2&-1&\lambda^2\end{pmatrix}\xrightarrow{\text{初等行变换}}\begin{pmatrix}1&0&-1&0&\dfrac{4-\lambda}{3}\\0&1&-1&0&\dfrac{2-2\lambda}{3}\\0&0&0&1&2-\lambda-\lambda^2\end{pmatrix}$，

所以$R(\boldsymbol{A})=R(\boldsymbol{B})=3<4$，$\lambda$取任意值时，方程组总有无穷多解.

同解方程组$\begin{cases} x_1=x_3+\dfrac{4-\lambda}{3} \\ x_2=x_3+\dfrac{2-2\lambda}{3} \\ x_4=\quad 2-\lambda-\lambda^2 \end{cases}$（其中$x_3$为自由未知量），

通解为$\left(\dfrac{4-\lambda}{3},\dfrac{2-2\lambda}{3},0,2-\lambda-\lambda^2\right)^{\mathrm{T}}+k(1,1,1,0)^{\mathrm{T}}$（$k$为任意常数）.

注意 含参系数的非齐次方程组，在求解时需考虑：

(1)参数取哪些值时，$R(\boldsymbol{A})\neq R(\boldsymbol{B})$，从而方程组无解；

(2)参数取哪些值时，$R(\boldsymbol{A})=R(\boldsymbol{B})$，从而方程组有解，此时进一步讨论：

① 参数取哪些值时，$R(\boldsymbol{A})=R(\boldsymbol{B})=n$，从而方程组有唯一解；

② 参数取哪些值时，$R(\boldsymbol{A})=R(\boldsymbol{B})<n$，从而方程组有无穷多解.

(2)$\boldsymbol{B}\to\begin{pmatrix}0&1-\lambda&1-\lambda^2&1-\lambda^3\\0&\lambda-1&1-\lambda&\lambda-\lambda^2\\1&1&\lambda&\lambda^2\end{pmatrix}\to\begin{pmatrix}0&0&(1-\lambda)(2+\lambda)&(1-\lambda)(1+\lambda)^2\\0&\lambda-1&1-\lambda&\lambda-\lambda^2\\1&1&\lambda&\lambda^2\end{pmatrix}$.

当 $\lambda=1$ 时，$\boldsymbol{B}\to\begin{pmatrix}0&0&0&0\\0&0&0&0\\1&1&1&1\end{pmatrix}$，通解 $\begin{pmatrix}x_1\\x_2\\x_3\end{pmatrix}=k_1\begin{pmatrix}-1\\1\\0\end{pmatrix}+k_2\begin{pmatrix}-1\\0\\1\end{pmatrix}+\begin{pmatrix}1\\0\\0\end{pmatrix}$；

当 $\lambda=-2$ 时，$\boldsymbol{B}\to\begin{pmatrix}0&0&0&3\\0&-3&3&-6\\1&1&-2&4\end{pmatrix}$，$\mathrm{R}(\boldsymbol{A})=2\neq 3=R(\boldsymbol{B})$，方程组无解；

当 $\lambda\neq 1,\lambda\neq -2$ 时，$R(\boldsymbol{A})=R(\boldsymbol{B})=3=n$ 方程组有唯一解 $\begin{pmatrix}x_1\\x_2\\x_3\end{pmatrix}=\begin{pmatrix}\dfrac{-\lambda-1}{\lambda+2}\\\dfrac{1}{\lambda+2}\\\dfrac{(\lambda+1)^2}{\lambda+2}\end{pmatrix}$.

3. 由于 $R(\boldsymbol{A})=3$，所以方程组 $\boldsymbol{Ax}=\boldsymbol{0}$ 的基础解系含有 $4-3=1$ 个解向量. 因为 $\boldsymbol{\eta}_1-\boldsymbol{\eta}_3$ 和 $\boldsymbol{\eta}_2-\boldsymbol{\eta}_3$ 均为 $\boldsymbol{Ax}=\boldsymbol{0}$ 的解，从而它们的和

$\boldsymbol{\xi}=(\boldsymbol{\eta}_1-\boldsymbol{\eta}_3)+(\boldsymbol{\eta}_2-\boldsymbol{\eta}_3)=(\boldsymbol{\eta}_1+\boldsymbol{\eta}_2)-2\boldsymbol{\eta}_3=(5,6,7,8)^{\mathrm{T}}-2(1,2,3,4)^{\mathrm{T}}=(3,2,1,0)^{\mathrm{T}}$

也是 $\boldsymbol{Ax}=\boldsymbol{0}$ 的解，且是它的基础解系. 故 $\boldsymbol{Ax}=\boldsymbol{b}$ 的通解为 $\boldsymbol{x}=k\boldsymbol{\xi}+\boldsymbol{\eta}_3$（$k$ 为任意实数，即通解为 $\boldsymbol{x}=k(3,2,1,0)^{\mathrm{T}}+(1,2,3,4)^{\mathrm{T}}$.

4.（1）即是典型例题例 4.7 的第（2）问；（2）是典型例题例 4.10.

自 测 题 3

1. B.

A 与 C 中没有 $\boldsymbol{Ax}=\boldsymbol{b}$ 的特解；

D 中 $\boldsymbol{\alpha}_1$ 与 $\boldsymbol{\beta}_1-\boldsymbol{\beta}_2$ 不一定线性无关，所以不一定是 $\boldsymbol{Ax}=\boldsymbol{0}$ 的基础解系.

B 中 $\boldsymbol{\alpha}_1$ 与 $\boldsymbol{\alpha}_1-\boldsymbol{\alpha}_2$ 线性无关，是 $\boldsymbol{Ax}=\boldsymbol{0}$ 的基础解系，同时 $\frac{1}{2}(\boldsymbol{\beta}_1+\boldsymbol{\beta}_2)$ 是 $\boldsymbol{Ax}=\boldsymbol{b}$ 的特解.

评注 题目考大家对非齐次方程组解结构的掌握. 非齐次方程组的通解包括两个方面：导出组的基础解系和非齐次的一个特解. 很多同学只考虑一个方面，因此出错.

2.（1）$\boldsymbol{\beta}$ 不能表示成 $\boldsymbol{\alpha}_1,\boldsymbol{\alpha}_2,\boldsymbol{\alpha}_3,\boldsymbol{\alpha}_4$ 的线性组合，即

$$x_1\boldsymbol{\alpha}_1+x_2\boldsymbol{\alpha}_2+x_3\boldsymbol{\alpha}_3+x_4\boldsymbol{\alpha}_4=\boldsymbol{\beta}\qquad(*)$$

无解，也就是 $\boldsymbol{A}=(\boldsymbol{\alpha}_1\ \ \boldsymbol{\alpha}_2\ \ \boldsymbol{\alpha}_3\ \ \boldsymbol{\alpha}_4)$ 与 $\boldsymbol{B}=(\boldsymbol{\alpha}_1\ \ \boldsymbol{\alpha}_2\ \ \boldsymbol{\alpha}_3\ \ \boldsymbol{\alpha}_4\ \ \boldsymbol{\beta})$ 的秩不同，

$$\boldsymbol{B}=\begin{pmatrix}1&1&1&1&1\\0&1&-1&2&1\\2&3&a+2&4&b+3\\3&5&1&a+8&5\end{pmatrix}\to\begin{pmatrix}1&1&1&1&1\\0&1&-1&2&1\\0&0&a+1&0&b\\0&0&0&a+1&0\end{pmatrix},$$

所以 $a=-1$，$b\neq 0$ 时，$R(\boldsymbol{A})\neq R(\boldsymbol{B})$，$\boldsymbol{\beta}$ 不能表示成 $\boldsymbol{\alpha}_1,\boldsymbol{\alpha}_2,\boldsymbol{\alpha}_3,\boldsymbol{\alpha}_4$ 的线性组合.

（2）当 $R(\boldsymbol{A})=R(\boldsymbol{B})=4$ 时，（*）有唯一解，即 $a\neq -1$.

$$B\to\begin{pmatrix}1&0&0&0&-\frac{2b}{a+1}\\0&1&0&0&\frac{b}{a+1}+1\\0&0&1&0&\frac{b}{a+1}\\0&0&0&1&0\end{pmatrix}\Rightarrow\begin{pmatrix}x_1\\x_2\\x_3\\x_4\end{pmatrix}=\begin{pmatrix}-\frac{2b}{a+1}\\\frac{b}{a+1}+1\\\frac{b}{a+1}\\0\end{pmatrix},$$

所以
$$\boldsymbol{\beta}=-\frac{2b}{a+1}\boldsymbol{\alpha}_1+\frac{a+b+1}{a+1}\boldsymbol{\alpha}_2+\frac{b}{a+1}\boldsymbol{\alpha}_3+0\boldsymbol{\alpha}_4.$$

3. 方程组的系数矩阵为 $\boldsymbol{A}=\begin{pmatrix}1&2&-2\\2&-1&\lambda\\3&1&-1\end{pmatrix}$，从而

(1) $|\boldsymbol{A}|=5(\lambda-1)$，由 $\boldsymbol{B}\neq\boldsymbol{0}$ 知 $\boldsymbol{A}\boldsymbol{x}=\boldsymbol{0}$ 有非零解，故 $|\boldsymbol{A}|=0$，即 $\lambda=1$.

(2)由 $\boldsymbol{AB}=\boldsymbol{O}$，有 $\boldsymbol{B}^{\mathrm{T}}\boldsymbol{A}^{\mathrm{T}}=\boldsymbol{O}$，即 $\boldsymbol{B}^{\mathrm{T}}\boldsymbol{x}=\boldsymbol{0}$ 有非零解，从而 $|\boldsymbol{B}^{\mathrm{T}}|=0$，即 $|\boldsymbol{B}|=0$.

4.(1) 线性方程组(I)的同解方程组为

$$\begin{cases}x_1=-x_2\\x_2=\quad x_4\end{cases}，\text{或}\begin{cases}x_1=-x_4\\x_2=\quad x_4\end{cases}(x_3,x_4\text{ 为自由未知量}),$$

从而方程组(I) 的一个基础解系为

$$\boldsymbol{\xi}_1=(0,0,1,0)^{\mathrm{T}},\quad \boldsymbol{\xi}_2=(-1,1,0,1)^{\mathrm{T}}.$$

(2)若方程组(I)和(II)有非零公共解,即将方程组(II)的通解代入方程组(I)所得方程组

$$\begin{cases}-k_2+k_1+2k_2=0\\ \quad k_1+2k_2-k_2=0\end{cases}$$

有非零解．解得 $k_1=-k_2$,故当 $k_1=-k_2\neq0$ 时，

$$k_1(0,1,1,0)^{\mathrm{T}}+k_2(-1,2,2,1)^{\mathrm{T}}=k_1(1,-1,-1,-1)^{\mathrm{T}}$$

即是方程组(I)和(II)的非零公共解．也记为 $k(-1,1,1,1)^{\mathrm{T}}$,k 为非零任意常数.

5. $D_n=b^{n-1}(b+a_1+\cdots+a_n)$.

(1)方程组只有零解,则 $D_n\neq0$ 即 $b\neq0$,且 $a_1+a_2+\cdots+a_n+b\neq0$;

(2)方程组有非零解,则 $b=0$ 或 $a_1+a_2+\cdots+a_n+b=0$.

若 $b=0$,基础解系为 $\begin{pmatrix}-\frac{a_2}{a_1}\\1\\0\\\vdots\\0\end{pmatrix},\begin{pmatrix}-\frac{a_3}{a_1}\\0\\1\\\vdots\\0\end{pmatrix},\cdots,\begin{pmatrix}-\frac{a_n}{a_1}\\0\\0\\\vdots\\1\end{pmatrix}$ (不妨设 $a_1\neq0$)；

若 $a_1+a_2+\cdots+a_n+b=0$,基础解系为$(1,1,\cdots,1)^{\mathrm{T}}$.

6. $D_n=\begin{vmatrix}a&b&b&\cdots&b&b\\b&a&b&\cdots&b&b\\\vdots&\vdots&\vdots&&\vdots&\vdots\\b&b&b&\cdots&b&a\end{vmatrix}=\begin{vmatrix}a-b&0&0&\cdots&0&b-a\\0&a-b&0&\cdots&0&b-a\\\vdots&\vdots&\vdots&&\vdots&\vdots\\b&b&b&\cdots&b&a\end{vmatrix}$

$=[a+(n-1)b](a-b)^{n-1}$.

当 $a\neq b$ 且 $a\neq(1-n)b$ 时，方程组仅有零解；

当 $a=b$ 或 $a=(1-n)b$ 时，方程组有无穷多解.

(1)当 $a=b$ 时，通解为 $k_1\begin{pmatrix}-1\\1\\0\\\vdots\\0\end{pmatrix}+k_2\begin{pmatrix}-1\\0\\1\\\vdots\\0\end{pmatrix}+\cdots+k_{n-1}\begin{pmatrix}-1\\0\\0\\\vdots\\1\end{pmatrix}$ $(k_i\in\mathbf{R},i=1,\cdots,n-1)$；

(2)当 $a=(1-n)b$ 时，通解为 $k\begin{pmatrix}1\\1\\\vdots\\1\end{pmatrix}$ $(k\in\mathbf{R})$.

7. (1)$\mathbf{A}=\begin{pmatrix}2&3&-1&0\\1&2&1&-1\end{pmatrix}\to\begin{pmatrix}1&0&-5&3\\0&1&3&-2\end{pmatrix}$，$R(\mathbf{A})=2<4$.

同解方程组$\begin{cases}x_1=5x_3-3x_4\\x_2=-3x_3+2x_4\end{cases}$，基础解系为$\begin{pmatrix}5\\-3\\1\\0\end{pmatrix}$，$\begin{pmatrix}-3\\2\\0\\1\end{pmatrix}$.

(2)$\lambda_1\begin{pmatrix}5\\-3\\1\\0\end{pmatrix}+\lambda_2\begin{pmatrix}-3\\2\\0\\1\end{pmatrix}=k_1\begin{pmatrix}2\\-1\\a+2\\1\end{pmatrix}+k_2\begin{pmatrix}-1\\2\\4\\a+8\end{pmatrix}$，所以 $a=-1$.

第 5 章

自测题 1

1. (1)$\langle\boldsymbol{\alpha}_1,\boldsymbol{\alpha}_2\rangle=3$，$\langle\boldsymbol{\alpha}_1,\boldsymbol{\alpha}_3\rangle=5$，$\langle\boldsymbol{\alpha}_2,\boldsymbol{\alpha}_3\rangle=2$；

$\|\boldsymbol{\alpha}_1\|=\sqrt{15}$，$\|\boldsymbol{\alpha}_2\|=2$，$\|\boldsymbol{\alpha}_3\|=2$.

(2)$\cos(\boldsymbol{\alpha}_1,\boldsymbol{\alpha}_2)=\dfrac{\langle\boldsymbol{\alpha}_1,\boldsymbol{\alpha}_2\rangle}{\|\boldsymbol{\alpha}_1\|\,\|\boldsymbol{\alpha}_2\|}=\dfrac{\sqrt{15}}{10}$；　$\cos(\boldsymbol{\alpha}_1,\boldsymbol{\alpha}_3)=\dfrac{\langle\boldsymbol{\alpha}_1,\boldsymbol{\alpha}_3\rangle}{\|\boldsymbol{\alpha}_1\|\,\|\boldsymbol{\alpha}_3\|}=\dfrac{\sqrt{15}}{6}$；

$\cos(\boldsymbol{\alpha}_2,\boldsymbol{\alpha}_3)=\dfrac{\langle\boldsymbol{\alpha}_2,\boldsymbol{\alpha}_3\rangle}{\|\boldsymbol{\alpha}_2\|\,\|\boldsymbol{\alpha}_3\|}=\dfrac{1}{2}$.

(3)设 $\boldsymbol{\beta}=(x_1,x_2,x_3,x_4)^{\mathrm{T}}$，则由 $\boldsymbol{\beta}$ 与 $\boldsymbol{\alpha}_i(i=1,2,3)$正交，即$\langle\boldsymbol{\beta},\boldsymbol{\alpha}_i\rangle=0(i=1,2,3)$，得

方程组$\begin{cases}x_1+2x_2+x_3+3x_4=0\\-x_1+x_2-x_3+x_4=0\\x_1+x_2-x_3+x_4=0\end{cases}$，解得通解为 $k\begin{pmatrix}0\\4\\1\\-3\end{pmatrix}$ $(k\in\mathbf{R})$，可令 $\boldsymbol{\beta}=\begin{pmatrix}0\\4\\1\\-3\end{pmatrix}$.

(4)首先,施密特正交化:

$$\boldsymbol{\beta}_1=\boldsymbol{\alpha}_1=\begin{pmatrix}1\\2\\1\\3\end{pmatrix},\quad \boldsymbol{\beta}_2=\boldsymbol{\alpha}_2-\frac{\langle\boldsymbol{\alpha}_2,\boldsymbol{\beta}_1\rangle}{\langle\boldsymbol{\beta}_1,\boldsymbol{\beta}_1\rangle}\boldsymbol{\beta}_1=\begin{pmatrix}-1\\1\\-1\\1\end{pmatrix}-\frac{1}{5}\begin{pmatrix}1\\2\\1\\3\end{pmatrix}=\begin{pmatrix}-6/5\\3/5\\-6/5\\2/5\end{pmatrix},$$

$$\boldsymbol{\beta}_3=\boldsymbol{\alpha}_3-\frac{\langle\boldsymbol{\alpha}_3,\boldsymbol{\beta}_1\rangle}{\langle\boldsymbol{\beta}_1,\boldsymbol{\beta}_1\rangle}\boldsymbol{\beta}_1-\frac{\langle\boldsymbol{\alpha}_3,\boldsymbol{\beta}_2\rangle}{\langle\boldsymbol{\beta}_2,\boldsymbol{\beta}_2\rangle}\boldsymbol{\beta}_2=\begin{pmatrix}1\\1\\-1\\1\end{pmatrix}-\frac{1}{3}\begin{pmatrix}1\\2\\1\\3\end{pmatrix}-\frac{5}{17}\begin{pmatrix}-\frac{6}{5}\\\frac{3}{5}\\-\frac{6}{5}\\\frac{2}{5}\end{pmatrix}=\begin{pmatrix}\frac{52}{51}\\\frac{8}{51}\\-\frac{50}{51}\\-\frac{6}{51}\end{pmatrix},$$

因 $\boldsymbol{\beta}$ 与 $\boldsymbol{\alpha}_i(i=1,2,3)$ 正交,故可令 $\boldsymbol{\beta}_4=\boldsymbol{\beta}=\begin{pmatrix}0\\4\\1\\-3\end{pmatrix}$.再标准化,得 $\mathbf{R}^4$ 的一组标准正交基

$$\boldsymbol{\varepsilon}_1=\frac{\boldsymbol{\beta}_1}{\|\boldsymbol{\beta}_1\|}=\frac{1}{\sqrt{15}}\begin{pmatrix}1\\2\\1\\3\end{pmatrix},\quad \boldsymbol{\varepsilon}_2=\frac{\boldsymbol{\beta}_2}{\|\boldsymbol{\beta}_2\|}=\frac{1}{\sqrt{85}}\begin{pmatrix}-6\\3\\-6\\2\end{pmatrix},$$

$$\boldsymbol{\varepsilon}_3=\frac{\boldsymbol{\beta}_3}{\|\boldsymbol{\beta}_3\|}=\frac{1}{\sqrt{1326}}\begin{pmatrix}26\\4\\-25\\-3\end{pmatrix},\quad \boldsymbol{\varepsilon}_4=\frac{\boldsymbol{\beta}_4}{\|\boldsymbol{\beta}_4\|}=\frac{1}{\sqrt{26}}\begin{pmatrix}0\\4\\1\\-3\end{pmatrix}.$$

2. 设 $\lambda_1\boldsymbol{\alpha}_1+\lambda_2\boldsymbol{\alpha}_2+\cdots+\lambda_m\boldsymbol{\alpha}_m$ 是 $\boldsymbol{\alpha}_1,\boldsymbol{\alpha}_2,\cdots,\boldsymbol{\alpha}_m$ 的任一线性组合.因为

$$\langle\boldsymbol{\beta},\lambda_1\boldsymbol{\alpha}_1+\lambda_2\boldsymbol{\alpha}_2+\cdots+\lambda_m\boldsymbol{\alpha}_m\rangle=\lambda_1\langle\boldsymbol{\beta},\boldsymbol{\alpha}_1\rangle+\lambda_2\langle\boldsymbol{\beta},\boldsymbol{\alpha}_2\rangle+\cdots+\lambda_m\langle\boldsymbol{\beta},\boldsymbol{\alpha}_m\rangle,$$

又由已知 $\boldsymbol{\beta}$ 与 $\boldsymbol{\alpha}_1,\boldsymbol{\alpha}_2,\cdots,\boldsymbol{\alpha}_m$ 都正交,即 $\langle\boldsymbol{\beta},\boldsymbol{\alpha}_i\rangle=0\quad i=1,2,\cdots,m$,所以

$$\langle\boldsymbol{\beta},\lambda_1\boldsymbol{\alpha}_1+\lambda_2\boldsymbol{\alpha}_2+\cdots+\lambda_m\boldsymbol{\alpha}_m\rangle=0.$$

3. (1) $\boldsymbol{\beta}_1=\boldsymbol{\alpha}_1=\begin{pmatrix}0\\1\\1\end{pmatrix}$,

$$\boldsymbol{\beta}_2=\boldsymbol{\alpha}_2-\frac{\langle\boldsymbol{\alpha}_2,\boldsymbol{\beta}_1\rangle}{\langle\boldsymbol{\beta}_1,\boldsymbol{\beta}_1\rangle}\boldsymbol{\beta}_1=\begin{pmatrix}1\\0\\1\end{pmatrix}-\frac{1}{2}\begin{pmatrix}0\\1\\1\end{pmatrix}=\begin{pmatrix}1\\-1/2\\1/2\end{pmatrix}.$$

(2)$\boldsymbol{\beta}_1=\boldsymbol{\alpha}_1=\begin{pmatrix}1\\0\\-1\\1\end{pmatrix}$,

$$\boldsymbol{\beta}_2=\boldsymbol{\alpha}_2-\frac{\langle\boldsymbol{\alpha}_2,\boldsymbol{\beta}_1\rangle}{\langle\boldsymbol{\beta}_1,\boldsymbol{\beta}_1\rangle}\boldsymbol{\beta}_1=\begin{pmatrix}1\\-1\\0\\1\end{pmatrix}-\frac{2}{3}\begin{pmatrix}1\\0\\-1\\1\end{pmatrix}=\begin{pmatrix}1/3\\-1\\2/3\\1/3\end{pmatrix},$$

$$\boldsymbol{\beta}_3=\boldsymbol{\alpha}_3-\frac{\langle\boldsymbol{\alpha}_3,\boldsymbol{\beta}_1\rangle}{\langle\boldsymbol{\beta}_1,\boldsymbol{\beta}_1\rangle}\boldsymbol{\beta}_1-\frac{\langle\boldsymbol{\alpha}_3,\boldsymbol{\beta}_2\rangle}{\langle\boldsymbol{\beta}_2,\boldsymbol{\beta}_2\rangle}\boldsymbol{\beta}_2=\begin{pmatrix}-1/5\\3/5\\3/5\\4/5\end{pmatrix}.$$

4. 因为$\boldsymbol{\xi}_1,\boldsymbol{\xi}_2,\boldsymbol{\xi}_3$是标准正交基,所以$\|\boldsymbol{\xi}_1\|=\|\boldsymbol{\xi}_2\|=\|\boldsymbol{\xi}_3\|=1$,$\langle\boldsymbol{\xi}_1,\boldsymbol{\xi}_2\rangle=\langle\boldsymbol{\xi}_1,\boldsymbol{\xi}_3\rangle=\langle\boldsymbol{\xi}_2,\boldsymbol{\xi}_3\rangle=0$.

因为$\|\boldsymbol{\eta}_1\|^2=\langle\boldsymbol{\eta}_1,\boldsymbol{\eta}_1\rangle=\frac{1}{9}\|\boldsymbol{\xi}_1\|^2+\frac{4}{9}\|\boldsymbol{\xi}_2\|^2+\frac{4}{9}\|\boldsymbol{\xi}_3\|^2=1$,同理$\|\boldsymbol{\eta}_2\|^2=\|\boldsymbol{\eta}_3\|^2=1$. 所以$\boldsymbol{\eta}_1,\boldsymbol{\eta}_2,\boldsymbol{\eta}_3$是单位的.

因为$\langle\boldsymbol{\eta}_1,\boldsymbol{\eta}_2\rangle=\frac{2}{9}\|\boldsymbol{\xi}_1\|^2+\frac{2}{9}\|\boldsymbol{\xi}_2\|^2-\frac{4}{9}\|\boldsymbol{\xi}_3\|^2=0$,同理$\langle\boldsymbol{\eta}_1,\boldsymbol{\eta}_3\rangle=\langle\boldsymbol{\eta}_3,\boldsymbol{\eta}_2\rangle=0$. 所以$\boldsymbol{\eta}_1,\boldsymbol{\eta}_2,\boldsymbol{\eta}_3$是两两正交的.

由$\mathbf{R}^3$的维数为3得$\boldsymbol{\eta}_1,\boldsymbol{\eta}_2,\boldsymbol{\eta}_3$是$\mathbf{R}^3$的标准正交基,结论得证.

自测题 2

一、1. B.

分析　因为$\lambda=2$是非奇异矩阵$\boldsymbol{A}$的一个特征值,所以$\frac{1}{\lambda}=\frac{1}{2}$是$\boldsymbol{A}^{-1}$的一个特征值,$\frac{1}{\lambda^2}=\frac{1}{2^2}=\frac{1}{4}$是$(\boldsymbol{A}^{-1})^2$的一个特征值,因为$\left(\frac{1}{3}\boldsymbol{A}^2\right)^{-1}=3(\boldsymbol{A}^2)^{-1}=3(\boldsymbol{A}^{-1})^2$,所以$\frac{3}{4}$是$\left(\frac{1}{3}\boldsymbol{A}^2\right)^{-1}$的一个特征值.

评注　本题考察知识点"λ是非奇异矩阵$\boldsymbol{A}$的特征值,则λ^{-1}是$\boldsymbol{A}^{-1}$的特征值","λ是矩阵$\boldsymbol{A}$的特征值,则λ^k是$\boldsymbol{A}^k$的特征值"和"λ是矩阵$\boldsymbol{A}$的特征值,则$k\lambda$是$k\boldsymbol{A}$的特征值".

2. B.

3. C.　**分析**　由$\boldsymbol{A}^k=0$得$\boldsymbol{A}$的特征值λ满足$\lambda^k=0$,所以$\lambda=0$,选项C正确,B不正确,选项A的反例$\boldsymbol{A}=\begin{pmatrix}0&1\\0&0\end{pmatrix}$.

4. D.　**分析**　注意题目要求求出全部特征向量,选项A,B,C都只是一部分.

5. A.

分析 因为 $\boldsymbol{A}$ 与 $\boldsymbol{B}$ 相似，所以存在可逆阵 $\boldsymbol{P}$，使得 $\boldsymbol{P}^{-1}\boldsymbol{A}\boldsymbol{P}=\boldsymbol{B}$，故

$$\lambda\boldsymbol{E}-\boldsymbol{B}=\lambda\boldsymbol{E}-\boldsymbol{P}^{-1}\boldsymbol{A}\boldsymbol{P}=P^{-1}(\lambda\boldsymbol{E}-\boldsymbol{A})\boldsymbol{P},\quad |\lambda\boldsymbol{E}-\boldsymbol{B}|=|\boldsymbol{P}^{-1}||\lambda\boldsymbol{E}-\boldsymbol{A}||\boldsymbol{P}|=|\lambda\boldsymbol{E}-\boldsymbol{A}|.$$

因此 A 对，B 不对，

因为一般矩阵不一定与对角矩阵相似，所以 C 不对；但有结论“若 $\boldsymbol{A}$ 与 $\boldsymbol{B}$ 相似，且 $\boldsymbol{B}$ 与对角矩阵 $\boldsymbol{\Lambda}$ 相似，则 $\boldsymbol{A}$ 与对角矩阵 $\boldsymbol{\Lambda}$ 相似”.

因为对角矩阵的伴随矩阵仍为对角矩阵，一般矩阵的伴随矩阵不为对角矩阵，所以 D 不对.

6. $\boldsymbol{E}$. **分析** 由相似的定义直接求得应填单位矩阵 $\boldsymbol{E}$.

7. -6； $1/3,-1,1/2$； $10,6,3$.

分析 因为矩阵 $\boldsymbol{A}$ 的行列式等于特征值之积，所以 $|\boldsymbol{A}|=-6$，$\boldsymbol{A}^{-1}$ 的特征值是 $\boldsymbol{A}$ 的特征值 λ 的倒数，$2\boldsymbol{A}^2-3\boldsymbol{A}+\boldsymbol{E}$ 的特征值求法见典型例题例 5.1.

8. 6. **分析** 可由 $|\boldsymbol{A}|=|\boldsymbol{B}|$ 或 $\mathrm{tr}\boldsymbol{A}=\mathrm{tr}\boldsymbol{B}$ 求得.

9. 1； 2.

分析 因为 0 为 $\boldsymbol{A}$ 的特征值，则 $|\boldsymbol{A}|=0$，从而 $a=1$；直接计算得另一特征值为 2.

10. $2a^{-1}+3$. **分析** 求解方法见典型例题例 5.2.

二、1. (1) 特征方程 $|\boldsymbol{A}-\lambda\boldsymbol{E}|=\begin{vmatrix}1-\lambda & 2 & 2\\ 2 & 1-\lambda & 2\\ 2 & 2 & 1-\lambda\end{vmatrix}=0$，特征值 $\lambda_1=5,\lambda_2=-1$（二重）.

对 $\lambda_1=5$，解 $(\boldsymbol{A}-5\boldsymbol{E})\boldsymbol{x}=\boldsymbol{0}$.

$$\boldsymbol{A}-5\boldsymbol{E}=\begin{pmatrix}-4 & 2 & 2\\ 2 & -4 & 2\\ 2 & 2 & -4\end{pmatrix}\rightarrow\begin{pmatrix}1 & -2 & 1\\ 0 & 1 & -1\\ 0 & 0 & 0\end{pmatrix},$$

基础解系 $\boldsymbol{\xi}_1=(1,\ 1,\ 1)^{\mathrm{T}}$，

所以 $k_1\boldsymbol{\xi}_1(k_1\neq 0)$ 是对应于 $\lambda_1=5$ 的全部特征向量.

对 $\lambda_2=-1$（二重），解 $(\boldsymbol{A}+\boldsymbol{E})\boldsymbol{x}=\boldsymbol{0}$.

$$\boldsymbol{A}+\boldsymbol{E}=\begin{pmatrix}2 & 2 & 2\\ 2 & 2 & 2\\ 2 & 2 & 2\end{pmatrix}\rightarrow\begin{pmatrix}1 & 1 & 1\\ 0 & 0 & 0\\ 0 & 0 & 0\end{pmatrix},$$

基础解系为 $\boldsymbol{\xi}_2=(-1,\ 1,\ 0)^{\mathrm{T}}$，$\boldsymbol{\xi}_3=(-1,\ 0,\ 1)^{T}$，

所以 $k_2\boldsymbol{\xi}_2+k_3\boldsymbol{\xi}_3$（$k_2,k_3$ 不全为 0）是对应于 $\lambda_2=-1$ 的全部特征向量.

又因为 $\boldsymbol{\xi}_1,\boldsymbol{\xi}_2,\boldsymbol{\xi}_3$ 线性无关，所以该矩阵可以对角化.

(2) 特征方程 $|\boldsymbol{A}-\lambda\boldsymbol{E}|=\begin{vmatrix}3-\lambda & -1 & 1\\ 2 & -\lambda & 1\\ 1 & -1 & 2-\lambda\end{vmatrix}=0$，

得特征值为 $\lambda_1=1,\lambda_2=2$（二重）.

对 $\lambda_1=1$，解 $(\boldsymbol{A}-\boldsymbol{E})\boldsymbol{x}=\boldsymbol{0}$.

$$A-E=\begin{pmatrix}2&-1&1\\2&-1&1\\1&-1&1\end{pmatrix}\to\begin{pmatrix}1&-1&1\\0&1&-1\\0&0&0\end{pmatrix},$$

基础解系为 $\xi_1=(0,\ 1,\ 1)^T$,

所以 $k_1\xi_1(k_1\neq0)$是对应于 $\lambda_1=1$ 的全部特征向量。

对 $\lambda_2=2$(二重),解$(A-2E)x=0$.

$$A-2E=\begin{pmatrix}1&-1&1\\2&-2&1\\1&-1&0\end{pmatrix}\to\begin{pmatrix}1&-1&1\\0&0&1\\0&0&0\end{pmatrix},$$

基础解系为 $\xi_2=(1,\ 1,\ 0)^T$,

所以 $k_2\xi_2(k_2\neq0)$是对应于 $\lambda_2=2$ 的全部特征向量.

又因为该矩阵不存在 3 个线性无关的特征向量,所以该矩阵不可以对角化.

2. 法 1 若 λ 是矩阵 A 的特征值,则 $\lambda+1$ 是 $A+E$ 的特征值,所以 $2,3,\cdots,n,n+1$ 是 $A+E$ 的特征值,又 $A+E$ 是 n 阶矩阵,最多有 n 个不同的特征值,所以 $A+E$ 的全部特征值为 $2,3,\cdots,n,n+1$.

法 2 设 λ 是矩阵 $A+E$ 的特征值,则 $|(A+E)-\lambda E|=0$ 即 $|A-(\lambda-1)E|=0$. 所以 $\lambda-1$ 是 A 的特征值. 由已知 A 的 n 个特征值为 $1,2,\cdots,n$. 所以 $\lambda-1=1,2,\cdots,n$ 即 $\lambda=2,3,\cdots,n,n+1$.

3. 因为 $|A|\neq0$,所以 A^{-1}存在,$A^{-1}(AB)A=BA$,由相似的定义知 AB 与 BA 相似,A 是一个相似变换矩阵.

4. 法 1 A 与 Λ 相似,$|A|=-15x-40$,$|\Lambda|=-20y$.

由 $\begin{cases}\mathrm{tr}(A)=\mathrm{tr}(\Lambda)\\|A|=|\Lambda|\end{cases}$ 得 $\begin{cases}1+x+1=5+y-4\\-15x-40=-20y\end{cases}$,解之得 $\begin{cases}x=4\\y=5\end{cases}$.

法 2 因为 A 与 Λ 相似,所以 $5,y,-4$ 是 A 的特征值,故 $\begin{cases}|A-5E|=0\\|A-yE|=0\\|A+4E|=0\end{cases}$,解之得 $\begin{cases}x=4\\y=5\end{cases}$.

评注 本题考察相似矩阵的性质.

5. 法 1 因为 3 阶方阵 A 有 3 个不同的特征值,所以 A 与对角矩阵 $\Lambda=\mathrm{diag}(1,0,-1)$相似,且相似变换矩阵 $P=(p_1,p_2,p_3)$. 故由 $A=P\Lambda P^{-1}$ 得 $A=\frac{1}{3}\begin{pmatrix}-1&0&2\\0&1&2\\2&2&0\end{pmatrix}$.

法 2 由已知得特征值 $\lambda_1=1,\lambda_2=0,\lambda_3=-1$ 的单位特征向量分别为

$$p_1^0=\frac{p_1}{\|p_1\|}=\left(\frac{1}{3},\frac{2}{3},\frac{2}{3}\right)^T,\quad p_2^0=\left(\frac{2}{3},-\frac{2}{3},\frac{1}{3}\right)^T,\quad p_3^0=\left(-\frac{2}{3},-\frac{1}{3},\frac{2}{3}\right)^T.$$

因为 3 阶方阵 A 有 3 个不同的特征值,所以 A 与对角矩阵 $\Lambda=\mathrm{diag}(1,0,-1)$相似,且相似变换矩阵 $P=(p_1^0,p_2^0,p_3^0)$,易见 P 为正交阵,因此由 $A=P\Lambda P^{-1}=P\Lambda P^T$ 得 A.

自 测 题 3

1. (1)求特征方程及特征根

$$|\boldsymbol{A}-\lambda\boldsymbol{E}|=\begin{vmatrix}1-\lambda & -2 & -4\\ -2 & 4-\lambda & -2\\ -4 & -2 & 1-\lambda\end{vmatrix}=\begin{vmatrix}1-\lambda & -2 & -4\\ -2 & 4-\lambda & -2\\ -5+\lambda & 0 & 5-\lambda\end{vmatrix}=\begin{vmatrix}1-\lambda & -2 & -3-\lambda\\ -2 & 4-\lambda & -4\\ -5+\lambda & 0 & 0\end{vmatrix}$$

$$=(\lambda-5)\begin{vmatrix}-2 & -3-\lambda\\ 4-\lambda & -4\end{vmatrix}=(\lambda-5)[8-(-3-\lambda)(4-\lambda)]=-(\lambda-5)2(\lambda+4),$$

解得
$$\lambda_1=-4,\lambda_2=\lambda_3=5.$$

求$(\boldsymbol{A}-\lambda_1\boldsymbol{E})\boldsymbol{x}=\boldsymbol{0}$的基础解系：

因为$\boldsymbol{A}+4\boldsymbol{E}=\begin{pmatrix}5 & -2 & -4\\ -2 & 8 & -2\\ -4 & -2 & 5\end{pmatrix}\rightarrow\begin{pmatrix}1 & -4 & 1\\ -2 & 8 & -2\\ -4 & -2 & 5\end{pmatrix}\rightarrow\begin{pmatrix}1 & -4 & 1\\ 0 & 0 & 0\\ 0 & -18 & 9\end{pmatrix}\rightarrow\begin{pmatrix}1 & -2 & 0\\ 0 & 0 & 0\\ 0 & -2 & 1\end{pmatrix}$，

同解方程组$\begin{cases}x_1-2x_2=0\\ -2x_2+x_3=0\end{cases}\Rightarrow\begin{cases}x_1=2x_2\\ x_3=2x_2\end{cases}$，取$\boldsymbol{p}_1=\begin{pmatrix}2\\1\\2\end{pmatrix}$，$\boldsymbol{e}_1=\dfrac{1}{\|\boldsymbol{p}_1\|}\boldsymbol{p}_1=\dfrac{1}{3}\begin{pmatrix}2\\1\\2\end{pmatrix}$；

求$(\boldsymbol{A}-\lambda_2\boldsymbol{E})\boldsymbol{x}=\boldsymbol{0}$的基础解系：

因为$\boldsymbol{A}-5\boldsymbol{E}=\begin{pmatrix}-4 & -2 & -4\\ -2 & -1 & -2\\ -4 & -2 & -4\end{pmatrix}\rightarrow\begin{pmatrix}2 & 1 & 2\\ 0 & 0 & 0\\ 0 & 0 & 0\end{pmatrix}$，同解方程组$2\boldsymbol{x}_1+\boldsymbol{x}_2+2\boldsymbol{x}_3=\boldsymbol{0}$.

法 1　取模相同的两个正交向量并单位化：

$$\boldsymbol{p}_2=\begin{pmatrix}-2\\2\\1\end{pmatrix},\quad \boldsymbol{p}_3=\begin{pmatrix}1\\2\\-2\end{pmatrix},\quad \boldsymbol{e}_2=\frac{1}{\|\boldsymbol{p}_2\|}\boldsymbol{p}_2=\frac{1}{3}\begin{pmatrix}-2\\2\\1\end{pmatrix},\quad \boldsymbol{e}_3=\frac{1}{\|\boldsymbol{p}_3\|}\boldsymbol{p}_3=\frac{1}{3}\begin{pmatrix}1\\2\\-2\end{pmatrix}.$$

法 2　同解方程组改写为$x_2=-2x_1-2x_3$，取两个正交向量并单位化：

$$\boldsymbol{p}_2=\begin{pmatrix}1\\0\\-1\end{pmatrix},\quad \boldsymbol{p}_3=\begin{pmatrix}1\\-4\\1\end{pmatrix},\quad \boldsymbol{e}_2=\frac{1}{\|\boldsymbol{p}_2\|}\boldsymbol{p}_2=\frac{1}{\sqrt{2}}\begin{pmatrix}1\\0\\-1\end{pmatrix},\quad \boldsymbol{e}_3=\frac{1}{\|\boldsymbol{p}_3\|}\boldsymbol{p}_3=\frac{1}{3\sqrt{2}}\begin{pmatrix}1\\-4\\1\end{pmatrix}.$$

取正交矩阵$\boldsymbol{P}=(\boldsymbol{e}_1,\boldsymbol{e}_2,\boldsymbol{e}_3)$，便有$\boldsymbol{P}^{\mathrm{T}}\boldsymbol{A}\boldsymbol{P}=\boldsymbol{\Lambda}=\mathrm{diag}(-4,5,5)$.

评注　求重根的特征向量时，要求正交的基础解系(这是最后给出正交相似变换矩阵的要求)，一般不通过先求线性无关，再正交化的方法，而是直接给出正交的基础解系.

(2) $|\boldsymbol{B}-\boldsymbol{\lambda E}|=\begin{vmatrix}2-\lambda & -1 & -1 & 1\\ -1 & 2-\lambda & 1 & -1\\ -1 & 1 & 2-\lambda & -1\\ 1 & -1 & -1 & 2-\lambda\end{vmatrix}=(\lambda-1)^3(\lambda-5)$，$\lambda_1=5$，$\lambda_2=\lambda_3=\lambda_4=1$.

对$\lambda_1=5$，解$(\boldsymbol{B}-5\boldsymbol{E})\boldsymbol{x}=0$.

$$B-5E=\begin{pmatrix}-3&-1&-1&1\\-1&-3&1&-1\\-1&1&-3&-1\\1&-1&-1&-3\end{pmatrix}\to\begin{pmatrix}1&-1&3&1\\0&1&-1&0\\0&0&1&1\\0&0&0&0\end{pmatrix},$$

同解方程组为$\begin{cases}x_1-x_2+3x_3+x_4=0\\x_2-x_3=0\\x_3+x_4=0\end{cases}$,解之得基础解系为 $\boldsymbol{\xi}_1=(1,\ -1,\ -1,\ 1)^{\mathrm{T}}$,

单位化得 $\lambda_1=5$ 对应的单位特征向量 $\boldsymbol{p}_1=\left(\frac{1}{2},\ -\frac{1}{2},\ -\frac{1}{2},\ \frac{1}{2}\right)^{\mathrm{T}}$.

对 $\lambda_2=\lambda_3=\lambda_4=1$,解$(\boldsymbol{B}-\boldsymbol{E})\boldsymbol{x}=\boldsymbol{0}$.

$$B-E=\begin{pmatrix}1&-1&-1&1\\-1&1&1&-1\\-1&1&1&-1\\1&-1&-1&1\end{pmatrix}\to\begin{pmatrix}1&-1&-1&1\\0&0&0&0\\0&0&0&0\\0&0&0&0\end{pmatrix},$$

同解方程组为 $x_1-x_2-x_3+x_4=0$,解之得正交的基础解系

$\boldsymbol{\xi}_2=(1,\ 1,\ 1,\ 1)^{\mathrm{T}},\quad \boldsymbol{\xi}_3=(0,\ 1,\ -1,\ 0)^{\mathrm{T}},\quad \boldsymbol{\xi}_4=(1,\ 0,\ 0,\ -1)^{\mathrm{T}}$,

单位化得 $\lambda_2=\lambda_3=\lambda_4=1$ 对应的单位正交的特征向量

$\boldsymbol{p}_2=\left(\frac{1}{2},\ \frac{1}{2},\ \frac{1}{2},\ \frac{1}{2}\right)^{\mathrm{T}},\quad \boldsymbol{p}_3=\left(0,\ \frac{1}{\sqrt{2}},\ -\frac{1}{\sqrt{2}},\ 0\right)^{\mathrm{T}},\quad \boldsymbol{p}_4=\left(\frac{1}{\sqrt{2}},\ 0,\ 0,\ -\frac{1}{\sqrt{2}}\right)^{\mathrm{T}}$.

对角矩阵为 $\boldsymbol{\Lambda}=\mathrm{diag}(5,1,1,1)$,正交相似变换矩阵为 $\boldsymbol{P}=(p_1,p_2,p_3,p_4)$.

2. 设特征值 3 对应的特征向量为$(x_1,x_2,x_3)^{\mathrm{T}}$,由于实对称矩阵不同特征值对应的特征向量正交,所以$(x_1,x_2,x_3)^{\mathrm{T}}$ 与 $\boldsymbol{p}_1=(1,1,1)^{\mathrm{T}}$ 内积为零,即 $x_1+x_2+x_3=0$,解得正交的基础解系为

$$\boldsymbol{p}_2=(0,1,-1)^{\mathrm{T}},\quad \boldsymbol{p}_3=(-2,1,1)^{\mathrm{T}},$$

单位化得 $\boldsymbol{e}_1=\frac{1}{\sqrt{3}}(1,1,1)^{\mathrm{T}}$,$\boldsymbol{e}_2=\frac{1}{\sqrt{2}}(0,1,-1)^{\mathrm{T}}$,$\boldsymbol{p}_3=\frac{1}{\sqrt{6}}(-2,1,1)^{\mathrm{T}}$. 令 $\boldsymbol{P}=(\boldsymbol{p}_1,\boldsymbol{p}_2,\boldsymbol{p}_3)$,则

$$\boldsymbol{P}^{-1}\boldsymbol{A}\boldsymbol{P}=\boldsymbol{\Lambda}=\mathrm{diag}(6,3,3)\Rightarrow\boldsymbol{A}=\boldsymbol{P}\boldsymbol{\Lambda}\boldsymbol{P}^{-1}.$$

所以 $\boldsymbol{A}=\begin{pmatrix}4&1&1\\1&4&1\\1&1&4\end{pmatrix}$.

评注 根据实对称矩阵的特点,可选择正交矩阵 $\boldsymbol{P}$ 使得 $\boldsymbol{P}^{\mathrm{T}}\boldsymbol{A}\boldsymbol{P}=\boldsymbol{\Lambda}=\mathrm{diag}(6,3,3)$,免去求逆矩阵的过程.

自 测 题 4

1. (1) $f=(x\quad y\quad z)\begin{pmatrix}1&-4&0\\-4&3&2\\0&2&0\end{pmatrix}\begin{pmatrix}x\\y\\z\end{pmatrix}$;

$$(2)\ f=(x_1\quad x_2\quad x_3\quad x_4)\begin{pmatrix}3&-1&0&2\\-1&-6&-4&0\\0&-4&1&3\\2&0&3&-1\end{pmatrix}\begin{pmatrix}x_1\\x_2\\x_3\\x_4\end{pmatrix}.$$

评注 将二次型写成矩阵形式非常重要,后面讨论二次型时总用到这种形式.书写时注意利用对称性和缺项时表示系数为零.

$$2.(1)\ \boldsymbol{A}=\begin{pmatrix}2&0&0\\0&3&2\\0&2&3\end{pmatrix},|\boldsymbol{A}-\lambda\boldsymbol{E}|=\begin{vmatrix}2-\lambda&0&0\\0&3-\lambda&2\\0&2&3-\lambda\end{vmatrix}=(2-\lambda)(\lambda-1)(\lambda-5),$$

特征值:$\lambda_1=1,\lambda_2=2,\lambda_3=5$.

对 $\lambda_1=1$,解 $(\boldsymbol{A}-\boldsymbol{E})\boldsymbol{x}=\boldsymbol{0}$.

$$\boldsymbol{A}-\boldsymbol{E}=\begin{pmatrix}1&0&0\\0&2&2\\0&2&2\end{pmatrix}\to\begin{pmatrix}1&0&0\\0&1&1\\0&0&0\end{pmatrix},\quad 基础解系为\ \boldsymbol{\xi}_1=(0,\ 1,\ -1)^{\mathrm{T}},$$

单位化得 $\boldsymbol{p}_1=\left(0,\ \dfrac{1}{\sqrt{2}},\ -\dfrac{1}{\sqrt{2}}\right)^{\mathrm{T}}$.

对 $\lambda_2=2$,解 $(\boldsymbol{A}-2\boldsymbol{E})\boldsymbol{x}=\boldsymbol{0}$.

$$\boldsymbol{A}-2\boldsymbol{E}=\begin{pmatrix}0&0&0\\0&1&2\\0&2&1\end{pmatrix}\to\begin{pmatrix}0&1&2\\0&0&1\\0&0&0\end{pmatrix},\quad 基础解系为\ \boldsymbol{\xi}_2=(1,\ 0,\ 0)^{\mathrm{T}},$$

单位化得 $\boldsymbol{p}_2=(1,\ 0,\ 0)^{\mathrm{T}}$.

对 $\lambda_3=5$,解 $(\boldsymbol{A}-5\boldsymbol{E})\boldsymbol{x}=\boldsymbol{0}$.

$$\boldsymbol{A}-5\boldsymbol{E}=\begin{pmatrix}-3&0&0\\0&-2&2\\0&2&-2\end{pmatrix}\to\begin{pmatrix}1&0&0\\0&1&-1\\0&0&0\end{pmatrix},\quad 基础解系为\ \boldsymbol{\xi}_3=(0,\ 1,\ 1)^{\mathrm{T}},$$

单位化得 $\boldsymbol{p}_3=\left(0,\dfrac{1}{\sqrt{2}},\dfrac{1}{\sqrt{2}}\right)^{\mathrm{T}}$.

正交相似变换矩阵为 $\boldsymbol{P}=(\boldsymbol{p}_1,\boldsymbol{p}_2,\boldsymbol{p}_3)$,正交线性变换 $\boldsymbol{x}=\boldsymbol{P}\boldsymbol{y}$,标准形为

$$f=y_1^2+2y_2^2+5y_3^2.$$

$$(2)\ \boldsymbol{A}=\begin{pmatrix}1&1&0&1\\1&1&1&0\\0&1&1&1\\1&0&1&1\end{pmatrix},|\boldsymbol{A}-\lambda\boldsymbol{E}|=\begin{vmatrix}1-\lambda&1&0&1\\1&1-\lambda&1&0\\0&1&1-\lambda&1\\1&0&1&1-\lambda\end{vmatrix}=-(\lambda+1)(1-\lambda)^2(3-\lambda),$$

特征值:$\lambda_1=-1,\lambda_2=3,\lambda_3=1$(二重).

对 $\lambda_1=-1$,解 $(\boldsymbol{A}+\boldsymbol{E})\boldsymbol{x}=\boldsymbol{0}$.

$$\boldsymbol{A}+\boldsymbol{E}=\begin{pmatrix}2&1&0&1\\1&2&1&0\\0&1&2&1\\1&0&1&2\end{pmatrix}\to\begin{pmatrix}1&1&1&1\\0&1&0&-1\\0&0&1&1\\0&0&0&0\end{pmatrix},$$ 基础解系为 $\boldsymbol{\xi}_1=(-1,\ 1,\ -1,\ 1)^{\mathrm{T}}$，

单位化得 $\boldsymbol{p}_1=\left(-\frac{1}{2},\ \frac{1}{2},\ -\frac{1}{2},\ \frac{1}{2}\right)^{\mathrm{T}}$.

对 $\lambda_2=3$，解 $(\boldsymbol{A}-3\boldsymbol{E})\boldsymbol{x}=\boldsymbol{0}$.

$$\boldsymbol{A}-3\boldsymbol{E}=\begin{pmatrix}-2&1&0&1\\1&-2&1&0\\0&1&-2&1\\1&0&1&-2\end{pmatrix}\to\begin{pmatrix}1&-2&1&0\\0&1&-2&1\\0&0&1&-1\\0&0&0&0\end{pmatrix},$$ 基础解系为 $\boldsymbol{\xi}_2=(1,\ 1,\ 1,\ 1)^{\mathrm{T}}$，

单位化得 $\boldsymbol{p}_2=\left(\frac{1}{2},\ \frac{1}{2},\ \frac{1}{2},\ \frac{1}{2}\right)^{\mathrm{T}}$.

对 $\lambda_3=1$（二重），解 $(\boldsymbol{A}-\boldsymbol{E})\boldsymbol{x}=\boldsymbol{0}$.

$$\boldsymbol{A}-\boldsymbol{E}=\begin{pmatrix}0&1&0&1\\1&0&1&0\\0&1&0&1\\1&0&1&0\end{pmatrix}\to\begin{pmatrix}1&0&1&0\\0&1&0&1\\0&0&0&0\\0&0&0&0\end{pmatrix},$$

正交的基础解系为 $\boldsymbol{\xi}_3=(1,\ 0,\ -1,\ 0)^{\mathrm{T}}$，$\boldsymbol{\xi}_4=(0,\ 1,\ 0,\ -1)^{\mathrm{T}}$，

单位化得 $\boldsymbol{p}_3=\left(\frac{1}{\sqrt{2}},\ 0,\ -\frac{1}{\sqrt{2}},\ 0\right)^{\mathrm{T}}$，$\boldsymbol{p}_4=\left(0,\ \frac{1}{\sqrt{2}},\ 0,\ -\frac{1}{\sqrt{2}}\right)^{\mathrm{T}}$.

正交相似变换矩阵为 $\boldsymbol{P}=(\boldsymbol{p}_1,\boldsymbol{p}_2,\boldsymbol{p}_3,\boldsymbol{p}_4)$，正交线性变换 $\boldsymbol{x}=\boldsymbol{P}\boldsymbol{y}$，标准形为

$$f=-y_1^2+3y_2^2+y_3^2+y_4^2.$$

自测题 5

一、1. $|t|<\sqrt{2}$.

分析 二次型是正定的，则对应的矩阵也是正定的，二次型对应的矩阵为

$$\boldsymbol{A}=\begin{pmatrix}1&t&1\\t&4&0\\1&0&2\end{pmatrix}.$$

由霍尔维茨定理知：$\boldsymbol{A}$ 正定 $\Leftrightarrow |1|>0$，$\begin{vmatrix}1&t\\t&4\end{vmatrix}>0$，$\begin{vmatrix}1&t&1\\t&4&0\\1&0&2\end{vmatrix}>0$，即 $|t|<2$，$|t|<\sqrt{2}$.

注 根据霍尔维茨定理知，$\boldsymbol{A}$ 正定当且仅当 t 的取值能使所有的主子式都大于零.

2. $(1,+\infty)$. **分析** 方法见上题.

3. D.

分析 A 不正确，因为 $\boldsymbol{A}$ 不是实对称矩阵，从而不谈论正定性；

B、C 都不正确，若 $\boldsymbol{A}$ 与一对角矩阵合同，则 A 必为对称矩阵，已知条件没有；A 与一对角矩阵相似不能推出 $\boldsymbol{A}$ 一定是对称矩阵；

D 正确，因为若 $\boldsymbol{A}$ 与正定矩阵 $\boldsymbol{B}$ 合同，则存在可逆矩阵 C，使 $\boldsymbol{C}^{\mathrm{T}}\boldsymbol{BC}=\boldsymbol{A}$，又因为 B 是正定矩阵，则存在可逆矩阵 $\boldsymbol{U}$，使得 $\boldsymbol{B}=\boldsymbol{U}^{\mathrm{T}}\boldsymbol{U}$，所以 $\boldsymbol{A}=\boldsymbol{C}^{\mathrm{T}}\boldsymbol{BC}=(\boldsymbol{UC})^{\mathrm{T}}(\boldsymbol{UC})$，为正定矩阵.

二、1.(1)$\boldsymbol{A}=\begin{pmatrix}-2&1&1\\1&-6&0\\1&0&-4\end{pmatrix}$，因为 $-2<0$，$\begin{vmatrix}-2&1\\1&-6\end{vmatrix}=11>0$，$\begin{vmatrix}-2&1&1\\1&-6&0\\1&0&-4\end{vmatrix}=-38<0$，所以该二次型是负定的.

(2)$\boldsymbol{A}=\begin{pmatrix}1&-1&2&1\\-1&3&0&-3\\2&0&9&-6\\1&-3&-6&19\end{pmatrix}$. 因为 $1>0$，$\begin{vmatrix}1&-1\\-1&3\end{vmatrix}=2>0$，$\begin{vmatrix}1&-1&2\\-1&3&0\\2&0&9\end{vmatrix}=6>0$，

$\begin{vmatrix}1&-1&2&1\\-1&3&0&-3\\2&0&9&-6\\1&-3&-6&19\end{vmatrix}=24>0$，所以该二次型是正定的.

(3)$\boldsymbol{A}=\begin{pmatrix}1&0&3&2\\0&1&-1&1\\3&-1&4&1\\2&1&1&8\end{pmatrix}$，因为一阶主子式 $1>0$，三阶主子式 $\begin{vmatrix}1&0&3\\0&1&-1\\3&-1&4\end{vmatrix}=-6<0$，所以该二次型既不是正定的，也不是负定的.

2. $\boldsymbol{A}=\begin{pmatrix}\lambda&1&1&0\\1&\lambda&-1&0\\1&-1&\lambda&0\\0&0&0&1\end{pmatrix}$，由对称矩阵 $\boldsymbol{A}$ 正定的充要条件是

$$\lambda>0,\begin{vmatrix}\lambda&1\\1&\lambda\end{vmatrix}>0,\begin{vmatrix}\lambda&1&1\\1&\lambda&-1\\1&-1&\lambda\end{vmatrix}>0\Leftrightarrow\lambda>0,\lambda^2>1,\lambda^3-3\lambda-2>0,$$

解之得 $\lambda>2$.

3. 因为 $\boldsymbol{U}$ 为可逆矩阵，则当 $\boldsymbol{x}\neq\boldsymbol{0}$ 时 $\boldsymbol{Ux}\neq\boldsymbol{0}$（为什么？）所以

$$f=\boldsymbol{x}^{\mathrm{T}}\boldsymbol{Ax}=\boldsymbol{x}^{\mathrm{T}}\boldsymbol{U}^{\mathrm{T}}\boldsymbol{Ux}=(\boldsymbol{Ux})^{\mathrm{T}}\boldsymbol{Ux}=\|\boldsymbol{Ux}\|^2>0.$$

4. 设 $\boldsymbol{A}$ 的特征值为 $\lambda_1,\lambda_2,\cdots,\lambda_n$，因为 $\boldsymbol{A}$ 为实对称矩阵，所以存在正交矩阵 $\boldsymbol{P}$，使得

$$\boldsymbol{P}^{\mathrm{T}}\boldsymbol{AP}=\boldsymbol{\Lambda}\text{，即 }\boldsymbol{A}=\boldsymbol{P\Lambda P}^{\mathrm{T}}\text{，其中 }\boldsymbol{\Lambda}=\mathrm{diag}(\lambda_1,\lambda_2,\cdots,\lambda_n),$$

又因为 A 为正定矩阵，$\lambda_1,\lambda_2,\cdots,\lambda_n>0$. 取 $\boldsymbol{V}\triangleq\mathrm{diag}(\sqrt{\lambda_1},\sqrt{\lambda_2},\cdots,\sqrt{\lambda_n})$，有

$$\boldsymbol{A}=\boldsymbol{PVVP}^{\mathrm{T}}=\boldsymbol{PVV}^{\mathrm{T}}\boldsymbol{P}^{\mathrm{T}}=(\boldsymbol{PV})(\boldsymbol{PV})^{\mathrm{T}}.$$

取 $\boldsymbol{U}^{\mathrm{T}}=\boldsymbol{VP}$，易见 $\boldsymbol{U}$ 可逆，且 $\boldsymbol{A}=\boldsymbol{U}^{\mathrm{T}}\boldsymbol{U}$.

自 测 题 6

一、1. $|\boldsymbol{A}|^2\lambda^{-2}+1$.

分析 因为 $\boldsymbol{A}^*=|\boldsymbol{A}|\boldsymbol{A}^{-1}$，$\lambda$ 是非奇异矩阵 $\boldsymbol{A}$ 的一个特征值，所以 λ^{-1} 是 $\boldsymbol{A}^{-1}$ 的特征值，$|\boldsymbol{A}|\lambda^{-1}$ 是 A^* 的一个特征值，故 $|\boldsymbol{A}|^2\lambda^{-2}+1$ 是 $(\boldsymbol{A}^*)^2+\boldsymbol{E}$ 的一个特征值.

评注 本题只要找到 $\boldsymbol{A}^*$ 与 $\boldsymbol{A}^{-1}$，从而与 $\boldsymbol{A}$ 的关系式即可.

2. 4. **分析** 因为 $\boldsymbol{A}$ 与 $\boldsymbol{B}$ 相似，所以存在可逆阵 $\boldsymbol{P}$，使得 $\boldsymbol{A}=\boldsymbol{PBP}^{-1}$，所以

$$\boldsymbol{A}-2\boldsymbol{E}=\boldsymbol{P}(\boldsymbol{B}-2\boldsymbol{E})\boldsymbol{P}^{-1},\quad \boldsymbol{A}-\boldsymbol{E}=\boldsymbol{P}(\boldsymbol{B}-\boldsymbol{E})\boldsymbol{P}^{-1},$$

$\boldsymbol{A}-2\boldsymbol{E}$ 与 $\boldsymbol{A}-\boldsymbol{E}$ 的秩分别等于 $\boldsymbol{B}-2\boldsymbol{E}$ 与 $\boldsymbol{B}-\boldsymbol{E}$ 的秩，简单计算可得分别为 3 和 1.

二、1. 因为 $\boldsymbol{B}$ 是秩为 2 的 5×4 矩阵，所以方程组 $\boldsymbol{Bx}=\boldsymbol{0}$ 的基础解系含两个线性无关的解，易见 $\boldsymbol{\alpha}_1,\boldsymbol{\alpha}_2$ 满足要求，再将其正交标准化得一组标准正交基：

$$\boldsymbol{\varepsilon}_1=\frac{1}{\sqrt{15}}(1,1,2,3)^{\mathrm{T}},\quad \boldsymbol{\varepsilon}_2=\frac{1}{\sqrt{39}}(-2,1,5,-3)^{\mathrm{T}}.$$

2. (1) 设 λ 为 $\boldsymbol{A}$ 的任一特征值，由 $\boldsymbol{A}^2+2\boldsymbol{A}=0$ 得 $\lambda^2+2\lambda=0$，解之得 $\lambda=0,\lambda-2$，若特征值全为 -2 或全为 0 或两个 0 一个 -2，对应 $\boldsymbol{A}$ 的秩为 3,0,1 与已知矛盾，因此特征值为 $-2,-2,0$.

评注 在不知道矩阵 $\boldsymbol{A}$ 的具体元素情况下求特征值，首先将矩阵 $\boldsymbol{A}$ 满足的条件转化为特征值 λ 满足的条件，然后分析包含 λ 的式子的特点，最后给出结果.

(2) 设 $\boldsymbol{A}$ 的特征值为 λ，则 $\boldsymbol{A}+k\boldsymbol{E}$ 为正定矩阵当且仅当 $\boldsymbol{A}+k\boldsymbol{E}$ 的特征值 $\lambda+k$ 全为正数，即 $0+k>0$，$-2+k>0$ 同时成立，因此 $k>2$.

3. (1) $\boldsymbol{A}=\begin{pmatrix}a&0&b\\0&2&0\\b&0&-2\end{pmatrix}$，由特征值之和等于 $\mathrm{tr}\boldsymbol{A}=a_{11}+a_{22}\,a_{33}$，特征值之积等于 $|\boldsymbol{A}|$，得

$$\begin{cases}a+2+(-2)=1\\-4a-2b^2=-12\end{cases},$$

又 $b>0$，所以 $a=1,b=2$.

(2) $f=x_1^2+2x_2^2-2x_3^2+4x_1x_3$.

$$\boldsymbol{A}=\begin{pmatrix}1&0&2\\0&2&0\\2&0&-2\end{pmatrix},$$

$$|\boldsymbol{A}-\lambda\boldsymbol{E}|=\begin{vmatrix}1-\lambda&0&2\\0&2-\lambda&0\\2&0&-2-\lambda\end{vmatrix}=-(\lambda-2)^2(\lambda+3),$$

特征值：$\lambda_1=2$（二重），$\lambda_2=-3$.

对 $\lambda_1=2$(二重),解$(\boldsymbol{A}-2\boldsymbol{E})\boldsymbol{x}=\boldsymbol{0}$.

$$\boldsymbol{A}-2\boldsymbol{E}=\begin{pmatrix}-1&0&2\\0&0&0\\2&0&-4\end{pmatrix}\to\begin{pmatrix}1&0&-2\\0&0&0\\0&0&0\end{pmatrix},$$

正交的基础解系为 $\boldsymbol{\xi}_1=(0,\ 1,\ 0)^{\mathrm{T}}$, $\boldsymbol{\xi}_2=(2,\ 0,\ 1)^{\mathrm{T}}$,

单位化得 $\boldsymbol{p}_1=(0,\ 1,\ 0)^{\mathrm{T}},\boldsymbol{p}_2=\left(\dfrac{2}{\sqrt{5}},0,\dfrac{1}{\sqrt{5}}\right)^{\mathrm{T}}$.

对 $\lambda_2=-3$,解$(\boldsymbol{A}+3\boldsymbol{E})\boldsymbol{x}=\boldsymbol{0}$.

$$\boldsymbol{A}+3\boldsymbol{E}=\begin{pmatrix}4&0&2\\0&5&0\\2&0&1\end{pmatrix}\to\begin{pmatrix}2&0&1\\0&1&0\\0&0&0\end{pmatrix},\quad 基础解系为\ \boldsymbol{\xi}_3=(1,\ 0,\ -2)^{\mathrm{T}},$$

单位化得 $\boldsymbol{p}_3=\left(\dfrac{1}{\sqrt{5}},\ 0,\ -\dfrac{2}{\sqrt{5}}\right)^{\mathrm{T}}$.

正交相似变换矩阵 $\boldsymbol{P}=(\boldsymbol{p}_1,\boldsymbol{p}_2,\boldsymbol{p}_3)$,正交线性变换 $\boldsymbol{x}=\boldsymbol{P}\boldsymbol{y}$,标准形为

$$f=2y_1^2+2y_2^2-3y_3^2.$$

4.(1)由已知得 $\boldsymbol{A}\boldsymbol{\xi}=\lambda\boldsymbol{\xi}$ 即

$$\begin{pmatrix}2&-1&2\\5&a&3\\-1&b&-2\end{pmatrix}\begin{pmatrix}1\\1\\-1\end{pmatrix}=\begin{pmatrix}\lambda\\\lambda\\-\lambda\end{pmatrix}\Rightarrow\begin{cases}2-1-2=\lambda\\5+a-3=\lambda\\-1+b+2=-\lambda\end{cases},\quad 解之得\begin{cases}\lambda=-1\\a=-3.\\b=0\end{cases}$$

$$(2)\boldsymbol{A}=\begin{pmatrix}2&-1&2\\5&-3&3\\-1&0&-2\end{pmatrix},|\boldsymbol{A}-\lambda\boldsymbol{E}|=\begin{vmatrix}2-\lambda&-1&2\\5&-3-\lambda&3\\-1&0&-2-\lambda\end{vmatrix}=-(\lambda+1)^3,$$

特征值为:$\lambda=-1$(三重).

解$(\boldsymbol{A}+\boldsymbol{E})\boldsymbol{x}=\boldsymbol{0}$:

$$\boldsymbol{A}+\boldsymbol{E}=\begin{pmatrix}3&-1&2\\5&-2&3\\-1&0&-1\end{pmatrix}\to\begin{pmatrix}1&-1&0\\0&1&1\\0&0&0\end{pmatrix},\quad 基础解系为\ \boldsymbol{\xi}=(1,\ 1,\ -1)^{\mathrm{T}},$$

所以 $k\boldsymbol{\xi}(k\neq0)$ 为 $\lambda=-1$ 的所有特征向量.

$\boldsymbol{A}$ 不存在 3 个线性无关的特征向量,故 $\boldsymbol{A}$ 不能相似于对角矩阵.

5. 设 $\boldsymbol{A}$ 的特征值为 $\lambda_1,\lambda_2,\cdots,\lambda_n$,由 $\boldsymbol{A}$ 的正定性知 $\lambda_i>0,i=1,2,\cdots,n$,所以

$$|\boldsymbol{A}+\boldsymbol{E}|=(\lambda_1+1)(\lambda_2+1)\cdots(\lambda_n+1)>1.$$

$$6.\ \boldsymbol{A}=\begin{pmatrix}2&0&0\\0&3&a\\0&a&3\end{pmatrix},|\boldsymbol{A}-\lambda\boldsymbol{E}|=\begin{vmatrix}2-\lambda&0&0\\0&3-\lambda&a\\0&a&3-\lambda\end{vmatrix}=(2-\lambda)(3+a-\lambda)(3-a-\lambda),$$

特征值为:$\lambda=2$ 或 $3+a$ 或 $3-a$. 则有

$$\begin{cases}3+a=1\\3-a=5\end{cases} \text{或} \begin{cases}3+a=5\\3-a=1\end{cases},$$

解得 $a=-2$ 或 2,因为 $a>0$,所以 $a=2$.

第 6 章

自测题 1

1.(1)$(\pm\sqrt{x^2+y^2})^2=2z$,即 $x^2+y^2=2z$.图略.

(2)$4(\pm\sqrt{x^2+z^2})^2+9y^2=36$,即 $4x^2+9y^2+4z^2=36$.图略.

(3)绕 x 轴:$16x^2-9(\pm\sqrt{y^2+z^2})^2=144$,即$\frac{x^2}{9}-\frac{y^2}{16}-\frac{z^2}{16}=1$.图略.

绕 z 轴:$16(\pm\sqrt{x^2+y^2})^2-9z^2=144$,即$\frac{x^2}{9}+\frac{y^2}{9}-\frac{z^2}{16}=1$.图略.

2.在平面解析几何中:(1)、(2)为直线;(3)为圆周;(4)为椭圆周;(5)为双曲线;(6)为抛物线.

在空间解析几何中:(1)、(2)为平面;(3)为圆柱面;(4)为椭圆柱面;(5)为双曲柱面;(6)为抛物柱面.

自测题 2

1.(1)平面 $x=3$ 上圆周 $y^2+z^2=16$;图略.

(2)平面 $y=1$ 上椭圆周 $x^2+9z^2=32$;图略.

(3)平面 $x=-3$ 上双曲线$-4y^2+z^2=16$;图略.

(4)平面 $z=4$ 上抛物线 $y^2=4x-24$.图略.

2.从两个曲面方程中消去 z 得交线在 xOy 面上的投影线方程为$\begin{cases}2x^2+y^2-2x=3\\z=0\end{cases}$;

因为交线在平面 $x+z=1$ 内,故得交线在 zOx 面上的投影线方程为$\begin{cases}x+z=1\\y=0\end{cases}$;

从两个曲面方程中消去 x 得交线在 yOz 面上的投影线方程为$\begin{cases}y^2+2z^2-2z=3\\x=0\end{cases}$.

3.由要求母线平行于 x 轴知,在所给两个曲面中消去 x 即得所求柱面方程为

$$-y^2+3z^2=16.$$

由要求母线平行于 z 轴知,在所给两个曲面中消去 z 即得所求柱面方程为

$$3x^2+2y^2=16.$$

4.在 xOy 面上的投影区域 $D_{xy}:x^2+y^2\leqslant 1$;

在 yOz 面上的投影区域 $D_{yz}:y^2\leqslant z\leqslant 1$;

在 zOx 面上的投影区域 $D_{zx}:x^2\leqslant z\leqslant 1$.

5.由几何图形易知被截下部分在 xOy 面上的投影区域 $D_{xy}:x^2+y^2\leqslant ax$;

右半圆柱面方程化简得 $x^2+y^2=ax$，将它与球面 $x^2+y^2+z^2=a^2$ 联立消去 y，得交线所在柱面方程为 $ax+z^2=a^2$，于是右半圆柱被球面截下部分的投影

$$D_{zx}: 0\leqslant x\leqslant a-\frac{z^2}{a}.$$

自测题 3

1.(1)由平面过 z 轴知平面也过原点，故其方程的一般式为

$$Ax+By=0.$$

由过点 $A(3,3,4)$ 有 $A\cdot 3+B\cdot 3=0$，解得 $B=-A$，代入上式并约去非零常数 A 得所求平面的方程

$$x-y=0.$$

(2)法 1　将所给两点代入平面一般式方程 $Ax+By+Cz+D=0$，并利用所求平面与已知平面垂直得方程组

$$\begin{cases}A\cdot 0+B\cdot 1+C\cdot(-1)+D=0\\ A\cdot 1+B\cdot 1+C\cdot 1+D=0\\ A\cdot 1+B\cdot 1+C\cdot 1=0\end{cases},$$

解得 $D=0$，$A=-2B$，$C=B$，将它们代入一般式并约分非零常数 B 得

$$-2x+y+z=0.$$

法 2　由 $\boldsymbol{n}\perp\overrightarrow{AB}$，$\boldsymbol{n}\perp(1,1,1)$，得

$$\begin{cases}A\cdot 1+B\cdot 0+C\cdot 2=0\\ A\cdot 1+B\cdot 1+C\cdot 1=0\end{cases}\Rightarrow\begin{cases}A=-2C\\ B=C\end{cases}.$$

故所求平面方程为

$$(-2C)(x-0)+C(y-1)+C(z+1)=0,$$

两边同除非零 C，并化简得

$$-2x+y+z=0.$$

(3)法 1　由三点式方程得

$$\begin{vmatrix}x-1 & y-2 & z-5\\ -2 & 1 & -4\\ -1 & -1 & -2\end{vmatrix}=0\Rightarrow 2x-z+3=0.$$

法 2　先求出 $\boldsymbol{n}=\overrightarrow{AB}\times\overrightarrow{AC}$，再代入点法式即可.

(4)所求平面的法向量垂直已知两平面的法向量(即平行两已知平面的交线)，故取其法向量为

$$\boldsymbol{n}=\boldsymbol{n}_1\times\boldsymbol{n}_2=(1,-1,1)\times(2,1,1)=(-2,1,3),$$

故由点法式得所求平面方程为

$$-2(x-1)+(y+1)+3(z-1)=0\quad\text{或}\quad 2x-y-3z=0.$$

2.(1)两平面重合$\Leftrightarrow \frac{1}{1}=\frac{-1}{1}=\frac{1}{1}=\frac{-3}{-k}\Leftrightarrow k=3$.

(2)两平面平行$\Leftrightarrow \frac{1}{1}=\frac{-1}{1}=\frac{1}{1}\neq\frac{-3}{-k}\Leftrightarrow k\neq 3$.

(3)此时满足平面平行条件且对第一个平面上一点 $M(1,1,3)$，它到第二个平面的距离应为1,即

$$1=\frac{|1-1+3-k|}{\sqrt{1^2+(-1)^2+1^2}}\Rightarrow\sqrt{3}=|3-k|.$$

解得 $k=3\pm\sqrt{3}$.

3. 两平面夹角

$$\varphi=\arccos\frac{|(2,-1,1)\cdot(1,-1,2)|}{|(2,-1,1)||(1,-1,2)|}=\arccos\frac{5}{6}.$$

自 测 题 4

1.(1)$\frac{x-1}{2}=\frac{y-2}{1}=\frac{z-3}{-1}$.

(2)将所给直线的一般式中取 $x=t$，得其参数式为$\begin{cases}x=t\\y=-2t\\z=-t\end{cases}$，此直线的方向向量 $\boldsymbol{s}=(1,-2,-1)$. 由此得过点 A 且与直线垂直的平面方程为

$$x-2y-z-6=0.$$

将所给直线的参数式代入该平面方程解得 $t=1$，从而得直线与平面的交点为 $B(1,-2,-1)$，因此,由两点式得所求直线的方程为

$$\frac{x-5}{-4}=\frac{y}{-2}=\frac{z+1}{0}\quad 或\quad\begin{cases}\frac{x-5}{4}=\frac{y}{2}\\z+1=0\end{cases}.$$

(3)法 1　由 y 轴的一般式为$\begin{cases}x=0\\z=0\end{cases}$得其参数式为$\begin{cases}x=0\\y=t\\z=0\end{cases}$,仿上例求解.

法 2　根据题设知直线过 y 轴上点 $B(0,-3,0)$. 由两点式得所求直线方程

$$\frac{x-2}{0-2}=\frac{y+3}{0}=\frac{z-4}{0-4}\quad 或\quad\begin{cases}x-2=\frac{z-4}{2}\\y+3=0\end{cases}.$$

(4)由题意,所求直线平行于所给的两个平面,因此,所求直线平行于这两个平面的交线$\begin{cases}x+y-2z+1=0\\x+2y-z+1=0\end{cases}$,而交线的方向向量

$$\boldsymbol{s}=(1,1,-2)\times(1,2,-1)=(3,-1,1),$$

故由直线过点 $A(1,1,1)$得所求直线的对称式方程为

$$\frac{x-1}{3}=\frac{y-1}{-1}=\frac{z-1}{1}.$$

2. 所给两条直线的方向向量分别为

$$s_1=\begin{vmatrix} i & j & k \\ 2 & 3 & -4 \\ 3 & -4 & 1 \end{vmatrix}=-(13,14,17),$$

$$s_2=\begin{vmatrix} i & j & k \\ 5 & -1 & -3 \\ 1 & -7 & 5 \end{vmatrix}=-(26,28,34).$$

由 $2s_1=s_2$ 知 $s_1 /\!/ s_2$ 证得两条直线平行.

下面求题设中所给的两直线所在平面的方程. 在两条直线上分别取一点 $A(0,0,0)$，$B(1,1,1)$，得两条直线所在平面的法向量

$$n=s_1\times\overrightarrow{AB}=\begin{vmatrix} i & j & k \\ -13 & -14 & -17 \\ 1 & 1 & 1 \end{vmatrix}=(3,-4,1),$$

得所求平面的方程为

$$3x-4y+z=0.$$

评注 因两直线平行，故不能用 s_1 与 s_2 的向量积得到两直线所在平面的方程.

3. 第一条直线的方向向量为 $s_1=\begin{vmatrix} i & j & k \\ 1 & 1 & 1 \\ 1 & -1 & 1 \end{vmatrix}=(2,0,-2)$，而第二条直线平行于 x 轴，其方向向量可取为 $s_2=(1,0,0)$，故两直线夹角为

$$\varphi=\arccos\frac{|(2,0,-2)\cdot(1,0,0)|}{|(2,0,-2)|\,|(1,0,0)|}=\arccos\frac{2}{2\sqrt{2}}=\frac{\pi}{4}.$$

4. 由直线 L_1 的第一个等式知 L_1 平面 $\pi: x+y-1=0$ 内，故 L_2 与该平面的交点即是两直线的交点. 为此，将 L_2 的参数式 $\begin{cases} x=t \\ y=1-4t \\ z=-1+3t \end{cases}$ 代入平面 π 解得 $t=0$，得唯一交点$M_0(0,1,-1)$.

由直线 L 过点 $M_1(-1,1,0)$，方向向量为 $s=(-1,2,-1)$，故由点到直线的距离公式得所求距离为

$$d=\frac{|s\times\overrightarrow{M_0M_1}|}{|s|}=\frac{|(2,-2,-2)|}{|(-1,2,-1)|}=\sqrt{2}.$$

评注 不能用两个直线的参数式中对应坐标相等解出 t 来确定交点坐标，因为直线的参数式不唯一，从而参数形式和取值也不唯一.

5. 直线 L 的方向向量 $s=(9,7,10)$，平面 π 的法线向量 $n=(4,-1,1)$.

(1)$\varphi=\arcsin\dfrac{|\boldsymbol{s}\cdot\boldsymbol{n}|}{|\boldsymbol{s}|\,|\boldsymbol{n}|}=\arcsin\dfrac{13}{2\sqrt{115}}$.

(2)法 1　直线 L 的方向向量 $\boldsymbol{s}=\begin{vmatrix}\boldsymbol{i} & \boldsymbol{j} & \boldsymbol{k}\\ 2 & -4 & 1\\ 3 & -1 & -2\end{vmatrix}=(9,7,10)$，平面的法线向量 $\boldsymbol{n}=(4,-1,1)$，记

$$\boldsymbol{n}_1=\boldsymbol{s}\times\boldsymbol{n}=\begin{vmatrix}\boldsymbol{i} & \boldsymbol{j} & \boldsymbol{k}\\ 9 & 7 & 10\\ 4 & -1 & 1\end{vmatrix}=(17,31,-37),$$

则该向量可作为过 L 且与 π 垂直的平面的法向量，因此，取 L 上一点 $M_0\left(-\dfrac{18}{5},-\dfrac{9}{5},0\right)$，以 $\boldsymbol{n}_1$ 为法向量，得过直线 L 且垂直于所给平面的平面方程

$$17\left(x+\frac{18}{5}\right)+31\left(y+\frac{9}{5}\right)-37z=0 \quad 或 \quad 17x+31y-37z+117=0.$$

将该平面与所给平面联立，即得直线 L 在所给平面上的投影线的一般方程

$$\begin{cases}17x+31y-37z+117=0\\ 4x-y+z-1=0\end{cases}.$$

法 2　利用平面束 $2x-4y+z+\lambda(3x-y-2z+9)=0$ 的法向量与 $\boldsymbol{n}$ 垂直确定 λ，再联立即得.

6. 由题意知所求直线在过点 $A(-1,0,4)$ 且平行于平面 $\pi:3x-4y+z-10=0$，故该平面的方程为

$$3(x+1)-4y+(z-4)=0, \quad 即 \quad 3x-4y+z-1=0.$$

将所给直线代为参数式，并代入上面得到的平面方程解得 $t=16$，将它代回到参数式得到该平面与所给直线的交点 $B(15,19,32)$，此即所求直线与所给直线的交点. 于是由两点式得所求直线的对称式方程为

$$\frac{x+1}{16}=\frac{y}{19}=\frac{z-4}{28}.$$

7. 所给直线 L 的参数式为 $L:x=1,y=y,z=y+1$，其方向向量 $\boldsymbol{s}=(0,1,1)$. 依题意，设 L 上点 $B(1,t,t+1)$ 与点 $A(1,-1,1)$ 构成的向量 $\overrightarrow{BA}=(0,t+1,t)$ 与 L 的方向向量 $\boldsymbol{s}$ 垂直，则

$$(0,t+1,t)\cdot(0,1,1)=0 \quad 或 \quad 2t+1=0.$$

解得 $t=-\dfrac{1}{2}$，于是得垂足 $B\left(1,-\dfrac{1}{2},\dfrac{1}{2}\right)$ 及 $\overrightarrow{BA}=\left(0,\dfrac{1}{2},-\dfrac{1}{2}\right)$. 因为所求平面垂直平面 $z=0$，所以其法向量可设为 $\boldsymbol{n}=(a,b,0)$，由该平面也过线段 $\overrightarrow{BA}$，有 $\boldsymbol{n}\perp\overrightarrow{BA}$，即

$$a\cdot 0+b\cdot\frac{1}{2}+0\cdot\left(-\frac{1}{2}\right)=0\Rightarrow b=0.$$

得到 $\boldsymbol{n}=(a,0,0)(a\neq 0)$. 于是过点 A 且以 $\boldsymbol{n}$ 为法向量的平面方程为

$$a(x-1)=0 \quad \text{或} \quad x-1=0.$$

评注 也可求出过点 A,B 的直线方程

$$\frac{x-1}{0}=\frac{y+1}{1/2}=\frac{z-1}{-1/2}, \quad \text{即} \quad \begin{cases} x-1=0 \\ y+z=0 \end{cases}.$$

给出此直线的平面束

$$\lambda(x-1)+\mu(y+z)=0.$$

利用所求平面垂直平面 $z=0$(即平行 z 轴),故取上式中 z 前面的系数 $\mu=0$,代入上面方程并消去非零参数 λ,得 $x-1=0$.

模拟试卷1

一、选择题和填空题

1. C.　2. A.　3. A.　4. C.　5. B.　6. B.　7. D.　8. $m-n$.

9. $k(1,1,\cdots,1)^{\mathrm{T}}+\boldsymbol{\eta}$.　10. $\mathrm{e}^{z}=x^2+y^2$.

二、计算题和证明题

1. $|\boldsymbol{A}|=\begin{vmatrix} 1 & \\ & 1 \end{vmatrix}\begin{vmatrix} 1 & 4 \\ 1 & 5 \end{vmatrix}=-1$, $|2\boldsymbol{A}^{12}|=2^4|\boldsymbol{A}|^{12}=16$.

2. $$D=(a+b+c+d+1)\begin{vmatrix} 1 & b & c & d \\ 1 & b+1 & c & d \\ 1 & b & c+1 & d \\ 1 & b & c & d+1 \end{vmatrix}$$

$$=(a+b+c+d+1)\begin{vmatrix} 1 & 0 & 0 & 0 \\ 1 & 1 & 0 & 0 \\ 1 & 0 & 1 & 0 \\ 1 & 0 & 0 & 1 \end{vmatrix}=a+b+c+d+1.$$

3. 因为 $\boldsymbol{A}^{-1}=\frac{1}{|\boldsymbol{A}|}\boldsymbol{A}^*$,所以,$\boldsymbol{A}^*=|\boldsymbol{A}|\boldsymbol{A}^{-1}=\frac{1}{2}\boldsymbol{A}^{-1}$,又 $(3\boldsymbol{A})^{-1}=\frac{1}{3}\boldsymbol{A}^{-1}$,从而

$$|(3\boldsymbol{A})^{-1}-2\boldsymbol{A}^*|=\left|\frac{1}{3}\boldsymbol{A}^{-1}-\boldsymbol{A}^{-1}\right|=\left|-\frac{2}{3}\boldsymbol{A}^{-1}\right|=\left(-\frac{2}{3}\right)^3\frac{1}{|\boldsymbol{A}|}=-\frac{16}{27}.$$

4. $$\boldsymbol{A}=(\boldsymbol{\alpha}_1,\boldsymbol{\alpha}_2,\boldsymbol{\alpha}_3,\boldsymbol{\alpha}_4)=\begin{pmatrix} 1 & 2 & 1 & 0 \\ 2 & 1 & -1 & 1 \\ -1 & 4 & 5 & 2 \\ 2 & -1 & -3 & 1 \end{pmatrix}\to\begin{pmatrix} 1 & 2 & 1 & 0 \\ 0 & -3 & -3 & 1 \\ 0 & 6 & 6 & 2 \\ 0 & -2 & -2 & 0 \end{pmatrix}$$

$$\rightarrow\begin{pmatrix}1&2&1&0\\0&1&1&0\\0&0&0&1\\0&0&0&0\end{pmatrix}\rightarrow\begin{pmatrix}1&0&-1&0\\0&1&1&0\\0&0&0&1\\0&0&0&0\end{pmatrix},$$

故 $R(\boldsymbol{\alpha}_1,\boldsymbol{\alpha}_2,\boldsymbol{\alpha}_3,\boldsymbol{\alpha}_4)=3$，且 $\boldsymbol{\alpha}_1,\boldsymbol{\alpha}_2,\boldsymbol{\alpha}_4$ 是一个极大无关组，$\boldsymbol{\alpha}_3=-\boldsymbol{\alpha}_1+\boldsymbol{\alpha}_2+0\boldsymbol{\alpha}_4$.

5. $\boldsymbol{A}(\boldsymbol{B}-2\boldsymbol{E})=\boldsymbol{E}$，$\boldsymbol{A}=(\boldsymbol{B}-2\boldsymbol{E})^{-1}$.

$$(\boldsymbol{B}-2\boldsymbol{E}\quad \boldsymbol{E})=\begin{pmatrix}1&0&2&1&0&0\\0&1&0&0&1&0\\1&0&1&0&0&1\end{pmatrix}\rightarrow\begin{pmatrix}1&0&2&1&0&0\\0&1&0&0&1&0\\0&0&-1&-1&0&1\end{pmatrix}$$

$$\rightarrow\begin{pmatrix}1&0&0&-1&0&2\\0&1&0&0&1&0\\0&0&-1&-1&0&1\end{pmatrix}\rightarrow\begin{pmatrix}1&0&0&-1&0&2\\0&1&0&0&1&0\\0&0&1&1&0&-1\end{pmatrix},$$

所以 $\boldsymbol{A}=(\boldsymbol{B}-2\boldsymbol{E})^{-1}=\begin{pmatrix}-1&&2\\&1&\\1&&-1\end{pmatrix}$.

6. $\boldsymbol{A}^{\mathrm{T}}=-\boldsymbol{A}^*\quad \boldsymbol{A}^{\mathrm{T}}\boldsymbol{A}=-\boldsymbol{A}^*\boldsymbol{A}\Rightarrow\boldsymbol{A}^{\mathrm{T}}\boldsymbol{A}=-|\boldsymbol{A}|\boldsymbol{E}$，所以 $|\boldsymbol{A}|^2=(-|\boldsymbol{A}|)^3\Rightarrow|\boldsymbol{A}|=0$ 或 $|\boldsymbol{A}|=-1$.

若 $|\boldsymbol{A}|=0$，则 $\boldsymbol{A}^{\mathrm{T}}\boldsymbol{A}=\boldsymbol{O}$，必有 $\boldsymbol{A}=\boldsymbol{O}$，与题设矛盾，故 $|\boldsymbol{A}|=-1$.

7. $\pi_1\perp\pi_2\Leftrightarrow(2,1,1)\cdot(1,1,-c)=0\Rightarrow c=3$，$M(3,3,3)$.

$$\boldsymbol{s}=\begin{vmatrix}\boldsymbol{i}&\boldsymbol{j}&\boldsymbol{k}\\2&1&1\\1&1&-3\end{vmatrix}=(-4,7,1).$$

又直线过点 $M(0,0,0)$，所以直线方程为

$$\frac{x-3}{-4}=\frac{y-3}{7}=\frac{z-3}{1}.$$

8. 设 $k_1\boldsymbol{\alpha}_1+k_2\boldsymbol{\alpha}_2+k_3\boldsymbol{\alpha}_3=\boldsymbol{0}\Rightarrow\boldsymbol{\alpha}_1,\boldsymbol{\alpha}_2,\boldsymbol{\alpha}_3$ 线性无关；

设 $$\lambda_1(\boldsymbol{\alpha}_1+\boldsymbol{\alpha}_2)+\lambda_2(\boldsymbol{\alpha}_1-\boldsymbol{\alpha}_3)+\lambda_3(\boldsymbol{\alpha}_2-\boldsymbol{\alpha}_3)=0,$$

即 $$(\lambda_1+\lambda_2)\boldsymbol{\alpha}_1+(\lambda_1+\lambda_3)\boldsymbol{\alpha}_2-(\lambda_2+\lambda_3)\boldsymbol{\alpha}_3=0,$$

由 $\boldsymbol{\alpha}_1,\boldsymbol{\alpha}_2,\boldsymbol{\alpha}_3$ 线性无关得只有

$$\begin{cases}\lambda_1+\lambda_2=0\\\lambda_1+\lambda_3=0,\\\lambda_2+\lambda_3=0\end{cases}$$

而 $$\begin{vmatrix}1&1&0\\1&0&1\\0&1&1\end{vmatrix}=\begin{vmatrix}1&1&0\\0&-1&1\\0&1&1\end{vmatrix}=\begin{vmatrix}1&1&0\\0&-1&1\\0&0&2\end{vmatrix}=2\neq0,$$

故 $\boldsymbol{\alpha}_1+\boldsymbol{\alpha}_2,\boldsymbol{\alpha}_1-\boldsymbol{\alpha}_3,\boldsymbol{\alpha}_2-\boldsymbol{\alpha}_3$ 线性无关.

三、完成下列各题

1. $$\bar{\boldsymbol{A}}=(\boldsymbol{A}\quad\boldsymbol{\beta})=\begin{pmatrix}1&a&0&0&1\\0&1&a&0&-1\\0&0&1&a&0\\a&0&0&a&0\end{pmatrix}\to\begin{pmatrix}1&a&0&0&1\\0&1&a&0&-1\\0&0&1&a&0\\0&-a^2&0&1&-a\end{pmatrix}$$

$$\to\begin{pmatrix}1&a&0&0&1\\0&1&a&0&-1\\0&0&1&a&0\\0&0&a^3&1&-a-a^2\end{pmatrix}\to\begin{pmatrix}1&a&0&0&1\\0&1&a&0&-1\\0&0&1&a&0\\0&0&0&(1-a^2)(1+a^2)&-a(1+a)\end{pmatrix}.$$

(1)当 $a=1$ 时,$R(\boldsymbol{A})=3\neq4=R(\bar{\boldsymbol{A}})$,此时方程组无解;

(2)当 $a=-1$ 时,$R(\boldsymbol{A})=R(\bar{\boldsymbol{A}})=3<4=n$,此时方程组有穷多解.

$$\bar{\boldsymbol{A}}\to\begin{pmatrix}1&-1&0&0&1\\0&1&-1&0&-1\\0&0&1&-1&0\\0&0&0&0&0\end{pmatrix}\to\begin{pmatrix}1&-1&0&0&1\\0&1&0&-1&-1\\0&0&1&-1&0\\0&0&0&0&0\end{pmatrix}\to\begin{pmatrix}1&0&0&-1&0\\0&1&0&-1&-1\\0&0&1&-1&0\\0&0&0&0&0\end{pmatrix},$$

同解方程组 $\begin{cases}x_1=x_4\\x_1=-1+x_4\\x_1=x_4\end{cases}$,通解 $\boldsymbol{x}=\begin{pmatrix}0\\-1\\0\\0\end{pmatrix}+k\begin{pmatrix}1\\1\\1\\1\end{pmatrix}$.

2. $$|\boldsymbol{A}-\lambda\boldsymbol{E}|=\begin{vmatrix}-1-\lambda&2&2\\2&-1-\lambda&-2\\2&-2&-1-\lambda\end{vmatrix}=\begin{vmatrix}-1-\lambda&2&2\\2&-1-\lambda&-2\\0&-1+\lambda&1-\lambda\end{vmatrix}$$

$$=\begin{vmatrix}-1-\lambda&4&2\\2&-3-\lambda&-2\\0&0&1-\lambda\end{vmatrix}=(-5-\lambda)(1-\lambda)^2.$$

$\lambda_1=-5,\lambda_2=\lambda_3=1$.

求 $(\boldsymbol{A}-\lambda_1\boldsymbol{E})\boldsymbol{x}=\boldsymbol{0}$ 的基础解系:

$$\boldsymbol{A}-\lambda_1\boldsymbol{E}=\begin{pmatrix}4&2&2\\2&4&-2\\2&-2&4\end{pmatrix}\to\begin{pmatrix}0&-6&6\\2&4&-2\\0&-6&6\end{pmatrix}\to\begin{pmatrix}1&2&-1\\0&1&-1\\0&0&0\end{pmatrix}\to\begin{pmatrix}1&0&1\\0&1&-1\\0&0&0\end{pmatrix},$$

$$\begin{cases} x_1=-x_3 \\ x_2=x_3 \end{cases}, \quad \boldsymbol{p}_1=\begin{pmatrix} 1 \\ -1 \\ -1 \end{pmatrix}, \quad \boldsymbol{e}_1=\frac{1}{\sqrt{3}}\begin{pmatrix} 1 \\ -1 \\ -1 \end{pmatrix}.$$

求$(\boldsymbol{A}-\lambda_2\boldsymbol{E})\boldsymbol{x}=\boldsymbol{0}$的基础解系：

$$\boldsymbol{A}-\boldsymbol{\lambda}_2\boldsymbol{E}=\begin{pmatrix} -2 & 2 & 2 \\ 2 & -2 & -2 \\ 2 & -2 & -2 \end{pmatrix} \to \begin{pmatrix} 1 & -1 & -1 \\ 0 & 0 & 0 \\ 0 & 0 & 0 \end{pmatrix},$$

$$x_1=x_2+x_3, \quad \boldsymbol{p}_2=\begin{pmatrix} 0 \\ 1 \\ -1 \end{pmatrix}, \quad \boldsymbol{p}_3=\begin{pmatrix} 2 \\ 1 \\ 1 \end{pmatrix}, \quad \boldsymbol{e}_2=\frac{1}{\sqrt{2}}\begin{pmatrix} 0 \\ 1 \\ -1 \end{pmatrix}, \quad \boldsymbol{e}_3=\frac{1}{\sqrt{6}}\begin{pmatrix} 2 \\ 1 \\ 1 \end{pmatrix}.$$

取$\boldsymbol{P}=(\boldsymbol{e}_1 \quad \boldsymbol{e}_2 \quad \boldsymbol{e}_3)=\frac{1}{\sqrt{6}}\begin{pmatrix} \sqrt{2} & 0 & 2 \\ -\sqrt{2} & \sqrt{3} & 1 \\ -\sqrt{2} & -\sqrt{3} & 1 \end{pmatrix}$，正交变换$\boldsymbol{x}=\boldsymbol{P}\boldsymbol{y}$，则

$$f=-5y_1^2+y_2^2+y_3^2.$$

模拟试卷 2

一、选择题和填空题

1. 2.　2. 6.　3. -1.　4. $n-1$.　5. -20.　6. B.　7. A.　8. D.　9. B.　10. C.

二、解答题

1. $D=\begin{vmatrix} 5-t & 2 & 2 \\ 2 & 6-t & 0 \\ 2 & 0 & 4-t \end{vmatrix}=(5-t)(6-t)(4-t)-4(4-t)-4(6-t)$

$=(5-t)(2-t)(8-t)$.

由$D=0$，得$t=2, t=5$或$t=8$.

2. $D=\begin{vmatrix} 3 & 1 & 1 & 1 \\ 3 & 0 & 1 & 1 \\ 3 & 1 & 0 & 1 \\ 3 & 1 & 1 & 0 \end{vmatrix}=3\times\begin{vmatrix} 1 & 1 & 1 & 1 \\ 0 & -1 & 0 & 0 \\ 0 & 0 & -1 & 0 \\ 0 & 0 & 0 & -1 \end{vmatrix}=-3$.

3. $\boldsymbol{AB}=\begin{pmatrix} 2 & 2 & -1 \\ 0 & 2 & 2 \\ 0 & 0 & -2 \end{pmatrix}$，$(\boldsymbol{AB})^{\mathrm{T}}=\begin{pmatrix} 2 & 0 & 0 \\ 2 & 2 & 0 \\ -1 & 2 & -2 \end{pmatrix}$；

$$(\boldsymbol{AB}|\boldsymbol{E})=\begin{pmatrix}2&2&-1&1&0&0\\0&2&2&0&1&0\\0&0&-2&0&0&1\end{pmatrix}\to\begin{pmatrix}1&0&0&\frac{1}{2}&-\frac{1}{2}&-\frac{3}{4}\\0&1&0&0&\frac{1}{2}&\frac{1}{2}\\0&0&1&0&0&-\frac{1}{2}\end{pmatrix},$$

$$(\boldsymbol{AB})^{-1}=\begin{pmatrix}\frac{1}{2}&-\frac{1}{2}&-\frac{3}{4}\\0&\frac{1}{2}&\frac{1}{2}\\0&0&-\frac{1}{2}\end{pmatrix}$$

$$(\boldsymbol{A}|\boldsymbol{B})=\begin{pmatrix}1&1&-1&2&0&1\\0&1&1&0&2&0\\0&0&-1&0&0&2\end{pmatrix}\to\begin{pmatrix}1&0&0&2&-2&-3\\0&1&0&0&2&2\\0&0&1&0&0&-2\end{pmatrix},\text{故 }\boldsymbol{X}=\begin{pmatrix}2&-2&-3\\0&2&2\\0&0&-2\end{pmatrix}.$$

三、解答题

1. 因为直线 l 平行于平面 π_1 和 π_2，故直线 l 的方向向量 $\boldsymbol{s}$ 与 π_1 和 π_2 的法向量均垂直.

令 $\boldsymbol{s}=(1,1,-2)\times(1,2,-1)=(3,-1,1)$，故所求直线方程为$\frac{x-1}{3}=\frac{y-1}{-1}=\frac{z-1}{1}$.

2. 因为$(\boldsymbol{\alpha}_1,\boldsymbol{\alpha}_2,\boldsymbol{\alpha}_3,\boldsymbol{\alpha}_4)=\begin{pmatrix}1&-1&0&-1\\-1&2&1&3\\0&1&1&2\\0&-1&-1&1\end{pmatrix}\to\begin{pmatrix}1&-1&0&-1\\0&1&1&2\\0&0&0&3\\0&0&0&0\end{pmatrix}$.

所以 $R(\boldsymbol{\alpha}_1,\boldsymbol{\alpha}_2,\boldsymbol{\alpha}_3,\boldsymbol{\alpha}_4)=3$. $\boldsymbol{\alpha}_1,\boldsymbol{\alpha}_2,\boldsymbol{\alpha}_4$ 为一个最大无关组，$\boldsymbol{\alpha}_3=\boldsymbol{\alpha}_1+\boldsymbol{\alpha}_2$.
（或 $\boldsymbol{\alpha}_1,\boldsymbol{\alpha}_3,\boldsymbol{\alpha}_4$ 为一个最大无关组，$\boldsymbol{\alpha}_2=-\boldsymbol{\alpha}_1+\boldsymbol{\alpha}_3$.）

3. $\boldsymbol{B}=(\boldsymbol{Ab})=\begin{pmatrix}1&-2&-1&1&1\\-2&3&1&-3&2\\3&-5&-2&4&-1\end{pmatrix}\to\begin{pmatrix}1&-2&-1&1&1\\0&-1&-1&-1&4\\0&1&1&1&-4\end{pmatrix}$

$$\to\begin{pmatrix}1&-2&-1&1&1\\0&1&1&1&-4\\0&0&0&0&0\end{pmatrix}\to\begin{pmatrix}1&0&1&3&-7\\0&1&1&1&-4\\0&0&0&0&0\end{pmatrix},$$

$\begin{cases}x_1=-k_1-3k_2-7\\x_2=-k_1-k_2-4\\x_3=k_1\\x_4=k_2\end{cases}$，通解为 $\boldsymbol{x}=k_1\begin{pmatrix}-1\\-1\\1\\0\end{pmatrix}+k_2\begin{pmatrix}-3\\-1\\0\\1\end{pmatrix}+\begin{pmatrix}-7\\-4\\0\\0\end{pmatrix}(k_1,k_2\in\mathbf{R})$.

四、解答证明题

1. 因 $|\boldsymbol{A}-\lambda\boldsymbol{E}|=(\lambda+1)^2(5-\lambda)$，故 $\boldsymbol{A}$ 的特征值为 $\lambda_1=\lambda_2=-1,\lambda_3=5$.

对于 $\lambda_1=\lambda_2=-1$,解 $(\boldsymbol{A}+\boldsymbol{E})\boldsymbol{x}=\boldsymbol{0}$,得 $\boldsymbol{\alpha}_1=(1,-1,0)^{\mathrm{T}}$,$\boldsymbol{\alpha}_2=(1,1,-1)^{\mathrm{T}}$.
对于 $\lambda_3=5$,解 $(\boldsymbol{A}-5\boldsymbol{E})\boldsymbol{x}=\boldsymbol{0}$,得 $\boldsymbol{\alpha}_3=(1,1,2)^{\mathrm{T}}$. 显然 $\boldsymbol{\alpha}_1,\boldsymbol{\alpha}_2,\boldsymbol{\alpha}_3$ 两两正交. 单位化得

$$\boldsymbol{\beta}_1=\frac{1}{\sqrt{2}}(1,-1,0)^{\mathrm{T}},\quad \boldsymbol{\beta}_2=\frac{1}{\sqrt{3}}(1,1,-1)^{\mathrm{T}},\quad \boldsymbol{\beta}_3=\frac{1}{\sqrt{6}}(1,1,2)^{\mathrm{T}}.$$

令 $\boldsymbol{P}=(\boldsymbol{\beta}_1,\boldsymbol{\beta}_2,\boldsymbol{\beta}_3)$,则 P 为正交矩阵,且 $\boldsymbol{P}^{-1}\boldsymbol{A}\boldsymbol{P}=\boldsymbol{\Lambda}=\begin{pmatrix}-1&&\\&-1&\\&&5\end{pmatrix}$.

2. $|\boldsymbol{A}|=|\boldsymbol{A}^{\mathrm{T}}|=|-\boldsymbol{A}|=(-1)^n|\boldsymbol{A}|$,当 n 为奇数时,$|\boldsymbol{A}|=-|\boldsymbol{A}|$,故 $|\boldsymbol{A}|=0$.

3. $(\boldsymbol{\beta}_1,\boldsymbol{\beta}_2,\boldsymbol{\beta}_3)=(\boldsymbol{\alpha}_1,\boldsymbol{\alpha}_2,\boldsymbol{\alpha}_3)\begin{pmatrix}a&0&b\\b&a&0\\0&b&a\end{pmatrix}$,欲使 $\boldsymbol{\beta}_1,\boldsymbol{\beta}_2,\boldsymbol{\beta}_3$ 线性无关,需

$$\begin{vmatrix}a&0&b\\b&a&0\\0&b&a\end{vmatrix}\neq 0,\quad 即\quad a^3+b^3\neq 0.$$

模拟试卷 3

一、选择题和填空题

1. 一. 2. 16. 3. $\sqrt{2}$. 4. C. 5. C. 6. C. 7. C. 8. $n!$. 9. 6. 10. z.

二、完成下列各题

1. $|\boldsymbol{AB}|=\begin{vmatrix}1&-2&1\\-3&2&-7\\-2&2&-4\end{vmatrix}=\begin{vmatrix}1&-2&1\\-2&0&-6\\-1&0&-3\end{vmatrix}=0.$

注 也可因为 $R(\boldsymbol{AB})\leqslant\min\{R(\boldsymbol{A}),R(\boldsymbol{B})\}=2<3$($\boldsymbol{AB}$ 的阶数),所以 $|\boldsymbol{AB}|=0$.

2. 原式$=\begin{vmatrix}1&1&1&1\\a&b+a&c+2a&d+3a\\0&a&a&a\\0&a&a&a\end{vmatrix}=0.$

3. $(\boldsymbol{A}+\boldsymbol{E})\boldsymbol{X}=\boldsymbol{E}\Rightarrow\boldsymbol{X}=(\boldsymbol{A}+\boldsymbol{E})^{-1}\boldsymbol{E}=(\boldsymbol{A}+\boldsymbol{E})^{-1}$,

$$(\boldsymbol{A}+\boldsymbol{E}\boldsymbol{E})=\begin{pmatrix}1&-1&2&1&0&0\\-1&2&-1&0&1&0\\2&-1&6&0&0&1\end{pmatrix}\sim\begin{pmatrix}1&-1&2&1&0&0\\0&1&1&1&1&0\\0&1&2&-2&0&1\end{pmatrix}$$

$$\sim\begin{pmatrix}1&-1&2&1&0&0\\0&1&1&1&1&0\\0&0&1&-3&-1&1\end{pmatrix}\sim\begin{pmatrix}1&-1&0&7&2&-2\\0&1&0&4&2&-1\\0&0&1&-3&-1&1\end{pmatrix}$$

$$\sim\begin{pmatrix}1&0&0&11&4&-3\\0&1&0&4&2&-1\\0&0&1&-3&-1&1\end{pmatrix},$$

所以
$$X=(A+E)^{-1}=\begin{pmatrix}11&4&-3\\4&2&-1\\-3&-1&1\end{pmatrix}.$$

4. 因为 $A=(\boldsymbol{\alpha}_1\quad\boldsymbol{\alpha}_2\quad\boldsymbol{\alpha}_3\quad\boldsymbol{\alpha}_4)=\begin{pmatrix}1&2&1&1\\-1&-3&-1&-2\\1&1&2&-1\\2&-1&-3&2\end{pmatrix}\sim\begin{pmatrix}1&2&1&1\\0&-1&0&-1\\0&-1&1&-2\\0&-5&-5&0\end{pmatrix}$

$$\sim\begin{pmatrix}1&2&1&1\\0&-1&0&-1\\0&0&1&-1\\0&0&-5&5\end{pmatrix}\sim\begin{pmatrix}1&2&0&2\\0&-1&0&-1\\0&0&1&-1\\0&0&0&0\end{pmatrix}\sim\begin{pmatrix}1&0&0&0\\0&1&0&1\\0&0&1&-1\\0&0&0&0\end{pmatrix}$$

$=(\boldsymbol{\beta}_1\quad\boldsymbol{\beta}_2\quad\boldsymbol{\beta}_3\quad\boldsymbol{\beta}_4)=\boldsymbol{B}.$

所以 $R(\boldsymbol{\alpha}_1,\boldsymbol{\alpha}_2,\boldsymbol{\alpha}_3,\boldsymbol{\alpha}_4)=3$，$\boldsymbol{\alpha}_1,\boldsymbol{\alpha}_2,\boldsymbol{\alpha}_3$ 为其一个极大无关组.

5. $\boldsymbol{s}=\boldsymbol{s}_1\times\boldsymbol{s}_2=\begin{vmatrix}\boldsymbol{i}&\boldsymbol{j}&\boldsymbol{k}\\-2&4&-1\\1&-3&1\end{vmatrix}=(-5,3,2)$，$\dfrac{x-1}{-5}=\dfrac{y-1}{3}=\dfrac{z-1}{2}$.

6. 法 1　设 $\lambda_1\boldsymbol{\beta}_1+\lambda_2\boldsymbol{\beta}_2+\lambda_3\boldsymbol{\beta}_3=0$，即

$$(\lambda_1-\lambda_2+2\lambda_3)\boldsymbol{\alpha}_1+(2\lambda_1+\lambda_2+3\lambda_3)\boldsymbol{\alpha}_2+(\lambda_1+\lambda_2+\lambda_3)\boldsymbol{\alpha}_3=\boldsymbol{0}.$$

由 $\boldsymbol{\alpha}_1,\boldsymbol{\alpha}_2,\boldsymbol{\alpha}_3$ 线性无关，得

$$\begin{cases}\lambda_1-\lambda_2+2\lambda_3=0\\2\lambda_1+\lambda_2+3\lambda_3=0,\\\lambda_1+\lambda_2+\lambda_3=0\end{cases}$$

因为
$$\begin{vmatrix}1&-1&2\\2&1&3\\1&1&1\end{vmatrix}=-1\neq0,$$

故 $\boldsymbol{\beta}_1,\boldsymbol{\beta}_2,\boldsymbol{\beta}_3$ 线性无关.

法 2　$(\boldsymbol{\beta}_1\quad\boldsymbol{\beta}_2\quad\boldsymbol{\beta}_3)=(\boldsymbol{\alpha}_1\quad\boldsymbol{\alpha}_2\quad\boldsymbol{\alpha}_3)\begin{pmatrix}1&-1&2\\2&1&3\\1&1&1\end{pmatrix}$.

因为 $\begin{vmatrix}1&-1&2\\2&1&3\\1&1&1\end{vmatrix}=-1\neq0$，所以 $\begin{pmatrix}1&-1&2\\2&1&3\\1&1&1\end{pmatrix}$ 可逆.

由 $\boldsymbol{\alpha}_1,\boldsymbol{\alpha}_2,\boldsymbol{\alpha}_3$ 线性无关，得 $R(\boldsymbol{\beta}_1,\boldsymbol{\beta}_2,\boldsymbol{\beta}_3)=R(\boldsymbol{\alpha}_1,\boldsymbol{\alpha}_2,\boldsymbol{\alpha}_3)=3$，故 $\boldsymbol{\beta}_1,\boldsymbol{\beta}_2,\boldsymbol{\beta}_3$ 线性无关.

三、完成下列各题

1. $\boldsymbol{B}=(\boldsymbol{A}\ \boldsymbol{b})=\begin{pmatrix}1&-2&-1&-1\\1&\lambda-1&\lambda&2\\5&\lambda-9&-4&-2\end{pmatrix}\to\begin{pmatrix}1&-2&-1&-1\\0&\lambda+1&\lambda+1&3\\0&\lambda+1&1&3\end{pmatrix}$

$$\to\begin{pmatrix}1&-2&-1&-1\\0&\lambda+1&\lambda+1&3\\0&0&\lambda&0\end{pmatrix}.$$

(1)当 $\lambda\neq-1,0$ 时方程组有唯一解；

(2)当 $\lambda=-1$ 时，$\boldsymbol{B}\to\begin{pmatrix}1&-2&-1&-1\\0&0&0&3\\0&0&-1&0\end{pmatrix}\to\begin{pmatrix}1&-2&-1&-1\\0&0&-1&0\\0&0&0&3\end{pmatrix}$，无解；

(3)当 $\lambda=0$ 时，$\boldsymbol{B}\to\begin{pmatrix}1&-2&-1&-1\\0&1&1&3\\0&0&0&0\end{pmatrix}\to\begin{pmatrix}1&0&1&5\\0&1&1&3\\0&0&0&0\end{pmatrix}$，同解方程组为$\begin{cases}x_1=5-x_3\\x_2=3-x_3\end{cases}$，

通解 $x=\begin{pmatrix}5\\3\\0\end{pmatrix}+k\begin{pmatrix}-1\\-1\\1\end{pmatrix}(k\in\mathbf{R})$.

2. 设特征值 3 的特征向量为 $\boldsymbol{p}=(a,b,c)^{\mathrm{T}}$，则由 $\boldsymbol{A}$ 为实对称矩阵知 $\boldsymbol{p}_1\perp\boldsymbol{p}$，有 $2a+b+2c=0$，取正交的特征向量 $\boldsymbol{p}_2=(2,-2,-1)^{\mathrm{T}}$，$\boldsymbol{p}_3=(1,2,-2)^{\mathrm{T}}$，则取

$$\boldsymbol{P}=\frac{1}{3}(\boldsymbol{p}_1\quad\boldsymbol{p}_2\quad\boldsymbol{p}_2),\quad\boldsymbol{B}=\begin{pmatrix}6&&\\&3&\\&&3\end{pmatrix},$$

对实对称矩阵 $\boldsymbol{A}$，有 $\boldsymbol{P}^{\mathrm{T}}\boldsymbol{A}\boldsymbol{P}=\boldsymbol{B}$；

$$\boldsymbol{A}=\boldsymbol{P}\boldsymbol{B}\boldsymbol{P}^{\mathrm{T}}=\frac{1}{3}\begin{pmatrix}2&2&1\\1&-2&2\\2&-1&-2\end{pmatrix}\begin{pmatrix}6&&\\&3&\\&&3\end{pmatrix}\frac{1}{3}\begin{pmatrix}2&1&2\\2&-2&-1\\1&2&-2\end{pmatrix}$$

$$=\frac{1}{3}\begin{pmatrix}2&2&1\\1&-2&2\\2&-1&-2\end{pmatrix}\begin{pmatrix}4&2&4\\2&-2&-1\\1&2&-2\end{pmatrix}=\frac{1}{3}\begin{pmatrix}13&2&4\\2&10&2\\4&2&13\end{pmatrix}.$$

评注 本题求基础解系的结果需要“神”一样的眼光!!!

通常应该是：

(1)求出“普通”基础解系，然后正交化，如取 a,c 为自由未知量，得到 $\boldsymbol{\xi}_2=(1,-2,0)^{\mathrm{T}}$，$\boldsymbol{\xi}_3=(0,-2,1)^{\mathrm{T}}$ 然后正交化；

(2)先求出使非自由未知量等于零的非零解，然后再求出与之正交的非零解，如取 a，c 为自由未知量，根据 $2a+b+2c=0$ 的特点，显然可以取 $\boldsymbol{p}_2=(1,0,-1)^{\mathrm{T}}$，然后易见 $\boldsymbol{p}_3=(1,-4,1)^{\mathrm{T}}$.

将 $\boldsymbol{p}_1,\boldsymbol{p}_2,\boldsymbol{p}_3$ 单位化得 $\boldsymbol{e}_1,\boldsymbol{e}_2,\boldsymbol{e}_3$，取

$$\boldsymbol{P}=(\boldsymbol{e}_1,\boldsymbol{e}_2,\boldsymbol{e}_3)=\begin{pmatrix}\frac{2}{3} & \frac{1}{\sqrt{2}} & \frac{1}{3\sqrt{2}}\\ \frac{1}{3} & 0 & \frac{-4}{3\sqrt{2}}\\ \frac{2}{3} & -\frac{1}{\sqrt{2}} & \frac{1}{3\sqrt{2}}\end{pmatrix}=\frac{1}{3\sqrt{2}}\begin{pmatrix}2\sqrt{2} & 3 & 1\\ \sqrt{2} & 0 & -4\\ 2\sqrt{2} & -3 & 1\end{pmatrix}.$$

模拟试卷 4

一、选择题和填空题

1. D.　2. A.　3. D.　4. B.　5. D.　6. A.　7. D.　8. 2^{n-r}　9. 1.　10. $-\frac{1}{2}$

二、计算题

1. $$\begin{vmatrix}a & -1 & 1 & a-1\\ a & -1 & a+1 & -1\\ a & a-1 & 1 & -1\\ a & -1 & 1 & -1\end{vmatrix}=a\begin{vmatrix}1 & -1 & 1 & a-1\\ 1 & -1 & a+1 & -1\\ 1 & a-1 & 1 & -1\\ 1 & -1 & 1 & -1\end{vmatrix}\overset{}{\underset{c_2+c_1}{=\!=\!=}}a\begin{vmatrix}1 & 0 & 0 & a\\ 1 & 0 & a & 0\\ 1 & a & 0 & 0\\ 1 & 0 & 0 & 0\end{vmatrix}=a^4$$

2. $|\boldsymbol{A}+\boldsymbol{B}|=|\boldsymbol{\alpha}+\boldsymbol{\beta},2\boldsymbol{\gamma}_2,2\boldsymbol{\gamma}_3,2\boldsymbol{\gamma}_4|=8(|\boldsymbol{\alpha},\boldsymbol{\gamma}_2,\boldsymbol{\gamma}_3,\boldsymbol{\gamma}_4|+|\boldsymbol{\beta},\boldsymbol{\gamma}_2,\boldsymbol{\gamma}_3,\boldsymbol{\gamma}_4|)=24$

3. $$(\boldsymbol{A}+3\boldsymbol{E})^{-1}(\boldsymbol{A}^2-9\boldsymbol{E})=(\boldsymbol{A}+3\boldsymbol{E})^{-1}(\boldsymbol{A}+3\boldsymbol{E})(\boldsymbol{A}-3\boldsymbol{E})=\begin{bmatrix}-2 & 0 & 1\\ 0 & -1 & 0\\ 0 & 0 & -2\end{bmatrix}$$

4. $|\vec{a}+\vec{b}|^2=(\vec{a}+\vec{b})\cdot(\vec{a}+\vec{b})=\vec{a}\cdot\vec{a}+2\vec{a}\cdot\vec{b}+\vec{b}\cdot\vec{b}=|\vec{a}|^2+2|\vec{a}||\vec{b}|\cos\frac{\pi}{4}+|\vec{b}|^2=5$，故 $|\vec{a}+\vec{b}|=\sqrt{5}$

5. $\boldsymbol{A}=\begin{pmatrix}\boldsymbol{A}_1 & \\ & \boldsymbol{A}_2\end{pmatrix}$，其中 $\boldsymbol{A}_1^{-1}=\begin{pmatrix}2 & 1\\ 3 & 2\end{pmatrix}$，$\boldsymbol{A}_2^{-1}=\begin{pmatrix}-3 & -4\\ -2 & -3\end{pmatrix}$.

$$\text{故 }\boldsymbol{A}^{-1}=\begin{pmatrix}\boldsymbol{A}_1^{-1} & \\ & \boldsymbol{A}_2^{-1}\end{pmatrix}=\begin{pmatrix}2 & 1 & 0 & 0\\ 3 & 2 & 0 & 0\\ 0 & 0 & -3 & -4\\ 0 & 0 & -2 & -3\end{pmatrix}$$

6. 直线 L_1 的方向向量为 $\boldsymbol{s}_1=(1,-5,-1)$，直线 L_2 的方向向量为 $\boldsymbol{s}_2=(-1,3,5)$，

$$\text{故平面的法向量可取为 }\boldsymbol{n}=\boldsymbol{s}_1\times\boldsymbol{s}_2=\begin{vmatrix}\boldsymbol{i} & \boldsymbol{j} & \boldsymbol{k}\\ 1 & -5 & -1\\ -1 & 3 & 5\end{vmatrix}=(-22,-4,-2),$$

又平面过点(2,−3,−1),故所求平面方程为$-22(x-2)-4(y+3)-2(z+1)=0$,即

$$11x+2y+z-15=0.$$

三、解答题

1. 设$k_1\boldsymbol{\beta}_1+k_2\boldsymbol{\beta}_2+k_3\boldsymbol{\beta}_3=0$,则$(k_1+k_3)\boldsymbol{\alpha}_1+(k_1+k_2)\boldsymbol{\alpha}_2+(k_2+k_3)\boldsymbol{\alpha}_3=0$,

   因为$\boldsymbol{\alpha}_1,\boldsymbol{\alpha}_2,\boldsymbol{\alpha}_3$为矩阵$\boldsymbol{A}$的不同特征值对应的特征向量,故$\boldsymbol{\alpha}_1,\boldsymbol{\alpha}_2,\boldsymbol{\alpha}_3$线性无关,

   从而$\begin{cases}k_1+k_3=0\\k_1+k_2=0\\k_2+k_3=0\end{cases}$,解得$k_1=k_2=k_3=0$,即$\boldsymbol{\beta}_1,\boldsymbol{\beta}_2,\boldsymbol{\beta}_3$线性无关.

2. 设$\boldsymbol{\xi}$对应的特征值为λ.则$\boldsymbol{A\xi}=\lambda\boldsymbol{\xi}$.

   而$\boldsymbol{A\xi}=\begin{pmatrix}2&-1&2\\5&a&3\\-1&b&-2\end{pmatrix}\begin{pmatrix}1\\1\\-1\end{pmatrix}=\begin{pmatrix}-1\\2+a\\1+b\end{pmatrix}$,$\lambda\boldsymbol{\xi}=\begin{pmatrix}\lambda\\\lambda\\-\lambda\end{pmatrix}$,

   故$\lambda=-1,a=-3,b=0$.

3. $(\boldsymbol{\alpha}_1,\boldsymbol{\alpha}_2,\boldsymbol{\alpha}_3,\boldsymbol{\alpha}_4)=\begin{pmatrix}1&-1&5&-1\\1&1&-2&3\\3&-1&8&1\\1&3&-9&7\end{pmatrix}\xrightarrow[r_2-r_1]{}\begin{pmatrix}1&-1&5&-1\\0&2&-7&4\\0&2&-7&4\\0&4&-14&8\end{pmatrix}\to$

   $\begin{pmatrix}1&0&\frac{3}{2}&1\\0&1&-\frac{7}{2}&2\\0&0&0&0\\0&0&0&0\end{pmatrix}$.

   故秩为2,一个极大无关组是$\boldsymbol{\alpha}_1,\boldsymbol{\alpha}_2$,且$\boldsymbol{\alpha}_3=\frac{3}{2}\boldsymbol{\alpha}_1-\frac{7}{2}\boldsymbol{\alpha}_2,\boldsymbol{\alpha}_4=\boldsymbol{\alpha}_1+2\boldsymbol{\alpha}_2$

四、解答题

1. $(\boldsymbol{\alpha}_1,\boldsymbol{\alpha}_2,\boldsymbol{\alpha}_3,\boldsymbol{\beta})=\begin{pmatrix}1&3&1&0\\3&2&3&-1\\-1&4&\lambda&\mu\end{pmatrix}\to\begin{pmatrix}1&3&1&0\\0&-7&0&-1\\0&7&\lambda+1&\mu\end{pmatrix}\to$

   $\begin{pmatrix}1&3&1&0\\0&-7&0&-1\\0&0&\lambda+1&\mu-1\end{pmatrix}$

   (1)当$\lambda+1=0$且$\mu-1\neq0$时,即$\lambda=-1$且$\mu\neq1$时,$\boldsymbol{\beta}$不能由$\boldsymbol{\alpha}_1,\boldsymbol{\alpha}_2,\boldsymbol{\alpha}_3$线性表示.

   (2)当$\lambda+1\neq0$时,即$\lambda\neq-1$时,β可以由$\boldsymbol{\alpha}_1,\boldsymbol{\alpha}_2,\boldsymbol{\alpha}_3$线性表示且表达式唯一.

   (3)当$\lambda+1=0$且$\mu-1=0$时,即$\lambda=-1$且$\mu=1$时,$\boldsymbol{\beta}$可以由$\boldsymbol{\alpha}_1,\boldsymbol{\alpha}_2,\boldsymbol{\alpha}_3$表示且表达式不唯一.

2. $\boldsymbol{A}=\begin{pmatrix}1 & -2 & 2\\ -2 & 4 & -4\\ 2 & -4 & 4\end{pmatrix}$，$|\boldsymbol{A}-\lambda\boldsymbol{I}|=\begin{vmatrix}1-\lambda & -2 & 2\\ -2 & 4-\lambda & -4\\ 2 & -4 & 4-\lambda\end{vmatrix}=-\lambda^2(\lambda-9)$，

故特征值为 $\lambda_1=9,\lambda_2=\lambda_3=0$.

当 $\lambda_1=9$ 时，解齐次方程组 $(\boldsymbol{A}-9\boldsymbol{I})x=0$，

$\boldsymbol{A}-9\boldsymbol{I}=\begin{pmatrix}-8 & -2 & 2\\ -2 & -5 & -4\\ 2 & -4 & -5\end{pmatrix}\to\begin{pmatrix}2 & 0 & -1\\ 0 & 1 & 1\\ 0 & 0 & 0\end{pmatrix}$，基础解系为 $\boldsymbol{\xi}_1=\begin{pmatrix}1\\ -2\\ 2\end{pmatrix}$，单位化为

$$\boldsymbol{e}_1=\begin{pmatrix}\frac{1}{3}\\ \frac{-2}{3}\\ \frac{2}{3}\end{pmatrix},$$

当 $\lambda_2=\lambda_3=0$ 时，解齐次方程组 $\boldsymbol{Ax}=0$，此时

$A=\begin{pmatrix}1 & -2 & 2\\ -2 & 4 & -4\\ 2 & -4 & 4\end{pmatrix}\to\begin{pmatrix}1 & -2 & 2\\ 0 & 0 & 0\\ 0 & 0 & 0\end{pmatrix}$，基础解系为 $\boldsymbol{\xi}_2=\begin{pmatrix}0\\ 1\\ 1\end{pmatrix}$，$\boldsymbol{\xi}_3=\begin{pmatrix}4\\ 1\\ -1\end{pmatrix}$，

单位化为 $\boldsymbol{e}_2=\begin{pmatrix}0\\ \frac{1}{\sqrt{2}}\\ \frac{1}{\sqrt{2}}\end{pmatrix}$，$\boldsymbol{e}_3=\begin{pmatrix}\frac{4}{3\sqrt{2}}\\ \frac{1}{3\sqrt{2}}\\ \frac{-1}{3\sqrt{2}}\end{pmatrix}$，

故正交矩阵为 $\boldsymbol{P}=(\boldsymbol{e}_1,\boldsymbol{e}_2,\boldsymbol{e}_3)$，正交线性变换为 $\boldsymbol{x}=\boldsymbol{Py}$，标准型为 $f=9y_1^2$.

模拟试卷 5

一、选择题和填空题

1. ×. 2. √. 3. ×. 4. 180. 5. 5. 6. $\frac{\boldsymbol{A}-\boldsymbol{E}}{2}$ 7. $\frac{x^2}{9}-\frac{z^2}{4}=1$ 或 $\frac{x^2}{9}-\frac{y^2}{4}=1$

8. $(-2,5,4)$. 9. 0.5. 10. $O_{n\times n}$.

二、计算题

1. $D=\begin{vmatrix}-2 & -1 & 1 & 0\\ 3 & 1 & -1 & -1\\ 1 & 2 & -1 & 1\\ 4 & 1 & 3 & -1\end{vmatrix}=-\begin{vmatrix}-1 & -2 & 1 & 0\\ 1 & 3 & -1 & -1\\ 2 & 1 & -1 & 1\\ 1 & 4 & 3 & -1\end{vmatrix}=-\begin{vmatrix}-1 & -2 & 1 & 0\\ 0 & 1 & 0 & -1\\ 0 & -3 & 1 & 1\\ 0 & 2 & 4 & -1\end{vmatrix}$

$$=-\begin{vmatrix}-1&-2&1&0\\0&1&0&-1\\0&0&1&-2\\0&0&4&1\end{vmatrix}=-\begin{vmatrix}-1&-2&1&0\\0&1&0&-1\\0&0&1&-2\\0&0&0&9\end{vmatrix}=9$$

2. $$\begin{vmatrix}1+a&1&1\\1&1-a&1\\1&1&1+b\end{vmatrix}=-\begin{vmatrix}1&1&1+b\\1&1-a&1\\1+a&1&1\end{vmatrix}=-\begin{vmatrix}1&1&1+b\\0&-a&-b\\0&-a&1-(1+b)(1+a)\end{vmatrix}$$

$$=-\begin{vmatrix}1&1&1+b\\0&-a&-b\\0&0&1+b-(1+b)(1+a)\end{vmatrix}=-a^2(1+b).$$

3. $$\boldsymbol{A}=(\boldsymbol{\alpha}_1,\boldsymbol{\alpha}_2,\boldsymbol{\alpha}_3,\boldsymbol{\alpha}_4)=\begin{pmatrix}1&1&2&2\\0&2&1&5\\2&0&3&-1\\1&1&0&4\end{pmatrix}\to\begin{pmatrix}1&1&2&2\\0&2&1&5\\0&-2&-1&5\\0&0&-2&2\end{pmatrix}$$

$$\to\begin{pmatrix}1&1&2&2\\0&2&1&5\\0&-2&-1&5\\0&0&-2&2\end{pmatrix}\to\begin{pmatrix}1&1&2&2\\0&2&1&5\\0&0&-2&2\\0&0&0&0\end{pmatrix}.$$

故向量组的秩为 3；$\boldsymbol{\alpha}_1,\boldsymbol{\alpha}_2,\boldsymbol{\alpha}_3$ 是一个极大无关组.

4. 直线 l 的方向向量为

$$\boldsymbol{s}=\begin{vmatrix}\boldsymbol{i}&\boldsymbol{j}&\boldsymbol{k}\\1&1&1\\3&-3&5\end{vmatrix}=(8,-2,-6),$$

又因为直线过点(1,−1,2)，因此直线的方程为

$$\frac{x-1}{4}=\frac{y+1}{-1}=\frac{z-2}{-3}.$$

5. 由于

$$\begin{pmatrix}1&3&0\\2&4&0\\0&0&1\end{pmatrix}^{-1}=\begin{pmatrix}-2&\frac{3}{2}&0\\1&-\frac{1}{2}&0\\0&0&1\end{pmatrix}$$

故

$$\boldsymbol{X}=\begin{pmatrix}-2&\frac{3}{2}&0\\1&-\frac{1}{2}&0\\0&0&1\end{pmatrix}^{-1}\begin{pmatrix}3&2&0\\2&4&0\\0&0&2\end{pmatrix}=\begin{pmatrix}-3&2&0\\2&0&0\\0&0&2\end{pmatrix}.$$

三、解答题

1.

$$(\boldsymbol{A}\vdots\boldsymbol{b})=\begin{pmatrix}1&-1&-1&1&0\\1&-1&1&-3&1\\1&-1&-2&3&-0.5\end{pmatrix}\to\begin{pmatrix}1&-1&-1&1&0\\0&0&2&-4&1\\0&0&-1&2&-0.5\end{pmatrix}$$

$$\to\begin{pmatrix}1&-1&-1&1&0\\0&0&1&-2&1/2\\0&0&0&0&0\end{pmatrix}\to\begin{pmatrix}1&-1&0&-1&1/2\\0&0&1&-2&1/2\\0&0&0&0&0\end{pmatrix}.$$

同解方程组$\begin{cases}x_1=0.5+x_2+x_4\\x_3=0.5+2x_4\end{cases}$.

方程的解为 $\begin{pmatrix}x_1\\x_2\\x_3\\x_4\end{pmatrix}=k_1\begin{pmatrix}1\\1\\0\\0\end{pmatrix}+k_2\begin{pmatrix}1\\0\\2\\1\end{pmatrix}+\begin{pmatrix}0.5\\0\\0.5\\0\end{pmatrix}$

2. 二次型为正定二次型.

二次型的矩阵为

$$\boldsymbol{A}=\begin{pmatrix}1&-1&2&1\\-1&3&0&-3\\2&0&9&-6\\1&-3&-6&19\end{pmatrix},$$

各阶顺序主子式分别为：

$$1;\quad\begin{vmatrix}1&-1\\-1&3\end{vmatrix}=2;\quad\begin{vmatrix}1&-1&2\\-1&3&0\\2&0&9\end{vmatrix}=6;\quad\begin{vmatrix}1&-1&2&1\\-1&3&0&-3\\2&0&9&-6\\1&-3&-6&19\end{vmatrix}=24.$$

故该二次型为正定二次型.

3. 第一步，计算特征值：

由$|\boldsymbol{A}-\lambda\boldsymbol{E}|=(2-\lambda)(\lambda-1)(\lambda-5)=0$得，矩阵$\boldsymbol{A}$的特征值为

$$\lambda_1=2,\lambda_2=1,\lambda_3=5.$$

第二步，计算特征值对应的特征多项式：

对$\lambda_1=2$，由$(\boldsymbol{A}-2\boldsymbol{E})\boldsymbol{x}=\boldsymbol{0}$得

$$\begin{pmatrix}0&0&0\\0&2&2\\0&2&1\end{pmatrix}\to\begin{pmatrix}0&1&2\\0&0&10\\0&0&1\end{pmatrix}$$，基础解系$\boldsymbol{p}_1=(1,0,0)^{\mathrm{T}}$. 单位化得：$\boldsymbol{\eta}_1=(1,0,0)^{\mathrm{T}}$.

对$\lambda_2=1$，由$(\boldsymbol{A}-2\boldsymbol{E})\boldsymbol{x}=\boldsymbol{0}$得

$$\begin{pmatrix}1&0&0\\0&2&2\\0&2&2\end{pmatrix}\to\begin{pmatrix}1&0&0\\0&1&1\\0&0&0\end{pmatrix}$$，基础解系$\boldsymbol{p}_2=(0,1,-1)^{\mathrm{T}}$. 单位化得：$\boldsymbol{\eta}_2=\left(0,\frac{\sqrt{2}}{2},-\frac{\sqrt{2}}{2}\right)^{\mathrm{T}}$.

对 $\lambda_3=5$，由 $(\boldsymbol{A}-2\boldsymbol{E})\boldsymbol{x}=\boldsymbol{0}$ 得

$$\begin{pmatrix}-3&0&0\\0&-2&2\\0&2&-2\end{pmatrix}\rightarrow\begin{pmatrix}1&0&0\\0&1&-1\\0&0&0\end{pmatrix},\quad 基础解系\ \boldsymbol{p}_3=(0,1,1)^{\mathrm{T}}.$$

单位化得：$\boldsymbol{\eta}_3=\left(0,\frac{\sqrt{2}}{2},\frac{\sqrt{2}}{2}\right)^{\mathrm{T}}$.

令 $\boldsymbol{P}=\begin{pmatrix}1&0&0\\0&\frac{\sqrt{2}}{2}&\frac{\sqrt{2}}{2}\\0&-\frac{\sqrt{2}}{2}&\frac{\sqrt{2}}{2}\end{pmatrix}$，则 $\boldsymbol{P}^{-1}\boldsymbol{A}\boldsymbol{P}=\begin{pmatrix}2&0&0\\0&1&0\\0&0&5\end{pmatrix}$.

4. 由于矩阵 $\boldsymbol{Q}$ 为可逆矩阵，故 $\boldsymbol{Q}=\boldsymbol{U}_1\boldsymbol{U}_2\cdots\boldsymbol{U}_s$，其中 $\boldsymbol{U}_i$ 为初等矩阵，所以根据初等变换不改变矩阵的秩，可得

$$R(\boldsymbol{A}_{n\times n}\boldsymbol{Q}_{n\times n})=R(\boldsymbol{A}_{n\times n}).$$

1.3 典型例题

例 1.1 试判断 $a_{14}a_{23}a_{31}a_{42}a_{65}a_{56}$ 和 $-a_{32}a_{43}a_{14}a_{51}a_{25}a_{66}$ 是否都是 6 阶行列式 D_6 中的项.

解 由 $a_{14}a_{23}a_{31}a_{42}a_{65}a_{56}=a_{14}a_{23}a_{31}a_{42}a_{56}a_{65}$ 知,右端的 6 个因子的第一下标构成标准排列,第二下标构成 1,2,…,6 的一个全排列,其逆序数 $\tau(431265)=3+2+0+0+1=4$,所以 $a_{14}a_{23}a_{31}a_{42}a_{65}a_{56}=(-1)^{\tau(431265)}a_{14}a_{23}a_{31}a_{42}a_{56}a_{65}$,即 $a_{14}a_{23}a_{31}a_{42}a_{65}a_{56}$ 是 D_6 中的项;但 $-a_{32}a_{43}a_{14}a_{51}a_{25}a_{66}=-a_{14}a_{25}a_{32}a_{43}a_{51}a_{66}\neq(-1)^{\tau(452316)}a_{14}a_{25}a_{32}a_{43}a_{51}a_{66}=a_{14}a_{25}a_{32}a_{43}a_{51}a_{66}$,故 $-a_{32}a_{43}a_{14}a_{51}a_{25}a_{66}$ 不是 D_6 中的项.

例 1.2 计算 $D_4=\begin{vmatrix}1 & 1 & 2 & 3\\ 1 & 2-x^2 & 2 & 3\\ 2 & 2 & 1 & 5\\ 2 & 2 & 1 & 9-x^2\end{vmatrix}$.

解 由当 $x=\pm1$ 时 $D_4=0$ 可知,D_4 中有因子 $(x-1)(x+1)$;由当 $x=\pm2$ 时 $D_4=0$ 可知,D_4 中有因子 $(x-2)(x+2)$.

又根据行列式的定义知,D_4 是关于 x 的 4 次多项式,所以

$$D_4=a(x-2)(x+2)(x-1)(x+1).$$

现只要求出 x^4 的系数即可. 为此,令 $x=0$,可得 $D_4=4a$,计算得 $D_4=-12$,于是 $a=-3$,故

$$D_4=-3(x-2)(x+2)(x-1)(x+1).$$

评注 本题方法称为**析因子法**. 即运用行列式找出 D_4 中全部因子,最后再确定最高次项系数.

例 1.3 计算 $D_3=\begin{vmatrix}a & b+1 & c+2\\ b & c+1 & a+2\\ c & a+1 & b+2\end{vmatrix}$.

解 (归边法)

$$D_3=\begin{vmatrix}a+b+c+3 & b+1 & c+2\\ a+b+c+3 & c+1 & a+2\\ a+b+c+3 & a+1 & b+2\end{vmatrix}=(a+b+c+3)\begin{vmatrix}1 & b+1 & c+2\\ 1 & c+1 & a+2\\ 1 & a+1 & b+2\end{vmatrix}$$

$$=(a+b+c+3)\begin{vmatrix}1 & b & c\\ 1 & c & a\\ 1 & a & b\end{vmatrix}=(a+b+c+3)\begin{vmatrix}1 & b & c\\ 0 & c-b & a-c\\ 0 & a-b & b-c\end{vmatrix}$$

$$=(a+b+c+3)[-(b-c)^2-(a-b)(a-c)].$$

评注 该题属单侧归边题,只能向左归边.

例 1.4 计算 $D_n=\begin{vmatrix}1 & 2 & 3 & \cdots & n\\ 2 & 1 & 0 & \cdots & 0\\ 3 & 0 & 1 & \cdots & 0\\ \vdots & \vdots & \vdots & & \vdots\\ n & 0 & 0 & \cdots & 1\end{vmatrix}$.

解 依次将第 j 列的负 j 倍加到第 1 列的计算方法较为方便.

$$D_n\xlongequal[(j=2,\cdots,n)]{c_1-j\cdot c_j}\begin{vmatrix}1-2^2-\cdots-n^2 & 2 & 3 & \cdots & n\\ 0 & 1 & 0 & \cdots & 0\\ 0 & 0 & 1 & \cdots & 0\\ \vdots & \vdots & \vdots & & \vdots\\ 0 & 0 & 0 & \cdots & 1\end{vmatrix}=1-(2^2+\cdots+n^2)=1-\sum_{k=2}^{n}k^2.$$

评注 这是典型的"箭形"行列式,其他形式的箭形行列式均可采用类似算法.

*__例 1.5__ 证明二阶行列式的导数公式:

$$\frac{\mathrm{d}}{\mathrm{d}t}\begin{vmatrix}a_{11}(t) & a_{12}(t)\\ a_{21}(t) & a_{22}(t)\end{vmatrix}=\begin{vmatrix}a'_{11}(t) & a_{12}(t)\\ a'_{21}(t) & a_{22}(t)\end{vmatrix}+\begin{vmatrix}a_{11}(t) & a'_{12}(t)\\ a_{21}(t) & a'_{22}(t)\end{vmatrix}$$
$$=\begin{vmatrix}a'_{11}(t) & a'_{12}(t)\\ a_{21}(t) & a_{22}(t)\end{vmatrix}+\begin{vmatrix}a_{11}(t) & a_{12}(t)\\ a'_{21}(t) & a'_{22}(t)\end{vmatrix}.$$

并给出 n 阶行列式的导数公式.

证 $$\frac{\mathrm{d}}{\mathrm{d}t}\begin{vmatrix}a_{11}(t) & a_{12}(t)\\ a_{21}(t) & a_{22}(t)\end{vmatrix}=\frac{\mathrm{d}}{\mathrm{d}t}[a_{11}(t)a_{22}(t)-a_{12}(t)a_{21}(t)]$$
$$=[a'_{11}(t)a_{22}(t)+a_{11}(t)a'_{22}(t)]-[a'_{12}(t)a_{21}(t)+a_{12}(t)a'_{21}(t)]$$
$$=[a'_{11}(t)a_{22}(t)-a_{12}(t)a'_{21}(t)]+[a_{11}(t)a'_{22}(t)-a'_{12}(t)a_{21}(t)]$$
$$=\begin{vmatrix}a'_{11}(t) & a_{12}(t)\\ a'_{21}(t) & a_{22}(t)\end{vmatrix}+\begin{vmatrix}a_{11}(t) & a'_{12}(t)\\ a_{21}(t) & a'_{22}(t)\end{vmatrix}.$$

类似推导二阶行列式的导数公式按行求导形式.

可以推得 n 阶行列式的导数公式按列求导形式为

$$\frac{\mathrm{d}}{\mathrm{d}t}\begin{vmatrix}a_{11}(t) & a_{12}(t) & \cdots & a_{1n}(t)\\ a_{21}(t) & a_{22}(t) & \cdots & a_{2n}(t)\\ \vdots & \vdots & & \vdots\\ a_{n1}(t) & a_{n2}(t) & \cdots & a_{nn}(t)\end{vmatrix}=\sum_{j=1}^{n}\begin{vmatrix}a_{11}(t) & \cdots & \frac{\mathrm{d}}{\mathrm{d}t}a_{1j}(t) & \cdots & a_{1n}(t)\\ a_{21}(t) & \cdots & \frac{\mathrm{d}}{\mathrm{d}t}a_{2j}(t) & \cdots & a_{2n}(t)\\ \vdots & & \vdots & & \vdots\\ a_{n1}(t) & \cdots & \frac{\mathrm{d}}{\mathrm{d}t}a_{nj}(t) & \cdots & a_{nn}(t)\end{vmatrix}.$$

类似可以给出 n 阶行列式的导数公式的按行求导形式.